U0169191

时尚现代性

张小虹／著

三联书店

本书中文简体版由联经出版事业公司授权出版，原著作名《时尚现代性》

图书在版编目（CIP）数据

时尚现代性／张小虹著．—北京：生活 · 读书 · 新知三联书店，
2021.6
ISBN 978－7－108－06541－4

Ⅰ．①时…　Ⅱ．①张…　Ⅲ．①服饰文化－研究－中国－近代
Ⅳ．① TS941.742.5

中国版本图书馆 CIP 数据核字（2019）第 057558 号

责任编辑　赵庆丰
装帧设计　刘　洋
责任印制　张雅丽
出版发行　生活 · 讀書 · 新知　三联书店
（北京市东城区美术馆东街 22 号　100010）
网　　址　www.sdxjpc.com
图　　字　01-2019-2748
经　　销　新华书店
制　　作　北京金舵手世纪图文设计有限公司
印　　刷　北京隆昌伟业印刷有限公司
版　　次　2021 年 6 月北京第 1 版
　　　　　2021 年 6 月北京第 1 次印刷
开　　本　635 毫米 × 965 毫米　1/16　印张 18.25
字　　数　260 千字　图 22 幅
印　　数　0,001－5,000 册
定　　价　48.00 元
（印装查询：01064002715；邮购查询：01084010542）

目录

推荐序

中西合襞，今古翻新

——张小虹《时尚现代性》

王德威

张小虹教授是当代华语文学批评界最重要的声音之一。多年来她倡导性别研究，研究流行文化，拆解国族论述，早已引起广泛注意。但张小虹用力最深、最有洞见，而且身体力行的课题，应该是时尚研究。《时尚现代性》是她第十五部著作，耗时十年完成。她对此书所下的功夫不言而喻。而此书不论从理论架构还是历史辩证，也足以代表她学术成就的高峰。

一般以为时尚无非小道，但张却从其中发展出独特的“微物”和“唯物”论：时尚既是穿衣吃饭的微妙结晶，也隐含社会神话学般的深层结构。时尚来去所透露的信息，从身体的形塑到伦理的尺度，无不意味深长。但张小虹的用心不止于此。她更希望从时尚研究过程里，重新思考人文学者介入大叙事的方法。时尚是身体发肤和世界接触的界面，“穿梭”内里与公共场域，“践履”物质生活和消费想象。当“变发”与“变法”、改头换面与改朝换代相与为用时，时尚切入历史、政治的力量更呼之欲出。

张小虹告诉我们，鲁迅思索他的脚的尺寸大小，其实是他感时忧国征候群的一端；鸦片战争胜负原因除了船坚炮利，也在于军装剪裁；阴丹士林蓝染技术与全球资本流动、新生活运动、抗日爱国主义息息相关；台湾日据时期旗袍的绉折设计不啻就是殖民地现代性政治的实践；20世纪20年代两截穿衣或直筒剪裁与现代性的速度、动能诉求一体成型。她的研究取径独特，她的发现也令人拍案惊奇。现当代中国文学文化史的研究琳琅满目，像张小虹这般在宏观和微观层次上做出如此细密缝合者，却并不多见。

而既为学院中人，张小虹的时尚研究还有更大的企图：她希望重新梳理当代理论，做出思想上的推陈出新。在这一方面，部分读者可能会感觉到此书的难度。张小虹的资源主要来自20世纪30年代的本雅明（Walter Benjamin）和80年代的德勒兹（Gilles Deleuze）；前者是西方左翼先锋，后者是后现代主义大师。在不同历史、理论背景下，两人不约而同，从服装的“绉折”喻象里，发掘历史以及人文思考的新意。

对本雅明而言，历史的意义结构不是线性的起承转合，而是千钧一发的豹变——或本雅明所谓的“虎跃”。在这爆炸性的一刻，非同构型的时或事自原有时空抽离，相互撞击，产生辩证关系。革命想象与契机因此而起。本雅明上承马克思的服装革命隐喻，发现“法国大革命召唤古罗马的方式，正如时尚召唤过往的服饰”。从似是而非到似非而是，革命向过去汲取未来的灵感，其能量犹如服装的绉折与叶片的开折，卷曲重叠纠结中，瞬间绽放始料（史料）未及的样式与意义。历史唯物论者的责任即在于辨识这样由量变“虎跃”为质变的关键时刻。

德勒兹对张小虹的影响更为明显。德勒兹承继巴洛克时期莱布尼兹（Gottfried Leibniz）“单子论”观点，强调世界的组成法则不是不再可分割的“点”，而是无从分割的“绉折”；不是刚性颗粒的“结构”（structure），而是柔软如衣服的“织理”（texture）。以此类推，德勒兹展开他“合折，开折，再合折”（plier，deplier，replier；folding，unfolding，refolding），折折相连的曲率法则。一反笛卡尔（Rene Descartes）派的人本中心主义，莱布尼兹到德勒兹一脉相承的思想者解放了泾渭分明的理性、类型学典范，代之以绉折的拓扑学。因为绉折，表里、内外、强弱这些畛域被“去畛域化”，促使我们从中认识身体、力量、真理，甚至生死互为表里的“折学”。德勒兹的名言：“去思考就是去绉折，用共同延展的内在，来层叠翻折域外。”识者或有疑问：将本雅明和德勒兹的理论用在中国时尚研究上，尽管言之成理，岂不仍陷入西学中用的窠臼？而时尚研究与“正统”文学文化研究如何厘清？张小虹对此有备而来。本书第二章里，她将绉折理论连锁到翻译实践上，强调翻译之道无他，就是在貌似不相联属的声音、文字、文本、论述、文化符号间，折合交织出层层传衍的关系。由此喻彼、秘响旁通，翻译一方面指向意义播散、众声喧哗的驳杂性，一方面也投射意义源起、言不尽意的丰饶性。翻译不再局限于信达雅的封闭循环系统，而是充满编码，解码，再编码——或合折，开折，再合折——的创造性运动。

这是《时尚现代性》的重点所在。从理论到文本，从文化到国族，从时尚到历史，张小虹穿梭在不同畛域的缝隙间，力行她的翻译大计。她找出彼此擦边碰触的着力点，也指认甚至制造绉折痕迹。翻译也是翻“异”、翻“易”、翻“意”。看看她所用的专有名词，历史与“力史”，形式（form）与“行势”（force），现代性与“shame 代性”，我们可以发出会心的微笑。尤其她对“fashion ”以“翻新”名之，与常用的“时尚”做出巧妙对比。凡此用意不仅在推陈出新，也促使语言、文化、历史之间的“虎跃”：由刚硬的中西合“璧”到柔软的中西合“襞”。

借由翻译所驱动的绉折效应，张小虹重新思考时尚“现代”之于中国历史国家的纠结。近 150 年来，西方霸权入主中国，政经军贸易的势力如此摧枯拉朽，使得“现代性”与“现代化”成为中国人挥之不去的诱惑——以及耻辱和创伤。当进步、西化、启蒙、科学、摩登这些观念无限上纲，一种直线的、弱势的、因果的宿命感席卷中国历史、政治意识。张小虹承认现代西方强权及其“翻译”资本，却认为中与西、保守与创新、弱与强这些二元对立价值体系不必被物化为非此即彼的选项。恰恰相反，如果中国经验真能对我们有所启迪，那就是现代性的流动路线总是周折的——也是绉折的。传统与维新、封建与革命、东方与西方、精英与庶民之间的你来我往，千丝万缕的（翻译）关系哪里是一两句革命或启蒙的口号可以说得清楚？张小虹以小观大，对民国以来的时尚抽丝剥茧，为我们理出另类现代性的头绪。从她的研究中，我们赫然了解缠足固为国耻象征，却自有内在的女性审美及创新驱动力；而当缠足解放后，现代性的“小脚”——不论是施虐/被虐般的恋栈国耻，或是对女性作为政治动力的恐惧——竟然在男性有识之士的心里和身上阴魂不散。民初“乱世乱穿衣”，投射在男性发型上是剃了的头上冒出刘海，剪掉了的辫子又“与时俱辫/变”。在这里，政治时尚如影随形，深入日常生活肌理。而全书最有见地的部分是对旗袍的演化研究。张小虹描写满洲人的服饰如何成为现代女性的国服，如何从宽袍大袖演变为直筒紧身，又如何从平面剪裁蜕变为立体剪裁。旗袍的发展一方面似乎与西洋女装的现代化毫无关联，一方面却又隐隐相互呼应。曲线，绉折，“微偏”擦边，异曲同工，现代性的想象不必只是西学东渐，也不必只是独沽一味。当阳刚的感时忧国论述不知伊于胡底时，千万中国女子感时恋物，凭着巧手慧心发明她们自己的时尚，自己的现代性。

张小虹论“阴丹士林蓝与国家（时尚）主义”一章是本书的高潮，精彩的故事应该引起读者的广大兴趣。这章讨论一种化学合成还原染料如何在20世纪初从德国实验室里跃出，经过资本跨国主义的竞争与推广，漂洋过海，翻译成为“阴丹士林蓝”。其间牵涉英国与德国两大帝国强权全球经济竞争、印度天然染料及劳力市场崩溃，“颜色”成为刺激大脑皮质、爆发革命热情动力的元素，“爱国”成为新生活运动时尚。与此同时，与“阴丹士林蓝”同一分子结构的化学合成物大量运用于军火工业，席卷全球。抗战时期，阴丹士林蓝服装与战争炮火互为表里，一方面是军国主义经济的渗透，一方面是平民爱国情操的表现；一方面是时尚的去阶级化，一方面是时尚的再政治化。

《时尚现代性》以翻新的话题、细腻的论述、华丽的修辞，构成一本极具可读性的著作。这是中国台湾学术界“微”“软”实力的一次精彩演绎。

因为张小虹的辩证能量，我们可以循线追问更多的议题。比如说，编织与时尚的政治隐喻非始自现代，中国古典里早有大量指涉。《楚辞》“纠思心以为纕兮，编愁苦以为膺”，只是信手拈来的例子。本雅明和德勒兹的“基进”理论其实各有宗教（犹太教、天主教）神学渊源，两位学者思想脉络的辩难有待延续。当代时尚研究论述中，沈从文的《中国古代服饰研究》也可以作为继续对话的模板。沈书写于毛泽东时代。在一片政治喧嚣中，他如何面对千百件历代时尚织品文物，或是残缺不全，或是熠熠又有余晖，形成自己的史论，本身就是充满深意——绉折——的行动。以张小虹的实力，当然可以继续叩问更复杂的议题。

当然，在当下的中国台湾阅读《时尚现代性》，我们不能不联想到张小虹所折入和折出的政治性。可以注意的是本书重要资源之一，张爱玲的《更衣记》(1943)，此文原以英文发表，由张爱玲自己翻译成中文，恰是中西合襞的呈现。

有些章句竟然和时装一样，历久而弥新：

> 那又是一个各趋极端的时代。政治与家庭制度的缺点突然被揭穿。年轻的知识阶级仇视着传统的一切，甚至于中国的一切。保守性的方面也因为惊恐的缘故而增强了压力。神经质的论争无日不进行着，在家庭里，在报纸上，在娱乐场所……在政治混乱期间，人们没有能力改良他们的生活情形。他们只能够创造他们贴身的环境——那就是衣服。我们各人住在各人的衣服里。

掩卷之际，我们于是要问张小虹的时尚理论是否也能为中国台湾的现况注入灵感？台海“行势”如何开折合折？红蓝绿色“力史”如何翻译翻新？

自序

理论的如翻锦绣

上一个世纪之交的“乱世乱穿衣”，颇有悲情嘉年华的况味，往往逼得人哭笑不得。土衣配洋帽，小辫配西装，短袄配旗袍，长袍配西裤。这种“头齐身不齐、身齐脚不齐”的惊悚突兀，确实让许多人借此慨叹近现代中国在西方帝国殖民威胁与改朝换代下的“手足无措”，一种在字义、物质与日常生活服饰衣着打扮上最具体而微的混乱、尴尬与无助。但“乱世乱穿衣”有没有可能被描绘成一种“混宇”（chaosmos）、一种具创造力与开放性的“感觉团块”（bloc of sensation）、一种“翻新”（fashion）的可能呢？“翻新”乃是 fashion 一词最早进入中国的有趣翻译之一，生动之处正在于将原本仅作为名词使用的 fashion ，转译为同时具有名词与动词想象的“翻新”，“新”来自于“翻”的动作，通过“翻转”“翻译”“翻面”而带出了“新”。而构思《时尚现代性》这本书的初衷，不也就是想看看究竟有没有可能小小“翻新”一下中国现代性的论述，不仅是从“时尚”研究的角度切入晚清到民国的历史，也是以“时尚”作为理论概念与方法论的“翻新”，尝试描绘出中国现代性不一样的样貌、姿态与动势。

曾经在成长的岁月中，最害怕阅读中国近现代的历史，一路兵败如山倒、割地赔款的战败景象有如原初场景，一再回返，让人触目惊心。而更令人害怕畏惧的，乃是在“国族创伤论”主导下登场的中国“身体—服饰表面”，仿佛让所有的国仇家恨都“穿”（穿戴—穿越—穿刺）上了身，缠绕着“现代惊吓”（速度、变换、无常）与“创伤耻辱”（老、弱、慢）而万劫不复，更别提男子的辫发与女子的缠足，全都历历在目，成了不去不快，却又无法彻底“根”除的“国耻”标志。若再循着感时忧国（男性）精英知识分子的目光放眼望去，中国时尚现代性可是一点也不现代、一点也不时尚，只剩满目疮痍、鬼影幢幢的“身体—服饰表面”，不新不旧、不中不西、不干不净，只有“乱世乱穿衣”乌云盖顶下中衣西穿、西衣中穿、男服女穿、女服男穿、内衣外穿、外衣内穿的数不尽乱象。就连被标举为“国服”象征的“旗袍”（由两截穿衣到一截穿衣，既非满族旗袍又非西方20世纪20年代的流线型连身裙）或“中山装”（来路不明的德国军服、日本学生服与南洋企领装），也时不时成为某种程度的杂种四不像，不断回返着中/西、传统/现代、身体/服饰、字义/喻意、意识/潜意识、内/外的“层次塌陷”。

那如何有可能逃离“国族创伤论”所一再强化阴沉伤痛、鬼魅盘踞的“身体—服饰表面”？《时尚现代性》一书便是尝试以“绉折理论”的不同思路，重新爬梳史料，看看时尚作为“翻新”的理论概念与思考动量，是否可以骚动、折曲、裂变现有的历史研究、时尚理论与现代性论述。全书便从本雅明与德勒兹的“折学”思考开始出发，想要细细展开以“微绉折”去描绘、去贴近、去曲顺历史的物质流变（becoming）。但什么是“微绉折”及其所可能启动的流变生成呢？此处的“微”不全然只是琐碎细节或尺度的迷你袖珍，而是一种游移不确定、无法预先掌控的创造变化之力，一如此处的“绉折”也不全然只是服饰面料上的翻转折叠，而是更激进地以“折学”的视角重新看待世界，让世界有如一件由柔软织品所翻转折叠而成的“丘尼卡衫”（tunic），让物质的最小单位是不可分割的“绉折”，而不是可以分割的“点”。

此“微绉折”运动所形成“连续变化”的虚拟威力，正有助于“翻新”

中国时尚现代性的创伤固置与重复强制。如果没有任何认同可以故步自封，没有任何形式可以原地踏步，那历史是否“总已”（always already）是一种“微绉折运动”，一种绉折接着绉折的折折联动？如果一切都是绉折，那原本被视为“层次塌陷”而动弹不得的中国“身体—服饰表面”将如何重新被启动？如果清末民初的男子“辫发”可以被“微绉折化”，那是否这个早已被钉死在中国近现代史上却又无法彻底一刀两断的“耻辱象征”可以起死回生，可以带出上一个世纪之交男子发式变迁中充满前折、后折且折折联动的“翻新行势”呢？如果万劫不复的缠足也可以被“微绉折化”，那该如何读出民初小脚或半天足女子的身体能动性，或如何在晚清到民国的女鞋时尚中，找到作为特异点（singular point）的力量布置呢？或如那被男性进步精英知识分子斥为“美人怪物”的鸳鸯蝴蝶派小说杂志封面，或如那不满不汉、不中不西、不古不今的旗袍，也都有可能被读成一种“微绉折”吗？这些都是《时尚现代性》将接连展开的“历史折学”思考，表面上好似穿梭于个别的服饰历史案例之间，乐此不疲，但最终希冀织锦而出的，乃是历史作为“绉折运动”，作为流变虚拟威力的“合折，开折，再合折”。此“绉折运动”将同时帮助我们解构性别的二元对立，翻转出在男 / 女、阳性 / 阴性二元对立之外的“微阴性”（micro-femininity），一个能不断将“阳性—阴性”在“合折行势”（folding force）与“开折形式”（unfolded forms）之间创造转化的“微阴性”。此“绉折运动”也将帮助我们从“新旧对立”之中，翻转出“新旧折叠”的不同时间感性，在中西的二元对立之中，翻转出“中西合璧”，一个能以柔软取代坚硬、以“拓扑思考”取代“类型思考”的可能。

私心揣想这样的“绉折埋论”不就是一种“软埋论”吗？软在能轻柔展开“文本—织理—织品”的概念联结（text、texture、textile 都来自拉丁字源 *textu*、*textum*，都与编织、构织与织品面料相关），软在能将“阴性摩登”折叠进“阳性现代”的跨语际翻译，软在能将几何学的“硬”（稳固、标准、坚硬与明显边界），翻转为拓扑学的“软”（不确定性、可塑性、曲折性、连续变形），让所有的“身体—服饰表面”既在内亦在外，一如“莫比乌斯环”（Mobius strip）持续的内翻外转，亦如刺绣织品亦正亦反的“如翻锦绣，背面俱华，但左右不同耳”。而更重要的是“软理论”希望带出的姿态与身段，乃是“屈就曲顺”（yielding to），而非“僵硬套用”，让理论的柔软度展现在如何贴近容顺于史料，展现在如何让史料来折叠理论，增加理论的“层叠复杂化”（complication），让理论成为历史的“量身订制”。

曾经十分着迷于绣衣绣片的搜集，尤其醉心于“劈线”的精致手艺，将一条丝线劈成二开、四开、八开甚至十六开，纤如毫发，而用这种劈丝绣线刺绣出的图案，总是出落得特别匀薄细腻、光泽亮艳。做不成绣娘做学者的我，也常常如此这般痴心妄想，若得一日思考之细密也能如劈丝绣线一般，该有多好。此回出书，“绉折理论”所带出的柔软织品想象，让不知天高地厚的我也忍不住揣想，若能将 modern 劈线成“现代 / 摩登 / 时髦 / 毛断”，将 modernity 劈线成“现代性 /shame 代性 / 羡代性 / 线代性”，将千丝万缕的史料，细细密密，编织缝缀，上下穿梭，盼一日锦绣若成，翻转折叠，该有多好。绣娘之志在于“以针为笔，以纤素为纸”，我的小小燕雀之志则是“以笔为针，以纸为纤素”，这本用“绉折理论”翻新现代性论述的专书，美其名，乃是以时尚与性别文化研究出发，试图带出历史与现代性思考的动态图标；就其实，若能仿佛刹那间攀附成一篇篇质地尚佳的文本织绣，吾愿足矣。

《时尚现代性》一书得以顺利完成，主要来自（台湾）科技主管部门的研究资助，包括《时尚、身体、现代性创伤》的三年期研究计划（2002—2005），《时尚现代性》的一年期专书写作计划（2008—2009），以及《时尚折学》三年期研究计划（2012—2015）的部分研究成果。在此要特别感谢人文处对研究计划的支持鼓励，外文学门先进、魏念怡研究员以及尚玉、兆兰、怡君、Kelly、榆晴、志谦等贴心助理的大力襄助。本书的部分内容已先后发表或收录于期刊与学术专书，虽在成书的过程中，进行了大幅度的改写与编整，但仍十分感念最初得以宣读与发表的学术场域。第一章的部分内容，改写自期刊论文《时尚的绉折》，《中外文学》第 42 卷第 4 期（2013 年 12 月）：15—50。第三章部分内容，改写自《抓现代性的小辫子：歪读〈阿 Q 正传〉》，《联合文学》第 220 期（2003 年 2 月）：121—

131;《鲁迅的头发》,《联合文学》第 210 期(2002 年 4 月):90—95。第四章的内容，一部分改写自《现代性的小脚：文化易界与日常生活践履》，最早宣读于“文化场域与教育视界”国际学术研讨会，台湾大学中文系、音乐研究所、美国哥伦比亚大学东亚系主办，2002 年 11 月 7—8 日于台湾大学，后收录于《通识人文十一讲》，冯品佳主编，台北：麦田出版社，第 199—229 页；一部分则改写自《时尚现代性》,《“国科会”外文学门 1997 年—2001 年年度研究成果论文集》，中兴大学外国语文学系主编，台中：“国科会”人文处，第 447—468 页。第五章的部分内容，改写自《时装美人现代性》会议论文，宣读于 2009 年由政治大学主办的《女性、消费、历史记忆》国际研讨会。第六章的部分内容，改写自《现代性的曲线》,《中外文学》第 36 卷第 3 期(2007 年 9 月):171—200，该论文日文初稿《モダニティの曲线》，神谷まり子译，最早发表于《中国 21》24(2006 年 2 月):61—86。第七章的部分内容，改写自期刊论文《时尚的绉折》,《中外文学》第 42 卷第 4 期(2013 年 12 月):10—50，该论文最早宣读于“第二届古典与现代文化表现学术研讨会：时尚文化的新关照”，逢甲大学主办，2011 年 4 月 23 日，亦为该会议的大会主题演讲。第八章的部分内容，改写自期刊论文《阴丹士林蓝：质量体战争与微分子运动》,《中外文学》第 44 卷第 2 期(2015 年 6 月):143—178。

十年岁月匆匆过，最后书是要献给我的父母，感谢他们永远都用最肯定的眼神，支持我去做所有想做的事，从小到大。而母亲曾经亲手为我做过的那些美丽衣裳，一直伴着我在学术的路上，载欣载奔。

前言 鲨鱼皮与汉服运动

两种衣服，一个尖端先进，一个极其古老，彼此风马牛不相及，却因为一场全球瞩目的运动盛会，而产生了贴挤与联结。

第一种是名为“快皮”（Fast Skin）、俗称“鲨鱼皮”（Shark Skin）的高科技泳衣，由跨国企业“速比涛”（Speedo）公司专利研发而成，自2000年问世以来，便以迅雷不及掩耳的“神衣护体”方式，帮助各国泳将不断刷新世界纪录。对各国参赛选手而言，在当前以0.01秒决胜负的国际泳坛，“鲨鱼皮”高科技泳衣之应时出现，便成了夺标的关键。但为何是“鲨鱼皮”？此泳衣之所以昵称“鲨鱼皮”，正在于成功展现当代“一体成型”的塑化技术，亦即“人皮”与“鲨鱼皮”的完美“模控学合成”（cybernetics）。此技术通过最新科技的“仿生学”，“模拟”海中鲨鱼身上层层交叠的盾鳞，再运用纳米科技，在织品表面创造出无数肉眼无法辨识的绵密“V”形“绉折”沟槽，造成织品平滑“表面”的“深度”粗糙化（表面作为一种“绉折”的深度，让表面与深度、光滑与粗糙不再二元对立），用来改变紊流边界层的结构与速度分布。

与此同时，此神奇泳衣也舍弃传统织品的接缝方式，以超音波黏合技术一体成型，其紧缩弹力较一般泳衣强 70 倍，乃是直接压迫包塑人体肌肉线条，让泳衣与身体肌肉间完全没有任何得以消耗能量的震动空隙。更有甚者，鲨鱼皮泳衣据称还将当前航天科技研发出的聚氨酯材料（原本用来降低宇宙飞船穿过地球大气层表面的摩擦阻力），涂抹于泳衣表面，以降阻增速。故鲨鱼皮乃号称当今世界最轻最快最密合的泳衣，能有效降低水中阻力 10%，降低氧气耗损 5%，乃 21 世纪全球泳坛趋之若鹜的最新“高科技时尚”运动商品。

第二种则是强调“衣裳相连，披体深邃”的深衣，此乃中国古代的一种袍服，基本形制为交领（兼有盘领与直领）、右衽、宽袖、系带。深衣与其他中国古代上衣下裳不相连属的冕服与元端服不同，深衣作为袍服的最大特色，乃在上衣下裳分裁但在中间加以缝缀连属[1]。根据记载，深衣形制“出现于春秋战国之际，盛行于战国、西汉时期。不论尊卑，男女均可着之。其地位仅次于朝服。东汉以后多用于妇女。魏晋以降，则为袍衫等服代替。深衣制度亦随之淹没”[2]。但这原本属于中国古代的深衣形制，却在当前由中国网络年轻世代发起、强调“华夏复兴，衣冠先行”的汉服运动中“重新出土”，并被标举为中国自上古到明代“衣”脉相承、最能代表华夏文化认同的 21 世纪汉族服饰。根据中国媒体的报道，此号称通过网络集结而在中国各地冒现的汉服运动，声势或大或小，并与不同的传统仪式或节庆相结合，“湖北、北京上千名学生身穿汉服在编钟声中完成‘成人礼’、十几位合肥青年身穿汉服推广传统文化、20 余名成都市民穿汉服过冬至节、西安市十余位网友身着汉服‘祭天’等”[3]。而这些报道中参与者所穿着的汉服，主要皆奉行此宽袖大袍的深衣形制。

但这两种完全风马牛不相及的衣服，究竟可以产生怎样的贴挤与联结？快皮与深衣、鲨鱼皮与汉服运动究竟可以启动何种现代性的绉折思

---

[1] 周锡保《中国古代服饰》，台北：南天书局，第 54 页。

[2] 周汛、高春明编著《中国衣冠服饰大辞典》，上海：上海辞书出版社，第 140 页。

[3]《回顾之三：中国人的大国情结》，FT 中文网络评论，2010 年 8 月 10 日。

考？就在 2008 年夏天北京奥运会游泳竞赛场地水立方的现场，号称第四代的连身式鲨鱼皮泳衣再度大放异彩，夺金选手中穿着此款泳衣者超过九成，而勇夺八项金牌的美国泳将“飞鱼”菲尔普斯（Michael Fred Phelps），更成为此运动时尚品牌的最佳代言人。但就在此神奇泳衣引起全世界惊讶目光、成为北京最耀眼奥运战袍的同时，汉服运动的深衣却以一种缺席不在场的方式与北京奥运失之交臂。2007 年 4 月由中国一百多名大学与民间机构的教授、博士与学者签名，20 家中国网站联合发布了一份汉服倡议书，内容乃针对一年后即将在北京举行的奥运会，要求将汉服指定为北京奥运会的礼仪服饰，并希望中国汉族运动员在开幕式中能穿着汉服进场。倡议书中指陈 1964 年东京奥运会的礼仪小姐穿和服，1988 年汉城奥运会的礼仪小姐穿韩服，皆有其历史文化的延续性与代表性，故应以深衣而非少数民族的旗袍、唐装（马褂）或欧美人士的西装作为代表华夏文明的服饰。当然此少数人的网络倡议，立即被指摘为乃狭隘大汉民族主义的复辟，严重忽略中国乃多民族的国家，此网络联署汉服倡议书遂昙花一现、无疾而终。

而 2008 年奥运会的现场，礼仪小姐身上穿的是旗袍，中国国家代表队的领航运动员姚明身上，穿的是黄衬衫红西装（以颜色呼应中国国旗的配色）。而 2008 年奥运会结束后，有关鲨鱼皮泳衣作为垄断市场的“高科技外用兴奋剂”或“穿在身上的禁药”之争议更甚嚣尘上，国际泳联终于决定痛下杀手，宣布自此禁用此类高科技连身长泳衣。但作为北京奥运会现场最光芒耀眼，也是最后一瞥的鲨鱼皮，与作为北京奥运会现场根本不曾出现也不可能出现的深衣，两者之间究竟能产生什么样的（非）关系？

“深衣—鲨鱼皮”的配置，给人的第一个反应当然是古 / 今、中 / 西与慢 / 快的最强烈对比，一边是最新最快最科技的时尚运动商品，一边是最古老最儒雅最缓慢的中国传统服饰，而在鲨鱼皮的时代谈深衣复兴，确实难免给人不知今夕何夕的时空错乱之感。但我们也不要以为 21 世纪初的这波汉服运动特立独行，回头看看上一个世纪之初，汉服运动也是一样状况百出。刚坐上民国大总统之位的袁世凯，就穿着十二章衮服到天坛主持祭天大典。同年，学者钱玄同就职浙江省教育司司长，据称身上穿的、头上戴的，分别是孔子时代的深衣玄冠，身体力行并借此推广其所发表的《深衣冠服说》。康有为之女康同璧在1910年亦组“复古女服会”，倡导恢复汉朝女子服饰：“今万国所共竞者，岂非文野之别哉？……中外古今女服无不长裙翩翩者，图画器物皆可具考，从未有短衣无裙者。建议采取中国古制：高髻长裙束带尖履……酌加今制，岂非合今古、通中西之制乎？”然而此处并非要将本世纪之交零星出现的汉服运动与上一个世纪之交零星出现的汉服运动视出一辙，毕竟清末民初冒现的汉服运动，乃是改朝换代之际的“乱世乱穿衣”，没有章法之际，乃诉求古制。而21世纪初的汉服运动则是通过网络动员，通过影像复制，以“80后”年轻世代为主体所带出某种在视觉与装扮形式上的“角色扮演”（cosplay）。故汉服运动的问题，不能仅停留在思索其是否能召唤民族意识的回归，激发文化主体的自觉，或批判其是否仅为抱残守缺、泥古不化，自陷狭隘偏激的民族主义情绪。

汉服运动必须被“问题意识化”：中国近现代历史为何始终未能好好处理“身体—服饰”的表面？为何三不五时就要发作一阵有关国服认同的病状征候？就以这波倡议深衣的汉服运动为例，表面上看来中国作为“大国崛起”的文化自信，似乎借由北京奥运会的举办，而达到前所未有的高峰。但就在此高峰之上，也让我们再次看到中国“时尚现代性”百年来的历史纠结，“衣”旧难解。我们不禁质疑：为何“线性进步史观”所带来的速度焦虑感，不论是超英赶美还是超克现代，至今仍挥之不去？为何昔日的“宽衣博带，长裙雅步”，依旧如此摆荡在不堪回首的耻辱象征与复古乡愁的认同投射之间？为何在辛亥革命将届百年之际举办的北京奥运会，旗袍与唐装（马褂）依旧被部分人士视为可疑可议，虽然其用语已从“异族”改为“少数民族”？而更为可疑可议的则是西装，仿佛中国人断断续续穿了一个多世纪的西装，依旧不是中国现代服饰，而是原属于且专属于西方的帝国主义殖民服饰，仿佛一下子让人又掉回中国/西方、传统/现代（要中国就无法现代，要西方便得舍弃传统）的泥淖里动弹不得？这波倡议深衣的汉服运动让我们不得不承认也不得不面对，中国“时尚现代性”百年来纠结在西风东渐、中体西用、全盘西化、文化传承上的诸多问题依旧未解，即便在“大国崛起”的当下，还是以不可预期的“身体—服饰”征候，无预警召唤着近现代中国历史创伤与文化记忆的断裂论述。

而本书正是要以此“身体—服饰”的征候为出发点，但主旨不在于如何阅读这些“身体—服饰”征候，而在于如何让这些“身体—服饰”征候去病征化？如何让旗袍不再鬼影幢幢，让西装不再只是帝国殖民压迫下挥之不去的“服”号？如何走出“创伤现代性”的悲情？如何跳脱“线性进步史观”的套式？而《时尚现代性》一书正是想要以“举重若轻”“具体而微”的方式，重新面对且重新处理这些议题。

全书共分为八个主要章节。前两章为全书的理论开展，后六章则分别进入不同的服饰装扮细节项目，以开展理论文本与身体—服饰文本的交织。第一章以本雅明与德勒兹的“绉折理论”为出发点，铺陈“历史哲学”作为“力史折学”的关键，正在于将“时尚”的创造变化视为“合折，开折，再合折”的时间运动。第二章通过重新阅读本雅明的《译者的职责》，提出“翻译绉折”的概念，并以“同字异译”的方式，展开“翻新/时尚”“现代/摩登/毛断”等字组在概念上的“分裂双重”与性别差异，也以“同音译字”的方式，展开“shame代性—羡代性—线代性”“行势—形式”等字组在概念上的差异微分。第三章与第四章分别就“男人在头，女人在脚”的中国shame代性耻辱着手，第三章谈男子辫发，第四章谈女子缠足，企图将“创伤现代性”的时间灾异断裂，转化为“践履现代性”的时间连续变化。第五章从民国初年的鸳鸯蝴蝶派小说杂志《眉语》封面切入，谈“时装美人”的图像流行，并由此分疏出“阳性现代”与“阴性时髦”之间的时间感性差异。第六章从《妇女杂志》的女子服装改革征文切入，谈“曲直宽窄”如何可以从“身体曲线”的服饰描绘，抽象到“绉折曲线”的“微偏”，并以“折折联动”的动势，打破线性进步史观所建构的中/西、传统/现代、宽衣/窄衣、直线/曲线、平面/立体的二元对立系统。第七章以日据时期台湾“旗袍绉折成洋装”的历史案例为出发点，回头探讨20世纪20年代上海平直旗袍与巴黎直筒洋装作为“拓扑联结”的可能，并尝试以“中西合襞”的柔软折叠，松动“中西合璧”所预设文化作为刚性粒子的集合想象。第八章则聚焦于化学合成染料阴丹士林蓝，一方面从“质量体战争”的宏观层次，看其如何进入中国垄断市场，如何联结兵战与商战，如何建构现代视觉政体与国民身体，更如何集结出各种时尚现代性的资本与国族编码，而另一方面则从“分子化运动”的微观层次，看阴丹士林蓝如何渗透浸染棉纱棉布，如何给出鲜艳明亮的情动力强度，如何创造身体肤表—染色面料—视网膜—大脑皮质界面触受的变化异动。

北京奥运会让尖端科技的鲨鱼皮与古代深衣擦肩而过，却让我们开启了时尚作为中国现代性另类“方法论”的探索契机。

1

时尚的历史折学

楔子：林则徐的裤子

在中国近现代的历史中，鸦片战争惨败的相关史料，总是让人如此不忍卒读，而后《南京条约》的签订，牵出一连串丧权辱国的不平等条约，令人悲愤。但就在这一片凄风苦雨、哀戚沉重的历史创痛中，却有一则令人匪夷所思、不禁莞尔的记载，串联起“裤子”与“战争”非比寻常的关系。1839年清朝钦差大臣林则徐上奏主战，其所表列的众多理由中包括了下面这一项：“且夷兵除枪炮之外，击刺步伐，俱非所娴。而其腿足缠束紧密，屈伸皆所不便，若至岸上，更无能为，是其强非不可制也。”[1]林则徐在此大胆自信地向道光皇帝表示，“英夷”的击刺能力差，唯靠枪炮而已，若能顺利引诱其上岸，就有把握将其一举击溃，而其中的关键正在于“英夷”虽人高腿长，但腿足皆“缠束紧密”、屈伸不便，为其弊也。而一年后林则徐又再度上奏，就同样观点加强深入说明：“彼之所至，只在炮利船坚，一至岸

[1]《林则徐集》，卷36《奏稿》。

上，该夷则无他技能，且其浑身裹缠，腰腿僵硬，一仆不能复起，不独一兵可刃数敌，即乡勇平民足以致其死命。况夷人异言异服，眼鼻毛发皆与华人迥殊，吾民齐心协力，歼除非种，断不至于误杀。"[1]此处林则徐所精心谋划的制胜战略，依旧放在"英夷"的军服弱点之上，谓其一旦被诱离上岸，则将被我方兵勇轻易歼灭，而其中的关键依旧是在"浑身裹缠，腰腿僵硬"的弱点上，英军一击便倒，而倒地便无法复起，只能任人宰割。但会有任何一个国家的军服设计如此笨拙不便，膝盖不能随意弯曲，一仆便不能复起吗？彼时被视为船坚炮利、所向无敌的英军，会在军事武力与军服设计上出现如此重大的落差吗？若中国女人缠足被西洋人讥为野蛮，那被清朝大臣视为夷狄仇雠的英军，怎么更是野蛮落伍到将男人的腿足全部"缠束紧密"呢？钦差大臣林则徐的观察，并非纯属道听途说，虽然彼时许多的文献数据皆显示同样的"文化误识"（cultural misrecognition）。钦差大臣林则徐的观察，乃是依据其亲身与英国商人接触的第一印象与第一手经验，正如其在 1839 年 7 月 26 日的日记中就早已记载的："惜夷服太觉不类，其男浑身包裹紧密，短褐长腿，如演剧扮作狐、兔等兽之形。"[2]在林则徐眼中，不伦不类的英国男性服饰，全身上下包裹紧密，若服饰之"文明"在于"蔽形"，那如此暴露全身线条的紧窄夷服，就只能以兽形相模拟。

而林则徐作为号称中国近代"睁眼看世界的第一人"，其日记中的观察记载确有其"穿文化"（transcultural）的洞见与不见。他精准地指出包裹紧密的英国男性服饰，其外形特征乃"短褐长腿"。"短褐"一词同时包含了"面料误识"与阶级歧视。"短"指短上衣，"褐"指粗布，而"短褐"在中国传统服饰文化语境中，乃是以粗布短衣"提喻"劳动或贫贱阶级的穿着打扮与生活方式。19 世纪英国男性外衣作为"短褐"之"短"，相对于晚清中国男性"长袍"之"长"，自是粗野不文、等而下贱之。而"短褐"之"褐"，则是以"褐"作为粗布，作为葛、麻、兽毛粗加工品，去理解并且

[1]《林则徐集》，卷 36《奏稿》。

[2]《林则徐集》，卷 351《日记》。

想象英国商人身上所穿着的服饰面料。林则徐用“褐”来作面料与阶级指称，有可能是故意曲解或顺用成语，硬将毛呢说成粗葛，也有可能是对西洋面料基本知识的缺乏，而误判毛呢为粗葛，但就算是误判，亦不无展现其对服饰面料“视触感”（haptic）上的敏锐性。但在“短褐长腿”的观察中，真正吊诡的乃是“长腿”二字。林则徐对英国人第一印象的“长腿”，可以有三种相互层叠的可能解释。第一种当然是生理结构的考虑，人高腿就长。第二种是视觉的对比效果，上衣“短”自能显得腿更“长”。而第三种则是最为关键的问题所在，会不会正是因为英国男人“浑身裹缠”，尤其腿足“缠束紧密”，因而拉长了身体线条，尤其是腿部线条。而此紧窄“修长”的身体—服饰线条，对比于中国松垂“宽广”的“身体—服饰”线条，当然就更强化英人“长腿”的异常显著。

那我们是否有可能循此“长腿”的视觉线索，重新回到林则徐奏折中匪夷所思的“文化误识”，看一看林则徐眼中让英军“腿足缠束紧密，屈伸皆所不便”的裤子，究竟是哪一种裤子？就鸦片战争的图绘资料与世界军服服饰史资料观之，彼时英军所穿的军裤，乃剪裁合身的高腰直管长裤，英挺威武，运动自如，尤其特显腿部线条之修长。反观清王朝八旗和绿营部队的军服，则是笨重的盔甲、松垮的号衣、布袋式的中长宽口裤，一如服饰学者所言：“还停留在冷兵器时代，根本不能顺应 19 世纪飞速发展的军事科技与战术。”[1]

但我们此处并非意欲以战争的成败论英雄，而判定英军修长的“窄裤”，就一定比清朝松垮的“宽裤”要好，虽然此衣饰宽窄的优胜劣败，难逃后人定论，尤其是在清末依“线性进步史观”所推动的服饰改革声浪中，“宽衣博带，长裙雅步”早已被“编码”为跟不上时代的落伍失败。此处所要尝试的，乃是针对“文化误识”所可能展开的一种“推理”行动：为什么英挺威武、运动自如的英军军裤，会被林则徐等有“智”之士，看成“腿足缠束紧密，屈伸皆所不便”呢？是否肇因林则徐反求诸

[1] 华梅《中国近现代服装史》，北京：中国纺织出版社，2008 年，第 2 页。

己，用自己身上所穿与八旗绿营将官兵卒身上所穿的中式裤，去想象英军将官士兵身上所穿的西式裤呢？而以中式裤去想象西式裤，究竟会闹出什么样的大笑话或捅出什么样的大娄子呢？就让我们先来看看中式裤与西式裤的结构差异。传统的中式裤乃宽边大裤腰、大裤裆、无侧缝分割，穿着时多为前后无分，而 19 世纪穿在英国商人或英国士兵身上的西式裤，则是采分片、分体的服装缝制法，裤腰、裤裆、裤腿（裤管）的合身设计，让腿部线条清楚可辨。而中式裤的宽松肥大，对比于西式裤的合身适体，不仅只是视觉效果与面料多寡的问题，更是剪裁缝纫技术上的大不同。传统中式裤乃平面剪裁（直线剪裁），裤身与腿部之间所留空间宽大，而需在裤头系带、裤脚缚带，而西式裤则是立体剪裁（曲线剪裁）、裤身贴合腿部，压挤出裤身与腿部间可能的多余空间，裤头用扣、裤脚垂立。所以问题便出在若以中式裤的平面剪裁，来想象西式裤作为修长合身的直管长裤，那不仅只是视觉形式上的“缠束紧密”，更绝对是身体动作上的“屈伸皆所不便”。

平面剪裁的中式裤必须宽大，让裤身与腰腿之间留有足够空间，才得以运动自如，而英军身上不预留内部空间而紧贴着腰腿的直管长裤，一定双膝紧绷难以行动。故若就平面剪裁的“身体—服饰”逻辑而言，林则徐的“合理推断”乃是一点都没有错。

那林则徐错在哪里？一切就错在西式裤不是平面剪裁，西式裤之所以修长合身而又能运动自如的秘密武器，就在于裁切缝合的衣片之上，藏有看不见的“绉折”。宽松肥大的中式裤，收束裤头或裤脚时，都会出现布料表面显而易见的绉折，而让衣服与身体之间产生更多的活动空间，但这些“立体”绉折皆为“活褶”，松开束带后又会回复原来的“平面”。而英军军裤上的是“死褶”，不仅是被缝线缝死的绉折，也更是外观上看不见却让军裤产生“立体”空间的绉折。

以服装缝纫的术语来说，即是“省道缝褶”（darts）之所在，亦称“缝合褶”或“死褶”：“dart 原为投枪、投箭之意；现指衣服裁片上为配合人体曲线而车合的长三角形区域，褶尖指向人体凸起处，长短则依所在位置及设计变化，且各有特定名称。”[1]“省道缝褶”之为“省”，正在于将面料与身体表面之间的余量加以折叠，并用缝线缝死，既可以消除衣片的余量，又可创造出衣片曲面的立体感。而“省道缝褶”之不可见，不仅有别于衣服表面因收束而暂时出现的立体活褶，也有别于在衣服表面以折曲面料缝合固定而成的立体活褶（在中国古代此种收折方式叫“辟积”），“省道缝褶”是折在面料的里面，缝死之后再熨平，从面料表面不易直接辨识，而能辨识的仅为其所创造身体与衣服之“间”相互贴合的微立体空间。

故鸦片战争中英军身上西式裤的修长合身、运动自如，不仅是剪出来的，更是折出来的。服饰史学者多认为“立体剪裁”的出现，乃西方服饰发展史上的大事，原本古希腊罗马时期，服装的形制主要采取围裹披挂样式（drapery），未发展出衣片裁剪缝合的概念，而13世纪日耳曼游牧民族的入侵，带来了立体剪裁与行动速度的连接，遂逐渐发展出上下分离、封闭合身的服装形制与复杂的剪裁技术，包括多片剪裁与省道缝褶等技艺。故林则徐的错，不仅错在以“平面剪裁”去误识“立体剪裁”，更在于只有“活褶”而没有“死褶”的概念。在林则徐的眼中，明明外表上看不出任何“活褶”痕迹的英军军裤，如此紧窄合身，如何有可能让膝盖屈伸自如。看来林则徐的“文化误识/误事”，不是出自迷信传说（鸦片战争时不乏以扶乩术或屎尿阵挡洋枪洋炮，或以虎皮帽、虎皮衣、虎神营去“虎灭羊/洋”等怪力乱神），也不是纯属对西方人作为“洋鬼子”“西夷”的怪异身体想象投射，而是一种合乎常情、合乎常理的“理性推断”，唯一的错误乃在于林则徐常情常理的“衣”据，乃是从自己身上的“中式裤”出发，洞视“夷服”的“短褐长腿”，却不察“腿足缠束紧密”却能运动自如的关键，正在裤子之上那些看不见的“绉折”。

而本书以此为楔子，不是要以后见之明去嘲弄清朝大臣的怪诞想法，也不是要责难“穿文化”服饰知识之匮缺足以误事误国，而是希望在沉重的历

[1] 辅仁大学织品服装学系“图解服饰辞典”编委会编绘《图解服饰辞典》，台北：辅仁大学织品服装学系，1985年。

史创伤中，能有“举重若轻”“具体而微”的另类切入观点，以爬梳中国近现代在“身体—服饰”表面所冒现的各种奇形怪状、疑难杂症。而此楔子推理所围绕的“绉折”，也将成为本书在理论架构上的关键，不仅只是对衣饰“活褶”或“死褶”的好奇与兴趣，而是企图将服饰时尚（sartorial fashion）的“衣饰绉折”与当代的“理论绉折”相互联结，以“绉折”的运动重读历史，以“绉折”的观点重谈国族与性别，以“绉折”的感性重回时间与主体。而以下本书第一章的绉折理论发想，便将围绕在两位主要理论家本雅明与德勒兹的相关“绉折”论述中进行，观看其二者如何得以折折相连。

但在正式进入理论的铺展之前，须先说明两个有关翻译的问题。第一个是“绉折”的用法。法文 pli 或英文 fold 的中文翻译版本甚多，包括折子、褶子、折曲、皱褶、绉褶等。本书之所以尝试采用“绉折”的翻译方式，乃是企图以从“纟”字边的“绉”来开展织品面料的联想，呼应本书对服饰时尚研究的关注；并尝试以提手旁的“折”来取代“褶”，一方面乃是希望能与纯粹作为名词的法文 plissemen（褶子）有所区隔，一方面也同时希望能呼应英文 fold 兼具动词与名词的特性。虽说“褶”的衣字边亦与服饰时尚的焦点叠合，但为强调“绉折”之为运动之势，故选择“折”而非“褶”，而在“绉折”词语的表达之中，也已有“绉”作为织品面料与服饰时尚的联结。而本书“绉折”的用法，也会随着概念发展的上下文，灵活转换为名词的“褶子”或动词的“折曲”。而第二个翻译问题，则是围绕在本书对“历史折学”的概念建构，以同音字“折”与“哲”作为理论发想的起点，企图以“历史折学”的新命名，带出原本“历史哲学”中所蕴含的力量与流变，并以“时尚”作为此概念化“历史折学”操作的核心。以下我们便将分别进入本雅明与德勒兹的“绉折理论”，再尝试以巴洛克“折学”串联两者，结尾部分则是以两位理论家所列举之“时尚”案例，来再次说明“历史折学”的可能操作方式。

一　本雅明：时尚的“虎跃过往”

首先，让我们从本雅明谈论“历史哲学”的著名段落着手，揭露其所谓的“历史哲学”为何总是“历史折学”，以及为何其“历史哲学”的概念发展总和“时尚”密不可分：

> 历史是结构的主体，此结构的场址并非同质、空洞的时间，而是充满当下（Jetztzeit）显现的时间。因而对霍北斯皮耶（Robespierre）而言，古罗马是一个充满当下时间的过往，他让此当下时间从历史的连续体中爆破出来。法国大革命视其自身为罗马的再生转世。法国大革命召唤古罗马的方式，正如时尚召唤过往的服饰。时尚拥有对时事的敏锐天分，不论其是在何处扰动久远的丛林，时尚乃老虎朝向过往的跳跃。然而此跳跃乃发生在统治阶级发号施令的场域。而在历史开放空间的同样跳跃，则是辩证的跳跃，此即马克思对革命的理解。[1]

此段表达乃间接呼应马克思在《路易·波拿巴的雾月十八日》（*The Eighteenth Brumaire of Louis Bonaparte*）中对法国革命的看法：革命危机时刻势将引述过往的语言、传统或服饰，来呈现世界历史的新场景，一如路德戴上圣徒保罗的面具，一如 1789 至 1814 年法国革命轮番披挂罗马共和与罗马帝国的服饰上阵，亦如 1848 年法国二月革命沦为法国大革命的拙劣模仿。只是本雅明此处的论证，删除了马克思著作中原本的嘲讽口吻，而带入马克思对“跳跃”（leap）作为历史辩证与革命动量的正面想象，并积极放大“时尚”作为此历史“跳跃”思考的关键核心。

故引言一开始，本雅明便展开对所谓传统“历史主义”（historicism）的批判，指出其乃架构于“同质、空洞的时间”之上，有别于历史唯物论所着重的“当下时间”。本雅明接着便以法国大革命的“时尚”来说明此“当下时间”的特异性，如何从“同质、空洞的时间”所建构虚假同一的历史连续体中爆破抽离，让法国大革命以非线性的方式跳跃承接千年以

---

[1] Benjamin, Walter. “Theses on the Philosophy of History.” *Illuminations*. Ed. and Intro. Hanaah Arendt. Trans. Harry Zohn. New York: Schocken Books, 1969. p.261.

前的古罗马共和。对本雅明而言，法国大革命召唤古罗马的方式，正是时尚召唤过往服饰的方式。因而就哲学概念的操作观之，此“跳跃”乃是将两个原本不相连属、无立即因果关系的历史时间点相互贴挤，产生“辩证影像”（dialectical image），亦即本雅明所谓充满张力与革命动量的“当下时间”或“时间节点”（a time nexus）。然此“跳跃”非朝向未来，而是朝向过往，非特意拣选，而是事件发生，再由历史唯物论者以“建构原则”（constructive principle）加以辨识[1]，故稍纵即逝的“当下时间”，亦即历史唯物论者的“当下辨识”（the now of recognizability）。故对本雅明而言，其作为历史唯物论者最主要的“建构原则”与“当下辨识”，无疑乃是无阶级社会作为原初历史（primal history）、乌托邦集体大梦或集体无意识的理想。

法国大革命的白色长衬衫

故若辅以法国大革命的时尚史料，当可更加理解本雅明此处“虎跃过往”的革命动量。彼时的革命服饰体现了阶级平等与性别平等的乌托邦集体大梦：原本代表低下劳动阶级粗野不文的“长裤”，取代了代表贵族阶级优雅尊贵的“短裤”，故革命者被统称为“无短裤党”（sans-culottes），而认同革命的男男女女更开始穿起用白色棉布做成的长衬衫，形制简单，不分男女，以平民百姓惯用的便宜棉布，对抗皇室贵族惯用的昂贵丝绸。而此不分阶级、不分性别的白棉布长衬衫，不仅在“视觉形式”上类同于古罗马共和时期不分阶级（虽有不同的外搭方式）、不分性别的白色“丘尼卡衫”，更是在“历史意识”上的相互呼应：无阶级划分亦无性别差异的理想社会。此革命时尚所构成的“辩证影像”，既是法国大革命“朝向过去”的“跳跃”，亦是古罗马共和“朝向未来”而在革命当下的“实现”（actualization）。

---

[1] Benjamin, Walter. “Theses on the Philosophy of History.” *Illuminations*. Ed. and Intro. Hanaah Arendt. Trans. Harry Zohn. New York: Schocken Books, 1969. p. 262

故时尚乃是历史作为“跳跃”运动的最佳表征，但本雅明此处亦严格区分出时尚的双重性。一是统治阶级发号施令场域的时尚，亦即本雅明论述中一再通过马克思“商品拜物”（commodity fetishism）与弗洛伊德“性恋物”（sexual fetishism）理论加以严厉批判的资本主义时尚体系，一个表面上不断引述、重复使用过往服饰风格以创造新异感、实际上却是以“地狱时间”“虚假意识”重复单调同一的阶级与性别压迫之体系。而另一面则是时尚作为政治先导前瞻性的可能，其不仅仅指向艺术的未来流变，更“基进”地指向“新的法规、战争与革命”[1]，此乃革命时尚作为历史哲学概念的真正魅力所在，但却又极易被资本主义反革命时尚体系加以混淆模糊，必须通过历史唯物论者的“当下辨识”，找出稍纵即逝的“辩证影像”，才能毕其功于一役。换言之，时尚贴挤着最新与最旧，但一面是具革命创造性的当下时间，另一面则是资本主义表面推陈出新、内里一成不变的地狱时间，而本雅明此处正是通过此高难度的“当下辨识”，让法国大革命成为古罗马的再生转世，在男女革命分子的白色长衬衫上，看到无阶级无性别集体乌托邦的未来实践，此乃时尚作为“虎跃过往”的真正革命动量所在。

革命的跳跃即绉折

而此充满革命动量的“跳跃”（leap），在本雅明承续的马克思主义脉络中，正是“绉折”（folding）的另一种表达。在马克思与恩格斯的相关著作中，最早乃是采用“绉折”来表达“革命”的质变，以有别于“演进”（evolution）所指向的量变，尤其是在马克思给恩格斯的信中，曾以“绉折”来置换黑格尔的“辩证跳跃”，以呼应信中所谈论的织品工业。但不论是马克思理论原先使用的“绉折”或后来使用的“跳跃”，皆强调由量变到质变的剧烈转换，一如马克思名言“所有稳固的都烟消云散”（All that is

[1] Benjamin, Walter. *The Arcade Project*. Trans. by Howard Eilandand Kevin McLaughlin. Cambridge: Harvard University Press, 1999, p. 64.

solid melts into air）[1]所传达由固态到液态的相变，“跳跃”或“绉折”所贴挤的（法国大革命作为古罗马的再生转世），正是此由量变到质变的“当下时间”。

因而“跳跃”不仅是蕴含丰沛动能的意象或譬喻，更涉及“折”学概念的操作，亦即经由建构原则去创造或辨识出“时间节点”（两个或两个以上的历史时间点贴挤在一起，产生特异点布置，由量变转成质变）。而由“绉折”或“跳跃”所建构的唯物史观，便不再是那种由过去、现在到未来，有如念珠般依序排列的线性时间，而是瞬间爆破虚假同一历史连续体的“当下时间”，一如革命爆破演进，质变爆破量变。

而本雅明的“历史折学”不仅有来自马克思理论“跳跃”即“绉折”的影响，更有来自其研究巴洛克时期“单子论”的影响。在《拱廊街计划》（The Arcades Project）中，本雅明企图展现巴黎拱廊街由盛而衰的“经济论据”，但却强调这些“经济论据”之所以能成为“起源”，不在于因果律，而在于其能给出拱廊街具体历史形式的完整系列，一如叶片由植栽“开折”（unfold）而出。他更进一步说明其所谓“19 世纪的原初历史”，不是要在 19 世纪里找到原初历史的蛛丝马迹，而是将 19 世纪视为“原初历史的一个源起形式”（an originary form of primal history）[2]。换言之,19 世纪乃是整体原初历史所集结出的一个时代新形象，或所“开折”出的一个新（叶片）形式。对本雅明而言，此“开折”运动更涉及历史作为“力场”（a force field），一个由“前历史”（fore-history）与“后历史”（after-history）所形成力力相冲突、折折相贯穿的辩证当下：

> 如果历史的客体会从历史承继连续体中爆破出来，乃是因为其单子结构（monadological structure）使然。此单子结构首先浮现在此抽

[1] Karl Marx and Friedrich Engels. *The Communist Manifesto*. Ed. Jerey C. Isaac. New Heven, Yale University Press, 2012. p. 27.

[2] Walter Benjamin. *The Arcade Project*. p. 463.

离出的客体本身，以历史冲突的形式，构成历史客体的内在（如是其深处），所有历史的力量与利益以缩小的尺度进入其中。由于此单子结构，历史客体在其内在发现其“前历史”与“后历史”的再现（例如，一如当前学术研究所唤，波德莱尔的“前历史”在寓言体，其“后历史”在新艺术）。[1]

如果马克思的“跳跃”或“绉折”贴挤出非线性“时间节点”、现在与过去的“辩证影像”（法国大革命与古罗马），那此处巴洛克单子结构所凸显的，则是历史客体之“内”的“辩证影像”（“前历史”与“后历史”的冲突张力）或历史客体之“内”的“时间节点”（既是寓言体、波德莱尔、新艺术作为原初历史所开折出的不同短暂形式，也是波德莱尔作为单子结构，贴挤了过去的寓言体与未来的新艺术，亦即历史的折折联动）。容或此两种理论（马克思主义与巴洛克单子论）的表达方式与着重焦点有所不同，但本雅明穿梭其间的历史“折”学思考方式，却十分一致。

莫怪乎本雅明曾言“相较于理念，永恒更是衣裙边缘的绉折”（The eternal is more than a rue on a dress than some idea）[2]。此裙缘的绉折之所以比抽象理念永恒，不仅在于其所体现历史物质性的细密真切（相较于理念的抽象形式），更在于此历史客体之“内”由“前历史”与“后历史”冲突张力所折曲而成的“时间节点”或“辩证影像”（白棉布长衬衫作为古罗马与法国大革命的贴挤，一如波德莱尔抒情诗作为18世纪寓言体与20世纪新艺术的贴挤），充满马克思主义“跳跃”的革命动量与辩证史观。此看似微不足道又充满阴性联想的服饰边缘细节，遂成为本雅明历史哲学的“力场”所在，亦即“时尚”作为“历史折学”思考的核心关键所在，正因此处的绉折已不再只是具备历史物质性的服饰细节项目，而能成为历史作为绉折运动所体现的“单子结构”，一个历史力量与利益集结、“前历史”与“后

[1] Walter Benjamin. *The Arcade Project*. p. 475.

[2] Ibid., p. 463.

历史”折折相连的“单子结构”。衣裙边缘的“绉折”，遂能如此这般跳脱文学譬喻，跳脱特定历史时空的服饰文化，堂而皇之成为历史“绉折”运动中最具革命爆破力的时尚“辩证剧场”[1]。

二　德勒兹：世界的“折折联动”

那另一位“绉折”理论家德勒兹，又将如何与本雅明论述中所形构的历史“绉折运动”与时尚“辩证剧场”展开对话呢？显然德勒兹的“绉折”较不涉及黑格尔的辩证跳跃，亦不预设马克思主义的无阶级理想，甚至也不像本雅明如此强调历史物质性与时尚流变，但德勒兹的绉折理论，亦是通过巴洛克单子论来展开“绉折”作为力量与流变的思考，带出“绉折”作为抽象机（而非历史物质客体）与虚拟连续体的可能。德勒兹曾在《意义的逻辑》（*The Logic of Sense*）中提及绉折作为一种特异点的多样性布置，在《弗朗西斯·培根：感觉的逻辑》（*Francis Bacon: The Logic of Sensation*）中论及油彩绉折，在《电影 II 》（*Cinema 2*）中带出思想—影像作为大脑皮质的绉折。但德勒兹谈论“绉折理论”最重要的论述，则是集中在《福柯》（*Foucault*，1988；法文原文 *Foucault*，1986）与《褶子》（*The Fold: Leibniz and the Baroque*，1993；法文原文 *Lepli: Leibniz et le baroque*，1988）两本书中。

《福柯》：特异点系列的力量布置

在《福柯》一书中，德勒兹尝试处理晚期福柯在希腊性学研究中所欲凸显的“自我”，一探其如何跳脱福柯原本对知识与权力的论述模式，而其中的关键就在于以“绉折”来处理“域外”“内在”与自我“主体化”的问题：自我的“内在”乃是“域外”（流变线、流变之力）的绉折，亦即“内在”由“域外”折曲而成，“一个仅仅只是域外绉折的内在，有如船只乃

---

[1] Walter Benjamin. *The Arcade Project*. p. 164.

是大海的绉折”。而此处作为哲学概念操作的“绉折”，也更进一步被德勒兹联结到服饰时尚的“绉折”，例如缝纫技术中的“翻折”（领边、袖边、衣边的由内翻外或由外翻内），或服饰、书封等具双重性、层叠性的“衬里”（doublure）。而后德勒兹更进一步从福柯的《快感的享用》（*The Use of Pleasure*）中整理归纳出希腊主体化界域形构的四大自我绉折，亦即四个最主要特异点系列的力量布置：身体（快感）绉折、权力（力量）绉折、知识（真理）绉折与域外（生死）绉折。换言之，此处的绉折，既指向域外之力的折曲运动，亦同时指向此折曲运动所产出的“流变团块”、特异点布置。而这种以折曲“域外”为“内在”，打破内/外二元对立，“形构内—外”相连变化翻转的双重与“衬里”之思考路径，更被德勒兹视为福柯“思想拓扑学”（the topology of thought）的基本操作策略：“去思考就是去绉折，用共同延展的内在，来层叠翻折域外。”

而该书的附录《论人之死与超人》（On the Death of Man and Superman），更尝试区分福柯论述中三种历史形构的不同“绉折”形式，亦即三种历史特异点系列的力量布置。第一个是古典历史形构的“上帝—形式”（God-form），乃朝向无限的持续开展与持续揭露，故其核心概念为“开折”（德勒兹并特此说明为何在福柯的著作中，大量出现作为名词使用的“开折”）。第二个是19世纪历史形构的“人—形式”（Man-form），以死亡的有限性与向内卷合的方式，创造有机体空洞的厚度，故其核心概念为“绉折”（域外折曲为内在）。第三个则是当代的“超人”（superman），以有限元素创造无限组合，像是以硅元素取代碳，以基因取代有机体，以无文法取代意符（如现代文学中不断回返自身、无尽开展反身性的句子结构），故其核心概念为“超绉折”（superfold）。故德勒兹对福柯精彩的重新阐释，重点不在于列举或归纳希腊自我主体化包含了几种类型的绉折，或是历史形构过程中包含了几种形式的绉折，而是德勒兹通过“绉折”概念的操作，将福柯文本中的“历史”变成了“力史”，亦即历史作为“力量关系”的涌现与传动，一种尼采式的“永恒回归”（eternal return），所有的“形式”（上帝—形式，人—形式，超人—形式），都是“行势”作为“力量关系”、作为特异点系列的力量布置所“开折”出的不同历史形式。

《褶子》：巴洛克的折曲运动

而此以“合折，开折，再合折”作为历史创造转化连续性运动的“历史折学”观点，更在德勒兹的《褶子》一书中，得到了最为淋漓尽致的发挥。该书一开始便从笛卡尔与莱布尼兹的根本差异处着手，前者强调身/心、灵魂/物质的“区别且分离”（distinct and separate），而后者则强调身—心、灵魂—物质的“区别且连续”（distinct and continuous），其关键正在于后者所带入的“绉折”概念。对笛卡尔而言，必须先有彼此分离不相连属的独立个体，才能相互区别；但对莱布尼兹而言，物质的最小单位并非可以分割的“点”，而是不可分割的“绉折”，因世界乃是遵循曲率法则（the law of the curvature）、由“绉折”作为折曲之力所造成的“连续变化”（a continuous variation），故非一粒一粒的砂粒堆积（点的区别且分离），而是有如“丘尼卡衫”的连续绉折，不是刚性颗粒所形成的“结构”，而是有如柔软织品所翻转层叠出的“织理”。德勒兹亦举“丑角服”（the Harlequin costume）为例，其外层与里层的连续区别，正因为不是从点到点，而是由折到折，一如蝴蝶被折入了毛虫之中，而毛虫正将开折为蝴蝶一般。

因而“绉折”正是德勒兹在《褶子》一书中，处理莱布尼兹巴洛克思想的核心概念：“巴洛克不指向本质，而指向一种操作功能，一种特点。它永无止境地产出绉折，它不发明事物：有东方绉折、希腊绉折、罗马绉折、罗马式绉折、歌德式绉折、古典式绉折等。巴洛克特点在翻转扭曲它的绉折，将这些绉折推向无限，绉折覆盖绉折，绉折堆栈绉折。”而“绉折”作为巴洛克的核心操作概念，更与莱布尼兹的单子论连成一体。单子原本乃是莱布尼兹《单子论》中区别且连续的简单实体，有向内包封（envelopment）与向外开展（development）力量的“一”，亦即“包折”（implication）与“展折”（explication）的连续传动。

而此“一”乃属“宇宙同一”（a universal unity），故单子作为“一”的包封与开展、合折与开折，乃由“宇宙同一”的“共折”（complication）所驱动（曲动）。

因而单子可被视为“微绉折”，既包含了“包折”“展折”与“共折”的三位一体，也呈现了“一与多折”（one-multiple）的关系：在“一”的个别单元里，包含了整个系列或世界。故单子作为微绉折，其所导向的巴洛克世界观，正是世界作为“绉折接着绉折”或“折折联动”（fold after fold）、无穷无尽的绉折运动：“我们仍都是莱布尼兹主义者，即使谐和不再是我们的世界或文本。我们正发现新的绉折方式，近似新的包封方式，但我们仍全是莱布尼兹主义者，因为攸关紧要的总是合折，开折，再合折。”

故德勒兹《褶子》一书中的“绉折”，不只指向巴洛克时期绘画、雕塑、音乐、文学、服饰、数学、城市、建筑、物理学的表现，更在于“绉折”作为一种哲学概念的“基进”性：将世界涵纳于内的单子，将外翻转为内，将表面翻转为深度，从表相折叠出本质，从物质折叠出灵魂。故单子或主体乃是“各种不同绉折的拓扑学”（a topology of dierent kinds of folds），文艺复兴单子不同于巴洛克单子，乃在于其绉折形式的不同，而巴洛克单子的特色，便是“朝向无限性的绉折”（the fold to innity），让所有的绉折都在绉折之间（pli selon pli；between two folds），亦即世界的“折折联动”。因而在此“折折联动”、不断区别且连续的世界里，所有的“形式”都是“行势”的折曲，一如所有单子都是“宇宙同一”的微绉折。诚如德勒兹所言：“揭露其织理的物质，乃成原料，如同揭露其绉折的形式，乃成行势。”（Matter that reveals its texture becomes raw material, just as form that reveals its folds becomes force.）[1] 于是在巴洛克朝向无限的绉折运动中，“形式”不再抽象永恒，不再独立区隔，“形式”乃由复数力量或“行势”折曲而成，“形式”的转变与折曲所指向的，正是世界之为绉折运动，亦即域外之力的“合折，开折，再合折”。

[1] Gilles Deleuze. *The Fold: Leibniz and the Baroque*. Minneapolis: University of Minnesota Press, 1993.

三　时尚—力史—折学

接下来便让我们分别以本雅明谈论的“女性自行车装”与德勒兹谈论的“巴洛克服饰”为例，来进一步说明两人在绉折理论上的相互会通，与两人在时尚作为“历史折学”核心概念上的差异所在。本雅明在《拱廊街计划》中，曾以 19 世纪末的女性自行车装，来展开其“历史折学”的思考操作。他指出 19 世纪末法国画家谢特雷（Jules Cheret）所制作的海报，呈现时髦解放的巴黎女性，骑乘着自行车奔驰，身上的服饰轻盈飘逸，让身体的速度感成功转化成衣饰的流动性。而此海报所呈现的女性自行车装，立即被眼尖的本雅明指认为“运动装早期无意识的预兆”。[1] 接着本雅明更“基进”地辨识出女性自行车装、工厂、汽车之间的联结关系。他指出女性自行车装的“运动表达”，乃与传统女装的优雅模式相互缠斗，正如最早的厂房以住家为依归，亦如最初的汽车车身以马车车厢为模仿。

本雅明此处简短却精准的时尚案例分析，显然包含了多个层次的“历史折学”操作。第一是历史时间的绉折，指向 19 世纪末女性自行车装，作为 20 世纪 20 年代女性运动装“单子结构”中所贴挤的“前历史”（前折），一如 18 世纪寓言体，作为 19 世纪波德莱尔抒情诗“单子结构”中所贴挤的“前历史”（前折）一般。第二是现代性的“运动行势”在不同形式中的表达：海报与自行车装皆为现代运动表达所开折出的不同形式，海报不仅只是以复制图像的方式，去再现自行车与穿着自行车装的巴黎女性，海报本身作为现代图像新兴形式的快速制作、复制与流通，正与自行车装所标榜的移动速度若合符节，此亦即为何本雅明视海报的出现，乃现代生活新速度的表达。[2] 第三则是现代性绉折之力对自行车装（服饰时尚）、工厂（生产空间）、汽车（移动装配）的解畛域化（deterritorialization），令原本似乎毫不相干的三者产生拓扑联结，形构

[1] Walter Benjamin, *The Arcade Project*. p. 62.
[2] Ibid., p. 64.

出现代性作为“绉折运动”的“毗邻不可区辨区”。分而观之，自行车装、工厂与汽车都是既有“形式”的再绉折，由既有的传统女装翻转出自行车装，由既有的住家翻转出厂房，由既有的马车翻转出汽车。合而观之，自行车装、工厂与汽车皆为现代生活新速度作为“行势”所开折出的不同新形式，亦可被视为本雅明所信奉的乌托邦集体无意识所开折出的不同新形式。

正如本雅明所一再强调的，集体无意识（原初历史）“在千种生活的配置中留下痕迹，从坚固持久的大楼到稍纵即逝的时尚”[1]。此集体无意识可以开折在不同的历史时间点，或贴挤两个以上时间点而形成当下时间、时间节点或单子结构（古罗马与法国大革命，19世纪末的自行车装与20世纪20年代的运动装），亦可在历史的特异表达中（例如此自行车装时尚案例中的运动表达，或现代生活的速度表达）开折出不同的形式（海报与自行车装，或是自行车装、工厂与汽车）。但不论是原初历史或历史的特异表达，本雅明对自行车装的“历史折学”思考，乃是让我们成功地在自行车装的“形式”之中，看到“现代性行势”（运动表达或速度表达）的“合折，开折，再合折”，将固定的形式，转化为流变的“行势”。因而对本雅明而言，19世纪末女性自行车装展现了一种双重的揭露。第一重的揭露是“连续中的断裂”，自行车与女性身体服饰的“拓扑联结”，爆破了19世纪父权社会对女性传统服饰优雅端庄的钳制与压抑，爆破了线性历史发展的连续体（直接跳接20世纪20年代运动装），爆破了服装史研究所倚重的形制传承（运动与速度的质变，取代了优雅女装形制的发展或改良的量变）。而另一重揭露则是断裂中的连续，在看似不相连属的个别形式中（海报与女装，女装、工厂与汽车），找出其弧线曲度的趋势、折折联动的“行势”，以及单子结构中各种外翻内转的力量汇集、冲突与流变（集体生产制造速度与都会化性别身体移动速度的汇集、优雅模式与运动表达的冲突、身体机器与移动机器的流变）。一言以蔽之，女性自行

[1] Walter Benjamin, *The Arcade Project*. p. 5.

车装的解畛域化所凸显的，正是时尚“历史折学”的“合折，开折，再合折”。

而德勒兹在《褶子》一书中对巴洛克时尚的分析，其所启动的绉折思考动量亦不让本雅明专美于前。对德勒兹而言，巴洛克作为朝向无限的绉折，其最简单的形式即为服饰织品上的绉折，其重点不在身体的遮蔽或揭露，亦不在装饰效果的强化或减弱，而在于让织品绉折如何凌驾于服饰、织品绉折如何流溢出身体，仿佛不是先有身体再穿上满缀绉折的衣服，反倒是绉折不断穿越衣服与身体（衣服与身体的本身已是由外在折曲为内在、由表面折曲为深度），流向折折联动的大千世界，无始无终。他以 17 世纪巴洛克的及膝折裤（rhingrave-canons）为例，其形制宽大蓬松，缀满缎带，让穿上及膝折裤的身体隐然消失，仿佛只剩下不断倍增的绉折，有如浪潮般翻越腾搅，横向开展。而巴洛克时尚的其他款式，不论是紧身短上衣、斗篷或衬衫，都与及膝折裤有异曲同工之妙，满溢着千百个绉折，让穿者有如在大海波浪里上下浮沉的泳者，只能将头部微微露出波涛汹涌的海面。故对德勒兹而言，巴洛克时尚无所不在的绉折，已不再仅是特定历史服饰的装饰细节而已，而是一种翻转的力量与强度："衣饰绉折传达出一种施加于身体的精神行势，或是将其上下倒转，或是再三令其站立或举起，却都在每个事件中将其内翻外转，并铸造其内里的表面。"[1]

德勒兹接着便将论述的焦点，转到巴洛克艺术中所再现的服饰绉折。他以意大利艺术家贝尔尼尼（Gian Lorenzo Bernini）的画作与雕塑为例，说明其艺术创作中的服饰绉折如何满溢画面甚且溢出画框，如何满溢石雕表面甚且溢出石雕本身。首先他将贝尔尼尼绘画艺术所再现的绉折，从服饰绉折扩大为静物画上所呈现的窗帘、桌布（织品绉折）与蔬果（大地绉折），再扩大为河流、云朵、花岗石、洞穴、光线、火焰的无尽绉折。故对

[1] Gilles Deleuze. *The Fold: Leibniz and the Baroque*. p. 122.

德勒兹而言，贝尔尼尼的艺术不是结构，而是织理[1]，一种让身体折曲如火焰燃烧、向上卷绕的织理。于是绉折穿越所有的物质载体（身体、织品、服饰、花岗石与云朵），绉折也脱离了所有的物质载体，以不同的尺度、速度与向量，穿越并联动于山、水、纸、布、组织体与大脑之间，成为不断差异化微分的虚拟性本身。故德勒兹得以声称，巴洛克艺术之所以为抽象艺术[2]，不在于对形式的否定，而在于视形式为力量的折曲（"揭露其绉折的形式，乃成'行势'"），亦即以绉折所启动的抽象机。

于是巴洛克所建立的，乃是一个"宇宙同一"的艺术表达，无尽折曲，无限延展，每个艺术形式都向下一个艺术形式延伸扩展，绘画溢出画框而成为石雕，石雕亦溢出了自身而成为建筑，而建筑的门面与内在脱离而成为城市规划，而此艺术连续体所指向的，正是巴洛克艺术相互联结转换的"介于其间"，介于绘画与雕塑之间，介于雕塑与建筑之间，介于建筑与城市设计之间[3]，任由流动的物质—行势所无尽贯穿。德勒兹在巴洛克时尚无限开展的服饰绉折与巴洛克艺术区别（曲别）且连续的折折联动中，再次验证"巴洛克不指向本质，而指向一种操作功能，一种特点。它永无止境地产出绉折"，绉折作为流变之力或域外之力的折曲运动，无尽穿梭折曲于各种织品、非织品与各种艺术形式之间。故德勒兹要我们搜寻的，不是各种不同艺术形式的差异（绘画、雕塑、建筑、城市之间区隔且分离的静态差异），而是"宇宙同一"巴洛克"绉折行势"的动态差异化微分运动，穿越溢出各种不同的艺术形式之间。"但我们全部仍是莱布尼兹者，因为攸关紧要的总是合折，开折，再合折"，一如本雅明锁定历史客体的"单子结构"，在 19 世纪末的女性自行车装中，看到速度表达与运动表达，看到时尚模式—生产模式—移动模式的拓扑联结，看到时尚作为历史哲学的"辩证剧场"，德勒兹则是从服饰时尚的绉折出发，看到巴洛克艺术"宇

[1] Gilles Deleuze. *The Fold: Leibniz and the Baroque*. p. 122.

[2] Ibid., p. 35.

[3] Ibid., p. 123.

宙同一”的整体开展性，无尽折曲出蕴含大气与大地、火与水的“宇宙剧场”[4]。时尚是本雅明思考“历史折学”的主力，一或将其视为最具历史辩证性与革命动量的“时间节点”（法国大革命贴挤古罗马），一或将其视为最能展现历史之为“力”史的“单子结构”（“前历史”与“后历史”的力力冲突与折折相连）。而时尚仅是德勒兹借力使力的切入点，以带出巴洛克“合折行势”与“开折形式”的连续变化，却也同时成为德勒兹在谈论巴洛克绉折概念中最鲜明生动的案例。

整体而言，本雅明的绉折理论充满革命动量的强度修辞，视辩证跳跃为历史的绉折运动，意图爆破同质空洞的线性时间连续体；而德勒兹的绉折理论则强调世界流变乃不断推挤的绉折运动，单子即微绉折，亦即特异点系列的力量布置。两人的论述模式与强调重点或有不同，但皆以“合折，开折，再合折”的方式，强调“折折联动”乃历史的推演或世界的流变。而本雅明的“当下时间”或“时间节点”（可折曲的时间性），与德勒兹的“毗邻不可区辨区”（zones of proximity and indiscernibility）或“拓扑联结”（可折曲的物质性），亦都倾向凸显“多折”（the multiple，时间贴挤或物种贴挤）作为特异点力量布置的可能。又如本雅明的“单子结构”（“前历史”与“后历史”力力冲突、折折相连的历史客体）与德勒兹的“单子微绉折”（以织理取代结构），皆指向一种巴洛克式朝向无限的绉折运动，凸显了“一与多折”的叠层关系。时或本雅明较为侧重历史作为“力史”，如何成为“力量关系”的折曲，而德勒兹较为凸显非关系、非人称的主体，如何成为域外之力的折曲，但两者皆成功以“绉折”打破西方形上学所预设的内在 / 外在、本质 / 表象、深度 / 表面的二元对立，让所有的“差异区别”都成为“差异曲别”，亦即以折曲为力量或行势的差异化微分运动。时或德勒兹理论的政治面向，较为侧重特异点系列的寻觅，以解畛域化的绉折线，从既有的系统链接中逃逸，以形构新的抽象机，而本雅明理论的政治面向，则清楚标示马克思历史唯物论对无阶级社会革命

[4] Gilles Deleuze. *The Fold: Leibniz and the Baroque*. p. 123.

动量的乌托邦理想，但两者皆不约而同地通过“绉折”思考，彻底将西方哲学传统中物质与形式的分离断裂，成功转化为“物质—行势”的联结：不再有固定不变的抽象“形式”，所有的“形式”都是力量或“行势”的暂时折曲，都将随“行势”之“合折，开折，再合折”而产生变易。本雅明与德勒兹的绉折理论，遂同时凸显“行势”（力量的关系、力量的折曲或特异点的力量布置）大于“形式”之重要，而得以将历史“翻新”为强度与张力不断涌现流窜的“力场”，将世界“翻新”为绉折与绉折之间永恒不断的“折折联动”，而开启了我们得以重新进入中国时尚现代性的感知模式与思考可能。

❷

现代性的翻译绉折

本书第一章尝试通过本雅明与德勒兹的绉折理论，以“力史折学”的概念，让历史成为创造转化“合折，开折，再合折”的连续性运动，并以时尚作为其概念操作的“翻新行势”。而本书第二章则将循此“绉折”概念继续提问：若历史可被视为一种绉折运动，那翻译是否也可以被概念化为“合折行势”与“开折形式”的连续变化呢？“翻译折学”的概念又将如何帮助我们重新处理“时尚现代性”的跨语际、跨文化实践，而不落入单纯译入与译出语言的文化路径回溯呢？因而本章将先以“绉折”的概念，重新切入本雅明《译者的职责》(“The Task of the Translator”)一文，希冀从中翻转出“翻译”作为“绉折运动”的可能，接着再从“翻译绉折”的角度，推展出“同字异译”与“同音译字”的概念微分，以此“差异化”当前对“时尚现代性”关键名词的翻译方式，让其产生分裂与双重(split and double)，并由此分裂与双重中，开放出创造转化“现代性”论述的新契机。而这些折叠中文、英文、法文的“同字异译”与“同音译字”，也将成为本书承续当代绉折理论在中文文化语境的在地转进，以持续发展由理论文本去翻转折叠时尚文化与文学文化文本的尝试与努力。

一　翻译的“皇袍绉折”

首先，让我们回到当代翻译研究的经典《译者的职责》，此号称20世纪“最具影响力且最难理解的理论论述之一”的文章。[1]但此次我们的切入角度不是最广为人知的“切线与圆周”或“陶罐碎片”等譬喻，而是文中在探讨原文与译文“松紧”差异时所采用的“绉折”明喻。

> 原文的内容与语言浑然一体，有如果肉与果皮，而译文包裹覆盖内容的方式，则有如缀满绉折的皇袍。

此处所展现的对比，并非我们习以为常的由紧变松（以紧为佳、以松为劣，以紧为始、以松为终），反倒是译文“皇袍绉折”的华丽蓬松，优于原文果实的紧密贴实，译文乃表征一种更为高尚的语言，让内容与语言彼此之间的紧密接合产生松动，产生陌生感，让再次翻译成为不可能。此“皇袍绉折”作为一种明喻，自是召唤本雅明另一个前章已讨论过的“裙缘绉折”，其之所以比理念更永恒，正在于其既是历史物质性的体现，更是历史作为绉折运动的时间节点与辩证影像，一个绉折的绉折，一个能展现“永恒回归”作为绉折运动（给出历史物质形式的行势力量）的绉折（历史物质形式）。“裙缘绉折”作为历史的“微绉折”，其“微”不在于服饰细节或琐碎物质，也不在于尺度的迷你袖珍，其“微”乃在于能给出“游移与非局部定位的联结”（mobile and non-localizable connection）之可能。[2]

---

[1] Homi K. Bhabha. “Dissemi Nation, Time, Narrative, and Margins of the Modern Nation.” *Nation and Narration.* Ed. Homi K. Bhabha. London: Routledge, 1990, p. 320.

[2] 此乃德勒兹在《福柯》一书中，对福柯所谓权力之“微”的精准描绘，可见该书第74页。

那“皇袍绉折”是否也可以像“裙缘绉折”一般，跳出文学譬喻的范畴，而回到本雅明以“绉折”作为巴洛克操作首要功能的思想体系呢？在此我们第一个必须面对的问题，便是《译者的职责》中对纯粹语言与语言模式的区分。对本雅明而言，法文、德文作为不同的语言模式或语种形式，其重点乃在内容（意指，signied）与语言（意符，signier）的紧密贴合（有如果肉与果皮），而译文则是松动意指与意符的紧密贴合（有如蓬松的华丽褶子），以便能被置放到一个更大更高的表意链（不再限于单一语种之内的语音与字义，而是开放到不同语种之间的创造转化），此时译文的目标已不再是表意，而是朝向纯粹语言逼近并揭露其无限可译性。[1]此纯粹语言的表达，或被视为本雅明奥秘难解的神学，或被解构理论家抨击为存有形上学的本源（origin），而本章在此所将尝试的，则是将纯粹语言与“合折行势”做概念上的联结，而法文、德文作为特定的语种，则是纯粹语言所给出的不同“开折形式”，故纯粹语言不是一种更高、更久远、更形而上的语言模式，而是让所有语言模式成为可能、让所有语言模式之间的可译性成为可能的“虚拟多折性”（virtual multiplicity），创造出整体语言和谐“折折相连”的虚拟连续体。若需要回到神学的表达方式，本书前章第二节论及德勒兹《福柯》一书的说法或可引为参考。古典时期乃是以“开折”（持续开展、持续揭露）作为核心概念的“上帝—形式”：上帝作为最大的单子，给出了世界无尽的单子；上帝作为最大的褶子，开折出世界无尽的褶子。[2]

[1]《译者的职责》一文本就是本雅明为自己的波德莱尔诗集《巴黎即景》（*Tableaux Parisiens*）德文译本所写的序言，所以以下有关不同语言模式或语种形式的举例，将暂时皆以法文与德文为主，既可呼应《巴黎即景》作为法文的德文翻译，亦可呼应本雅明在序言中的相关举例。

[2] 当代哲学概念 multiplicity 多被译为“多样性”“多重性”“多层性”，而本书为呼应绉折理论的关注，特别凸显“折入”该哲学概念中的法文绉折（pli），而将其译为“多折性”。

纯粹语言的合折行势

故若回到本雅明的折学体系，纯粹语言就像其在《拱廊街计划》所一再强调的原初历史，乃是给出不同语言形式、给出不同历史时期的“虚拟多折性”。

以 19 世纪为例，其乃一种“原初历史的源起形式”（the originary form of the primal history），原初历史不是源起，19 世纪才是源起，才是原初历史所给出（开折出）的一种源起。于是源起不再是从无到有、从形而上到形而下或从抽象到具象，源起变成了缘起，一种特异点力量布置的汇集与涌现所给出的“形式”，但也唯有在不同的“源起形式”之间，才能感受原初历史作为“合折行势”的力量与流变。同样，纯粹语言不是形上学或存有论的源起，在本雅明语言折学与翻译折学的思考中，法文、德文才是“源起形式”，才是纯粹语言作为“创形”（morphgenesis）所给出的不同“开折形式”。

故纯粹语言不是一种语言形式，也不是所有语言形式的总和，纯粹语言乃是一种虚拟的“合折行势”，以“表达意图”给出所有语言之间的亲和性（或“亲属性”）：“每个语言潜在意图之整体——然而意图无法由单一语言所拥有，只有经由总体意图彼此之间的相互补遗才得以实现：纯粹语言。”换言之，不同语种的语言，表面上好像彼此互异，但就其表达意图而言，则是彼此相互增补。例如《译者的职责》文中举出法文的 Pain 与德文的 Brot，虽指向同样的意图对象（the intended object），却有不一样的意图模式（modes of intention），一为法文，一为德文。而隐藏在个别语言模式或语种形式之中的纯粹语言（表达意图），唯有在译文之中才得以展现其整体性，“真正的译文是透明的，不遮掩原文，不挡住原文的光亮，而是让纯粹语言更形光耀原文，有如经由其媒介而得以强化”。

故对本雅明而言，译文的重要性，不在传达信息，不在沟通交换，也不在实际操作层次的信达雅或忠实 / 背叛原文，而在如何让隐藏在语言模式或语种形式中的纯粹语言得以照射穿透。

故唯有通过翻译，才能展现语言模式或语种形式之间在超验层面的亲和性，亦即表达意图上不分本国外国的一家亲。然此超验层面的亲和性，绝对不是传统翻译研究所强调的原文与译文的表面相似性，真正具有“折学”力量的翻译，乃是创造原文的“来生”，让原文不再只是原文，原文也在翻译的过程中重获新生。故翻译不是“两种已死语言的不育对等式”，而是创造不同语言之间的“生机连接”（vital connection），指向超验层面纯粹语言的表达动势。故亲和性不在于“几何形式”的像不像（不同开折几何形式之间的转换比较），而在于“拓扑连接”的亲不亲（纯粹语言作为合折行势的混沌一体，作为开放全体的表达动势，贯穿流窜于所有的语言模式或语种形式）。

与此同时，也唯有通过翻译，才能展现语言模式或语种形式之间在经验层面的陌异性，而非仅是超验层面的亲和性。然此经验层面的陌异性，并非原文与译文作为语言模式或语种形式上的不同，如法文与德文的不同，而是法文的德文翻译，既造成法文作为原文的流变，亦造成德文译文本身语言模式的流变，此即陌异性之真正所在。而本雅明更引用鲁道夫·潘维兹（Rudolf Pannwitz）的话，来说明翻译者最容易犯下的大错，正在于努力护卫其所属的语种形式，而非让本国语（译文）强烈受到外国语（原文）的施受与深化。故翻译不仅仅是把外国语翻译成本国语，翻译更是得以凸显本国语中的外国语。而本雅明对翻译的描绘，更与德勒兹对“域外”（the outside）作为非形式、非空间度量之描绘如出一辙：翻译指向在所有沟通之外的某种无法沟通，“相当靠近，然又无限遥远，隐藏或可辨识，碎裂或充满力量”，因而翻译能同时彰显两种象征化的运动，一种乃单数语言模式或语种形式在表意上的有限性，一种乃“复数”语言模式或语种形式之间开展与变化的无限性，亦即本雅明所言“语言的演化开展”（the evolving of the languages）。[1]

[1] 此处的“复数”，不是单数的加成（1+1=2，2+2=4），而是跳脱单一独立个体语言思考的模式，回到各种语言之间无法切割、无法分离的“折折联动”（表达意图的合折行势），故此处的“复数”乃指向关系联结、指向“多折性”。

而纯粹语言的表达意图，正是在“语言的演化开展”过程中不断寻觅如何再现，如何创造自身，乃生命中的一种行动威力（an active force），不断实现化为语言创造过程中的各种象征形式（symbolized form）。故隐藏与碎裂化在各种语言象征形式中的纯粹语言，唯有通过翻译（松动语言象征形式中意指与意符的紧密贴合，由果肉果皮变成皇袍绉折）而得以解放。《译者的职责》中所言的“自由翻译”，不是在翻译的实际操作层面上，不顾原文而任意扭曲、自行创造，而是在“翻译折学”层面上去松动意指与意符，去跳脱意义的传达，去翻转译文中的外国语，去解放纯粹语言以彰显生命永恒回归的“行动威力”。

切线轻触圆周

有了这样的概念联结与开展，我们便可以重新回到《译者的职责》中最广为讨论的“圆周与切线”譬喻，看看为何切线轻触圆周的“点”，其实也可以是一个“微绉折”。

> 就如一条切线轻触圆周，仅在一点，通过碰触而非碰触点定下法则，并循此继续其朝向无限的笔直路径，译文轻触原文，仅通过此无限小的意义之点，随即便在语言流变的自由之中，依循忠实法则进行自身的进程。

本雅明以此譬喻来说明译文与原文的关系，仅轻触而掠过，并特别强调译文切线的动态走势（切线的无限延伸与触点的无限小），而非跌入原文圆周之中去寻找“厚重”的“意义”以传达、以沟通、以忠于原文。故此处“忠实法则”较非翻译实际操作层面的忠于原文，而较是“翻译折学”层面最终的忠于“纯粹语言”，不在原文的语音字义中钻研，而在翻译所启动“语言的演化开展”中，去解放被囚禁在原文中的“纯粹语言”，使其重获自由。而此“自由”的想象与“轻”的物质触感，也与语言的位阶息息相关。越是低阶的语言越重，而其意指与意符越是紧密贴合；越是高阶的语言越轻（如译文），其意指与意符越见松动，可译性增强，却不可一译再译；更高阶的语言（如《圣经》）则逼近“纯粹语言”的无限可译性，终能跳脱意指与意符所形构的“象征形式”（the symbolized form），而成为“象征之物”（the symbolized thing）本身（只有“万物”而无意指，只有“命名”而无意符），亦即不以意义为中介、不以譬喻为运作的语言本身，亦即语言之为“字面性”（literalness）。[1]

故切线与圆周轻触的“点”，可以不再被视为几何学基础上的“固定点”，而是一种具流变力量的“绉折点”。[2]一如德勒兹与加塔利（Fèlix Guattari）在《千高原》（*Athousand Plateaus*）所论及的“生物学绉折”，造成兰花与胡蜂的贴挤，让兰花“流变”为胡蜂，让胡蜂“流变”为兰花，而产生兰花—胡蜂的“毗邻不可区辨区”，既是兰花作为植物的“解畛域化”，也是胡蜂作为动物的“解畛域化”。那我们是否也可以用同样的“绉折”概念操作，去重新理解切线的轻触圆周：“翻译绉折”让两种不同的语言模式或语种形式产生贴挤，让原文“流变”为译文，让译文“流变”为原文（打开语言之间具创造性的“陌异感”，在本国语中翻转出外国语），而产生原文—译文的“毗邻不可区辨区”（总体表达意图相互之间彼此补遗的“亲和性”），既是原文作为圆周的“解畛域化”，也是译文作为切线的“解畛域化”。

故切线与圆周、译文与原文轻触的“点”，既是圆周的“特异点”（singular point），也是切线的“特异点”。以数学来说，圆周上的每一个寻常点都是m=2（往上或往下移动，此处的m即multiplicity之缩写），切线

[1] 本雅明的“字面性”之说引起相当多的批评争议，主要的焦点乃是将“字面性”当成翻译实际操作层面的“直译”或“硬译”，而争辩本雅明的翻译理论是否过于重译文、轻原文，重直译、轻意译，甚至以此标准，回头检视本雅明《巴黎即景》的德文译本，是否符合“直译”的要求，相关讨论可参见廖朝阳《可译性与精英翻译：谈〈译家的职责〉》，《中外文学》2002年11月。本章在此则是企图将“字面性”放回语言哲学的层面，亦是某种宗教神学的层面，尤其是尝试呼应本雅明一再引用《创世记》中亚当为动物命名的典故。

[2] 邱汉平在《单子、褶曲与全球化》一文中，以褶曲的角度来解读本雅明的“切线轻触圆周”，并精彩演绎此轻触之点作为“点褶曲”（point-fold）的可能。而翻译作为一种绉折的过程，亦可见吴哲良的论文《翻译的皱褶》。

上的每一个寻常点也都是 m=2（往上或往下移动），只有切线与圆周相交的唯一一点 m=4，亦即“特异点”之所在。故圆周与切线上的所有点，都必须按照其既定的行径轨道运行，除了圆周与切线相交的“特异点”，才出现“圆周—切线”不分，可从圆周跑到切线，可从切线跑到圆周，有如可由内翻转到外、由外翻转到内的莫比乌斯环。故此“特异点”已不再是几何学所界定的“点”，而是如德勒兹与加塔利在《千高原》中所一再强调的，“特异点”的“潜在形式乃是拓扑，而非几何”。故“翻译绉折”既指向翻译行动所造成原文与译文的贴挤，亦指向“译文”作为一种“微绉折”（微的变动不居，微的无法定位），所展现特异点的力量汇集与布置，此即本雅明所言译文乃“胚胎生成或强度的形式”（embryonic or intensive form）。若所有的“形式”都是“行势”的折曲，“揭露其绉折的形式，乃成行势”[1]，那译文之为“强度形式”正在于能揭露其作为“微绉折”的形式，乃是来自“纯粹语言”的“合折，开折，再合折”。

二　翻新行势与时尚形式

那如此折叠翻转出的本雅明“翻译理论”，将如何有助于本书在“时尚绉折”与“理论绉折”之间的联结企图呢？一个方向乃是跳出语言的相关限制，将“翻译绉折”的操作，直接放到历史客体的“解畛域化”，并将此物质形式或时尚形式的“解畛域化”视为“以译破义”，以“译”作为“行势”威力，来解放“义”作为帝国主义、国族主义或资本主义的“象征形式”，让紧密联结的果肉与果皮，产生松动的绉折效应，像探讨旗袍作为“翻译绉折”的可能，像发展化学合成染料阴丹士林蓝作为“翻译绉折”的可能，或像思考“身体—服饰”曲直宽窄作为“翻译绉折”的可能。而另一个方向则是回到语言，回到“纯粹语言”作为“行势”的可能，回到翻译作为语言倍增与概念微分的可能。若“纯粹语言”之所以“纯粹”，乃

[1] Gilles Deleuze, *The Fold: Leibuiz and the Baroque*, p. 35.

因其不是一种语言“形式”或所有语言“形式”的总和，而是让一种语言“形式”或所有语言“形式”成为可能的“行势”，那我们接下来在此所要进行的理论尝试，就是要“杂种化”“纯粹语言”，亦即让当代后殖民理论的“杂种”（hybridity）概念与“纯粹语言”相连接，让同样作为虚拟威力在重复中变易、在合折中开折的两个相似概念，能产生字面上“纯粹”与“杂种”的张力。当然此处的“杂种化”和“纯粹语言”一样，皆不是在经验层次的物质形式或时尚形式中，去做加减乘除的动作（像 mix & match 的混而不杂），而是在超验层次去掌握“永恒回归”的力量与变化。

而本书在“杂种化”“纯粹语言”的操作上，主要以两种方式进行：“同字异译”与“同音译字”，前者是在相同字词的不同翻译中（音译、意译、形译），进行理论概念的差异微分，后者是在同音字系列中，开展穿文化、穿语言的连接与译—易—异字转换。一如本雅明在《译者的职责》中所一再强调的，翻译乃是找出不同语言之间的“生机连接”，而终能指向超验层面“纯粹语言”的意图表达动势，那本书在“同字异译”与“同音译字”上的不断翻转尝试，便不是仅仅着迷于表面上的文字游戏而已，而是要去命名，要去呼叫世界，要去提出重新概念化历史的新语词。而新语词之新，就在于折叠翻转既有语词所造成的“耳目一新”，就在于折叠翻转既有语词所给出的“推陈出新”，不在别处，就在语词的字面，出现熟悉又陌生的“同字异译”与“同音译字”之折叠，让翻译不仅仅能把外国语翻译成本国语（语词与概念），更得以凸显本国语中的外国语，给出语词增生与概念微分的创造力流变。

那接下来就让我们具体展开以“同字异译”与“同音译字”作为具有“折”学力量的翻译操作模式，来折叠翻转当前“时尚现代性”研究中的关键字词。第一组字词乃是英文 fashion 折叠翻转为“翻新”与“时尚”在概念操作上所可能形成的差异微分。在当代中文世界，对 fashion 一词的中文翻译，最广为接受的乃“时尚”这一意译，而“翻新”则指向 fashion 一词最早进入中文世界时的一种音译，正如刊登于 1929 年 11 月 7 日上海《民国日报》的《翻新小识》一文，便公开表示此音译对译意的妥切传达，

“在译音上固然不错，而在译意方面也很恰当”[1]，由此肯定“翻新”作为 fashion 的音译，正在于可生动带出时装的推陈出新，时时刻刻地求新求变。或如丘逢甲在《台湾竹枝词》中的描绘：

相约明朝好进香，翻新花样到衣裳。
低梳两鬓花双插，要斗时新上海妆。[2]

此诗一方面表呈衣裳与发型（低梳两鬓）、发饰（花双插）的不断“翻新”，更以时为新（同时兼有“翻新”的音译与“时新”的意译），一方面亦点出上海与台湾作为“翻新”的路径连接。而更早期对 fashion 一词的音译，尚有充满佛教联想的“法身”，如杨勋刊载于 1873 年《申报》的《别琴竹枝词》中有“好法身”（how fashion）、“沙法身”（so fashion）等洋泾浜语[3]。但显然“翻新”作为 fashion 的早期音译，更能凸显其作为带有动词能量的名词翻译，更有助于翻译作为“折学”理论概念化之操作。

故从 fashion 的诸多翻译中，我们得以窥见翻译动势的“虚拟多折性”如何在历史的变动之中，不断开折出法身、翻新、时新、时兴、时样、趋新、风尚等名词翻译形式。然而我们在此处并不是要进行 fashion 中文名词翻译的历史考掘，而是企图通过 fashion 的不同翻译形式，来概念化隐藏在 fashion 字词中的“行势”与“形式”。故若“翻新—时尚”作为 fashion 在“同字异译”（音译—意译）上的操作，那 force 之为“行势”与 form 之为“形式”，则是经由不同的英文对应到“同音译字”的中文，以凸显“势”与“式”之间的持续转化，由虚拟（the virtual）到实现（the actual），由实现到虚拟。而更进一步的词语—概念配置，则是“翻新行势”与“时尚形式”作为本书最重要的一组核心概念，乃是同时结合“同字异译”与“同

[1] 吴昊《中国妇女服饰与身体革命（1911—1935）》，香港：三联书店，2006 年，第 144 页。
[2] 徐博东、黄志平《丘逢甲传》，台北：时报出版社，1996 年，第 21 页。
[3] 顾炳权《上海洋场竹枝词》，上海：上海书店，1996 年，第 28 页。

音译字”的操作，翻来亦覆去。正如同前章第一节所述，本雅明不断尝试概念化“时尚”的双重性，一反动一革命，一量变一质变，一是“统治阶级发号施令的场域”[1]，充满资本主义的“商品拜物”，不断以推陈出新制造虚假意识的新异感，另一则是具政治先导前瞻性与艺术未来流变的契机，指向“新的法规、战争与革命”[2]。而这种本雅明式的时尚双重性，已在前章被重新概念化为时尚作为“形式”（迅速被资本主义编码为“商品形式”）与时尚作为“行势”（虎跃过往的跳跃动量或绉折运动），如何在“白色长衬衫—丘尼卡衫”的革命服装形制中，看到法国大革命与古罗马的贴挤，看到历史作为“翻新行势”的“合折，开折，再合折”。

故我们在此不仅要翻译 fashion，还要翻译其中的“势”与“式”。而 fashion 作为“翻新”与作为“时尚”，就不再只是“音译”与“意译”或先后版本之差别，而是将 fashion 一分为二（既是分裂，亦是双重，更是衬里）；以“翻新”（翻作为翻转折叠的动作，新作为持续不断的意图表达，由名词跃为动词想象）带出“行势”（虚拟多折性），以“时尚”指称“形式”。故 fashion 在此开展出翻译作为语言倍增与概念微分的可能：一边是作为可见“形式”的“时尚”，一边是作为不可见“行势”的“翻新”，而两者的联结正在于唯有通过“时尚形式”，才得见“翻新行势”的合折、开折。而 fashion 作为“翻新行势”与“时尚形式”在概念操作上的分裂与双重，不仅能呼应本雅明对 fashion 双重性的政治美学观，不仅能展现“同字异译”与“同音译字”的双重操作，更可以揭示本书在时尚研究与现代性研究领域的政治美学“力”场，以“力”场替代“立”场，让“立”场不再是固定不动的位置或观点，而是游移无法定位的绉折，既要通过“时尚形式”去进行“意识形态”的批判，亦要通过“翻新行势”去揭露“译势形态”的创造，并视创造为更具威力的最终批判之所在。

---

[1] Walter Benjamin. “Theses on the Philosophy of History.” *Illuminations*, p. 261.

[2] Walter Benjamin. *The Arcade Project* . p. 64.

三 “现代性”的合折与开折

处理完 fashion 作为“翻新”与“时尚”的概念微分，接下来就让我们进入“现代性”一词的相关翻译，以说明原法文 la modernite 为何本身就总已是一种“微绉折”，承受着时尚感性作为“字源”的折入，为何当我们听见看见“现代性”的同时，就总是能听见、看见“现代性”中的“时尚”。在《虎跃》(*Tigersprung*) 一书中，学者雷曼 (Ulrich Lehmann) 提出了一个思索时尚与现代性关联的重要前提：时尚乃现代性的关键词源基础。该书援引本雅明在《历史哲学的命题》(Theses on the Philosophy of History) 以“虎跃过往”(the tiger's leap into the past) 串联时尚、革命与历史之隐喻为书名，详尽爬梳波德莱尔、马拉美 (Stephane Mallarme)、齐美尔 (Georg Simmel)、本雅明与超现实主义作家在文字与影像文本中所形构之西欧时尚现代性论述。但在进入个别作家的论述分析之前，精擅德、法、英多国语言的雷曼，开宗明义便先点出法文的“现代性”(lamodernite) 一词，乃有两个重要的字源联结，一个是 la mode，另一个是 le moderne，而此两个字源联结的历史演变与“性属”差异（一个用阴性冠词 la，一个用阳性冠词 le），将是我们了解“现代性”作为时间“折”学概念的关键所在。

先就 la mode 的文化历史发展脉络来说。mode 来自拉丁字源 *modus*，意指“礼仪”或“风格”，其用法最早出现于 1380 年，但直到 19 世纪中期 mode 才在因应当时时尚美学与时尚工业的兴起，而展开了至为关键的“阴性化”过程。当阳性的 le mode 泛指所有的行为模式、变动规则与循环预期，阴性的 la mode 已然专注指称服饰时尚，并更进一步“基进”挑战阳性 le mode 所默认规则与模式的固定性，以凸显不可预期的越界流动与逾越想象。[1] 故当波德莱尔在其著名文章《现代生活的画家》(“The Painter of Modern Life”) 中，提出美学“现代性”的特质乃为“朝生暮死，稍纵即逝，变动不居”(the ephemeral, the fugitive, the contingent)，其中作为指称

[1] Ulrich Lehmann, *Tigersprung: Fashion in Modernity*. p. 18.

服饰时尚的阴性 la mode，正是波德莱尔在捕捉现代都会生活瞬息万变的新时间感性之最主要依据。也莫怪乎《虎跃》一书要一再强调时尚 la mode 与现代性 la modernite 作为一组平行概念的历史与哲学发展，两者不仅在字源系谱上指向共同的拉丁字根 *modus*，更在内在理念、美学表达与历史诠释上紧密相连，有如一对“精神与表象的姊妹”[1]。

与此同时，雷曼也细致检视了法文“现代性”的另一个字源联结 le moderne。moderne 乃来自拉丁字源 *modernus* 或更早的 *modo*，除了时间意涵外，亦指向风格特质。而在日后的发展演变中，modo 一词由 5 世纪的“唯一”“最初”“亦”“仅”转变为 12 世纪的“现在”，而 modernus 一词在指向“崭新”的同时，也指向“实在”。换言之，le moderne 字源的发展演变乃具体呈现一种关乎“时间性”的“新”历史建构：过去与现在、古代与现代乃形成清晰的时间对比。而此强调“现在”与“崭新”的阳性 le moderne，更在后续的发展演变中成功融入凸显现在此刻稍纵即逝的“现代性”时间概念。

因而对雷曼而言，看见 la modernite 时必须同时看见 la mode 与 le moderne，然而在当代的现代性论述中，却将主要的焦点放在后者以及后者所发展出古代 / 现代、旧 / 新的“断裂时间感”，而忽略了前者服饰时尚与现代性的紧密关联以及前者所导引出的“流变时间感”。故雷曼《虎跃》一书的主要学术贡献，乃在凸显时尚作为时间概念与历史哲学隐喻的重要性，以及时尚在西欧“现代性”论述形构过程中所扮演的举足轻重、至为关键的角色。然而有趣的是，当雷曼用法文中的阴性冠词与阳性冠词，区辨 la mode 与 le mode 的内在差异，以及 la mode 与 le moderne 的外在差异时，其主要的动机与洞见乃是以此双重区别强力凸显“时尚”与“现代性”的联结，故并未对“阴性”与“阳性”做更进一步从文法词性到理论概念的开展。

但若是回到中文的语境之中，当法文的 la modernite 对应到中文的“现

[1] Ulrich Lehmann, *Tigersprung: Fashion in Modernity*. p. xvi.

代性”时，确实已看不到冠词界定下的阴性与阳性之别，也看不到原本的拉丁字源。但是在中文的“现代性”一词中，我们有没有可能循雷曼抽丝剥茧的区辨方式，建构出一种“文化翻译”上的“性别政治”，不仅能带出“时尚—现代性”的“基进”联结，更能让“现代性”一词本身在概念操作而非文法词性上出现“阴性”与“阳性”之别呢？因而此处重要的切入点，便是如何重新思索、重新爬梳“现代”与“摩登”两个词之间的“性别化”差异。显然此两者皆为欧语法文 le moderne 或英文 the modern 的中文翻译，那翻译成“现代”或是翻译成“摩登”，除了前者作为“意译”与后者作为“音译”上的差异外，究竟还可以有什么不同？根据学者刘禾在《跨语际实践》(*Translingual Practice*)的考据，中文“现代”之翻译，乃是绕经日文“现代”对欧语的翻译，而“摩登”则是直接来自英文 modern 的音译[1]。故“现代”所涉及的跨语际实践，显然要比后来才出现的音译“摩登”更形复杂，更能带出中国现代性在“文化翻译”上所展现欧—日—中的迂回路径。

而“现代”与“摩登”除了在文化翻译路径上的历史差异外，两者更在建构现代性的时间感性上，呈现了不同的文化与性别意涵。很显然中文意译的“现代”一词，顺利融合前所述 le moderne 字源 modo 的“现在”与 modernus 的“崭新”，也成功蕴含了 le moderne 所建立古 / 今、旧 / 新的时间对立与古代 / 现代在线性想象上的断裂。然而在 20 世纪 30 年代才广为流行的中文音译“摩登”一词，却较无如此清晰的时间对立与线性默认，反倒逐渐发展出充满(女性)时尚、大众消费与都会生活的文化想象与历史连接。“摩登”虽是 le moderne 的“音译”，但却更像是 la mode 的“意译”。换言之，原本法文 la modernite 所共同蕴含的“现在”与“时尚”，在中文的文化翻译过程中，似乎一分为二，分别隶属于“现代”与“摩登”二词，前者凸显“现在”与“崭新”，后者强调“时尚”与“都会”，前者

---

[1] Lydia H. Liu. Translingual Practice: Literature, National Culture, and Translated Modernity-China, 1900—1937, Stanford: Stanford University Press, 1995, pp. 292, 366.

代表文明与进步，后者标示新潮与流行，前者易与国族主义连接而“阳性化”，后者易与女性、通俗与消费文化联结而“阴性化”。

四　摩登的“微阴性”

就让我们先来看看“摩登”一词如何变成20世纪30年代的“新语词”。根据1934年《申报月刊》第三卷第三号的“新辞源”栏，“摩登”一词乃表达新式而不落伍的事物，虽有梵典的最早出处，但今之用法乃与“现代”同义：

> 摩登一词，今有三种的诠释，即：（一）作梵典中的摩登伽解，系一身毒魔妇之名；（二）作今西欧诗人 James J. McDonough 的译名解；（三）即为田汉氏所译的英文 Modern 一词之音译解。而今之诠释摩登者，亦大都侧重于此最后的一解，其法文名为 Moderne，拉丁名为 *Modernvo*。言其意义，都作为“现代”或“最新”之义，按美国韦伯斯特新字典，亦作“包含现代的性质”，“是新式的不是落伍的”诠释。（如言现代精神者即称为 Modern spirit。）故今简单言之：所谓摩登者，即为最新式而不落伍之谓，否则即不成其为“摩登”了。[1]

然而作为与“现代”同义的“摩登”，却也同时渐趋“阴性化”，沦为形体打扮上的争妍斗奇而遭贬抑。诚如张勇在《摩登主义》中所言，“摩登”作为英文 modern 的音译词大概出现于20世纪20年代末期，其之能取“时髦”而代之的主要原因，不仅是因为相较于“时髦”等既有汉语词汇，“摩登”之发音乃能传达“很强的外来意味，本身就显得很‘摩登’”，而其

[1] 张勇曾就引文中“摩登”一词与田汉之渊源做出进一步的追溯，包括1928年田汉主编上海《中央日报》的“摩登”专栏、1929年与同仁共创的“摩登社”文艺团体、1929年创办的《摩登杂志》、1932年担任编剧的电影《三个摩登女性》等，参见《摩登主义：上海文化与文学研究》，台北：人间出版社，2010年，第26页。

作为 modern 的音译，更能“同时保持着与现代、时代、现代化等的意义勾连，含有现代的、站在时代前沿的意味”。[1] 然“摩登”的词义却在后续的演变中渐趋狭窄，变成专指时髦流行事物的追风，而不可回避地染上贬抑的色彩。“现代”与“摩登”在中文语境的词义分疏，可用林语堂在《有不为斋丛书·序》中的妙语生动带过：现代中文用法中的“摩登”，“仅用于女子之烫头发及高跟鞋而已”。

然而本章此处并非要为“摩登”而辩，将其重新抬举成能与“现代”平起平坐，而是企图在此音译意译的有别与词义的分疏中，去概念化“阳性现代”与“阴性摩登”作为“同字异译”的性别张力，以前者去勾连“线性进步史观”的大叙事与男性知识精英的国族投射，以后者去勾连都会生活、大众消费与流行文化，不仅要凸显前者对后者之鄙视打压，更要凸显后者作为变动的“时尚形式”，如何有可能积极且“基进”地带出“翻新行势”而得以重新界定历史、时间与主体。诚如汪晖在《死火重温》中所言：

> 现代性也可以分为精英的和通俗的，这种二分法也可以说是现代性的标志之一。……精英们的现代性主要表现为不断创造现代性的广大叙事，扮演历史中的英雄的角色，而通俗的现代性则和各种“摩登的”时尚联系在一起，从各个方面渗入日常生活和物质文明。……这两个方面时而相互矛盾，时而相互配合，在一些重要的方面有着共同的前提。[2]

而本书“阳性现代”与“阴性摩登”的概念微分，正是要进一步去凸显“现代性”中的“精英”与“通俗”，为何必须被进一步“性别编码”，以及如何把貌似二元对立的两者翻转折叠，让表面上的二元（阳性 / 阴性，精英 / 通俗，大叙事 / 小趋势）成为内翻外转的连续变化。换言之，本

［1］ 张勇《摩登主义》，第 28 页。
［2］ 汪晖《死火重温》，北京：人民文学出版社，2000 年，第 11 页。

书想要做的不只是重复精英/通俗、阳性/阴性的二元对立系统，也不仅仅只是以通俗反精英或对抗精英，而是思考如何在建构与解构二元对立系统的同时，能概念化那给出对立也不断松动对立、变易对立、创造出新组构方式的“翻新行势”。因而“阴性摩登”中的“阴性”，不仅只是与阳性作为二元对立的阴性，更是阳性/阴性二元对立之外的“微阴性”（micro-femininity），能给出阳性/阴性之别（形式之别），亦能不断将“阳性—阴性”合折（行势之贴挤与创造）的“微阴性”。

而在本节结束之前，我们还必须处理另一个modern的音译“毛断”。在当前方兴未艾的台湾现代性研究中，不论是陈芳明的《殖民地摩登》或黄美娥的《重层现代性镜像》，都强调“毛断”作为类同于“现代”与“摩登”的汉语翻译：从modern日文音译“モダーン”而发展出的闽南语“毛断”。例如，1933年由古伦美亚发行、陈君玉作词、歌手爱卿及省三合唱之流行歌《毛断相褒》就曾大为风行。“毛断”更成为陈君玉后来的《新台北行进曲》中朗朗上口的闽南语流行语：“毛断台北现代女，十字路头来相遇，行路亲像在跳舞！跳舞！跳舞！活泼吾人有，万种流行拢会副咖啡馆五灯，窗前女给在欢迎，吃酒服务谈爱情！爱情！爱情！”歌词中“毛断台北现代女”的双重指称（毛断与现代皆为modern），当是在流行生活、公开社交的同时，更指向彼时女子短发的造型。而“毛断”之翻译与“现代”“摩登”之翻译皆流行于20世纪二三十年代之台湾，虽然“毛断”比“摩登”更具“跨语际实践”的（日本）文化绕径，更能凸显台湾曾为日本殖民地之历史经验，且更能丰富有趣地联结到彼时的短发流行，然此生动的表达方式却未能像“现代”或“摩登”二翻译词汇沿用至今。而20世纪二三十年代的“毛断”与清末民初的“时髦”，都在字面上产生毛发的联想，但“毛断”的流行发式重点在短发齐耳（虽亦多刘海覆额），而“时髦”的流行发式重点则在前刘海（后面盘髻或垂辫），再次展现不同的翻译语词，乃随机联结不同的时尚形式，而翻译语词与时尚形式的变动，正是历史作为“翻新行势”的生动表达。

而与此同时我们也必须理解“毛断”作为modern在“字面表达”与

短发“视觉形式”的联结，并不仅限于彼时的日据台湾。以上海“毛断”为例，其与台北“毛断”虽有翻译字面上的类同，但发音不同，其在地化的文本脉络亦有出入。

1929年4月7日《时事新报》的漫画《毛断歌儿（Modern Girl）对话》中，郭建英就已循日例将Modern译为“毛断”，以贴切其手绘漫画中剪短头发的时髦摩登女子。[1]

而1934年的“妇女国货年”运动，“毛断女子”亦被点名，如发表在同年9月1日的《春秋》副刊、署名为“宁一”的文章中，便尝试区分“毛断”/“摩登”的差异，来对应“洋货”/“国货”的消费实践。[2]

该作者指出，毛断女子乃全盘西化，而摩登女子则是半中半洋，尚不肯完全舍弃旗袍的穿着打扮，但吊诡的是毛断女子的西化服饰，乃是采用国货衣料，而摩登女子的中国旗袍，却是采用进口的洋货衣料。若以“国货运动”的政治修辞而言（最终在乎的不是服装款式的中与西，而是服装面料的“国货”认证），文中穿旗袍的摩登女子，反倒是比穿洋装的毛断女子，来得更为政治不正确。

五　shame代性—羡代性—线代性

本章最后要处理的一组字词，乃是再次以“同音译字”的方式，将“现代性”开折为“shame代性”“羡代性”与“线代性”，以分别探讨“现代性”一词中所涉及的特异情感结构与时间感性差异。首先，以“shame代性”重新命名“现代性”，乃是希望凸显“进步”“精英”“阳性”的“现

[1] 徐明瀚亦精准指出郭建英漫画中的短发女子，乃是“力求对美国爵士时代造型产物的模仿，即，好莱坞女星路易丝·布鲁克斯（Louise Brooks，1904—1984）的齐耳贴头毛断发型的现代女子”。《摩登生活的漫画及其“无一意义”》，中国台湾地区交通大学2009年硕士论文，第69页。

[2] 此处的modern girl翻译已一分为二，成为“毛断女子”与“摩登女性”的分合，以利于该文作者在议论上的区别分判。而彼时有关modern girl的其他翻译，亦包括“魔鸽”“摩登狗儿”等，充满各种动物比喻的想象空间，也被郭建英等漫画家加以成功可视化。

代性”论述之线性时间感性，如何在不断产生“新 / 旧”差异区隔的同时，也形塑了“新为羡 / 旧为 shame ”的情感结构。换言之，现代性的“三现一体”（羡—shame —线），即是在“线”性进步历史观下以“shame ”代性作为“羡”代性的暗面。故 shame 不仅只是现代性经验所产生的一种外加情感模式，而是内在于现代性的表述本身，现代性就是 shame 代性，而殖民现代性乃是双重的 shame 代性。故此“同音译字”系列，不专指现有殖民现代性论述中固定僵化的二元情感对立模式“西为羡 / 中为 shame ”（依权力位阶与文化差异进行对号入座），而是强调现代性论述的本身，即是同时生产以新为羡、以旧为 shame 的情感结构，而此情感结构会因殖民现代性的操作模式，而加倍形成“复杂层叠”（complication）的情感纠结。

而与此殖民现代性“特异情感结构”同时出现的，乃是“时间感性”作为“复杂层叠”的可能表达。此处的“感性”，乃指向当代法国哲学家朗西埃（Jacques Ranciere）的“感性分享”（the distribution of the sensible）概念，不在单独个体的身体感官感觉打转，而是回到集体共有感觉模式如何被决定，如何划分出可见与不可见、可说与不可说、可思与不可思的界域，如何形构“感性秩序”。而“时间感性”便是循此理论概念去凸显“阳性现代”与“阴性摩登”对时间的不同感觉模式：“阳性现代”或“线性进步史观”展示古 / 今、旧 / 新的二元对立与“一刀两断”“一箭难返”，“阴性摩登”或“历史绉折运动”牵连出古今相生、新旧交叠的连续变化；前者的时间灾异断裂感与后者“合折，开折，再合折”的时间生成，乃是给出截然不同的时间感性模式。

而过去有关耻辱的探讨，多集中在社会、文化、心理层面的形塑过程，强调人格、认同与社会控制等面向，而本书则是希望从耻辱作为特异情感结构与时间感性的“复杂层叠”出发，以凸显殖民（时尚）现代性中耻辱作为身体与世界触受关系的强度，并通过创造新词 shamesation 的概念化（贴挤折叠 shame 与 sensation ，以强调耻辱作为直接作用于身体的感官强度），尝试联结当前“情动理论”（affect theory）对耻辱的探讨方式。此处我们可以先用两个例子来做初步说明。

一是当代性别与酷儿研究对“践履”（performativity）概念的援引，尤其以赛菊寇（E. K. Sedgwick）的“酷儿践履”（queer performativity）、“耻辱践履”（shame performativity）为著，她通过对语言行动理论家奥斯汀（J. L. Austin）著名（婚礼）践履句“I do”（第一人称、单数、现在式、直述句、主动态）的改写，以“shame on you”的残缺不确定（第二人称，动词缺席，主体隐没，文法结构上的缩节），来谈论耻辱主体的建构（不是先有独立的主体或已完成的认同，再去承受或感觉到耻辱，而是耻辱作为主体认同的召唤与结构化力量，亦即耻辱对主体认同的生产创造），并积极探索如何将此强大的羞辱动力，转换成实践、创造与践履的能量。她通过对美国心理学家汤姆金斯（Silvan S. Tomkins）的重新阅读，凸显耻辱与关注、耻辱与理想自我的凝视、耻辱对身体表面的彰显（服饰作为身体表面的可能联结）等重要面向。

另一个相关脉络则是德勒兹的情动理论，他欲凸显“情动”（affect）与“情感”（emotion，feeling or affection）之不同，前者强调“身体”的触受强度（具传导性与作用力，乃是前个体与非主体），而后者则偏重以主体意识为中心的“心理”状态。换言之，德勒兹的“情动”乃是作用于身体的情感强度，在主体认知之前（before recognition，来不及认知，尚未认知）或主体认知之外（beyond recognition，强度过强而无法被认知、无法被再现）。正如同他在《耻辱与荣耀》（“The shame and the Glory”）一文中重新援引美国心理学家詹姆斯（William James）在《心理原理》（*Principles of Psychology*，1890）一书中对情动与身体反应的学说，他犀利地指出詹姆斯的问题不在于情感发动的“孰先孰后”，而在于詹姆斯彻底颠倒了传统的情感反应次序与因果关系，成为先有情境感知，再有身体变化，再有主观意识的情感认知，而借此重新肯定对“第一时间”直接强烈作用于身体的观察，以贯彻他对身体先行、“情动”先于“情感”的主张。德勒兹在同篇文章中更进一步将耻辱作为一种触受强度（耻辱尚未形成主观的情感反应），当成心智思考的最先启动：先有身体的瘫软退缩，接着心智观察到身体的行动而受影响，而感到耻辱作为一种情感模式的确立，并以此身体的反射与心智的反思，共同形成主体的行动。此处二例仅为初步说明，表达本书对 shame 代性的概念化企图，乃是希冀跳脱现有精神分析、创伤理论的既有模式。而本书有关“中国 shame 代性”更详尽的历史爬梳与理论开展，会在处理男子辫发的第三章与处理女子缠足的第四章，做更进一步的推展。

而“线代性”作为“现代性”的另一个“同音译字”，乃是希望从“现代性”的概念之中拉出两种线——直线与曲线——以及由此两种线所建立的“线性”与“非线性”。就“直线”而言，以直线想象建立的线性进步史观，并非如字面上的直线如此简单，而是充满了复杂的矛盾、冲突与焦虑。一方面线性进步史观把时间想象成往前飞逝的箭矢，从过去、现在到未来，而此一去不返的时间流逝，让“现在”成为不可能停驻的时间点，让“现代”无法一劳永逸，无法划地自限，甚至永远无法企及，一如法国哲学家拉图尔（Bruno Latour）的著名书名《我们从未现代过》（*We Have Never Been Modern*）。但另一方面线性进步史观又不断制造古 / 今、传统 / 现代的切割断裂，并在此断裂叙事中建构优胜劣败的高低位阶与由古到今、由传统到现代的单线单向进程。故“线性进步史观”的内在焦虑矛盾以及由此而生的贬抑与割裂暴力，正在于一边是“一箭不返”，一边是“一刀两断”，前者让所有的时间点都在移动，而后者则是僵固化、恋物化、落伍化“传统”作为不会移动的时间点，以便凸显“现代”之新，却因此也可能同时把“现代”可能的变动不居，框死在与“传统”之为“旧”的对立之中，成为另一种不会移动的时间点。而“线代性”中的“曲线”想象，则是本书意欲发展的另类时间感性重点。正如第一章德勒兹《褶子》对巴洛克世界作为曲线与曲面的描绘，一切乃遵循“曲率原则”（the law of curvature），而此处的“曲线”已不再是几何学中相对于曲率为零的直线，而是拓扑空间中的运动与力量、速度与强度，以不可预期的生成变化，错乱所有的“一箭不返”与“一刀两断”。本书第六章将进一步对“线代性”概念中的“线性”与“非线性”做更为细致的区分，并以当代理论中的“微偏”概念加以扩展。

而在当代有关中国现代性的研究中，时间总是学者极为关注的焦点，其中将“已经现代但又不够现代”的时间焦虑铺陈最为精彩的，当属王德威的《被压抑的现代性》。他在书中指出中国现代文学研究中出现的两种矛盾时间观：一边是将现代视为叛离与取代传统的征服（overcoming），将时间向前快速推进，充满线性发展的时间规划与对知识启蒙的渴求（以“五四”时期全面反传统、以西方知识系统为取决对象的写实文学观为代表），一边却又是对延搁（belatedness）的焦虑与不耐，总觉得中国迟到晚来的现代性不够现代。然而不论是“迎头赶上”或“在后追赶”，此两种时间观都是以断代的观念，将“现代”视为一种瞬息即逝、不断改变的历史情境，转化成一个超越性、神秘性的存在，以铁板一块的现代性定义，强加在众声喧哗的声音与实践之上。[1]而本书在“线代性”概念的开展，正是希望循此幽微繁复的时间观，以“曲线”扭转“直线”、以“践履”折叠“创伤”，以“软理论”取代“硬道理”，以期“基进”掉转观看中国“线代性”的可能方式。

若真正具有“折学”力量的翻译，乃是创造原文的“来生”，让原文不再只是原文，原文也在翻译的过程中重获新生。故若 la modernite 被视为原文，那“现代—摩登—时髦—毛断”作为“翻译绉折”，便是要将原文中的文法词性翻转折叠为性别的美学政治、翻转折叠为服饰装扮的时尚形式、翻转折叠为身体发肤的解畛域化。

若“现代性”被视为原文，那“shame 代性—羡代性—线代性”作为“翻译绉折”，便是要揭示现代性中的殖民帝国历史、现代性中的身体触受与情感结构、现代性中的时间矛盾与焦虑。本书在同字异译与同音译字上的大量操作（不局限于本章所聚焦概念化的“现代性”相关字词），不仅来自于中文方块字的殊异性（汉语的单音节表意与多变结构），或计算机

[1] 王德威《被压抑的现代性：晚清小说新论》，宋伟杰译，台北：麦田出版社，2003年，第37—42页。

软件输入法“自动选字”的奇妙提示，更来自于本书强烈的理论化企图，以“译”来揭露潜藏在语言模式之中的合折行势，以“字”来展现特异点贴挤的强度与历史绉折。若追溯“翻译”在中文语境中最早的出现，乃指梵文佛典的汉译，而《宋高僧传》中那句“如翻锦绣，背面俱华，但左右不同耳”，或许正就是本书在展开“现代性”作为“翻译绉折”时最华丽的提示。[1]

[1] 原文出自北宋论佛典翻译名书《翻译名义集》卷一，引自黄忠廉《翻译的本质论》，华中师范大学出版社，2000年，第7页。

3

辫发现代性

“时尚现代性”的研究向来多强调城市空间、都会文化与商品展示的“视觉景观”（visual spectacle），光鲜亮丽、新颖妙趣，而本书第三章对“时尚现代性”研究的切入，却是要从“同音译字”的“shame 代性”这看似最不光彩体面的角度开始谈起，看看“耻辱”如何有可能与“时尚现代性”产生历史勾连，不仅要看到西欧语系中“时尚”的字源，为何早已折进了“现代性”，让“现代性”总是“时尚现代性”，也要同时看到西方帝国殖民历史与民族国家国民身体治理所形构的“耻辱”，为何也早已折进了“现代性”，让“现代性”总是“shame 代性”，让我们在看到“现代性”三个字时，无法不同时看到与听到“shame 代性”。而本书的企图乃是如何在我们看到与听到“shame 代性”的同时，不立即落入丧权辱国、感时伤怀的套式，而能以时尚作为“翻新行势”的逃逸路线，重新打开“shame 代性”所封闭锁码的历史创伤与民族身体耻感记忆（或许终有一日可以不再在“鲨鱼皮”的时代谈“深衣”，可以理解就连“鲨鱼皮”也有走进历史的一天，而逐渐降低“身体—服饰”病状征候的不定时发作）。

就中国近现代身体—服饰的历史变迁而言，其“时尚 shame 代性”中最被“骇笑取辱”的焦点有二，男人在头，女人在脚。中国男人的辫发与中国女人的缠足，成为中国“现代性”作为“shame 代性”的主宰视觉符号，而剪辫与放足则是新国民身体治理性的重点所在。换言之，若中国“现代性”的背面（双重与衬里，double and doublure）是“shame 代性”，那中国现代性主体的背面，便是辫发与缠足的“奇耻大辱”。虽说辫发与缠足如今都早已走入历史，但辫发、缠足与民族情感、历史潜意识所纠结缠绕的各种鬼魅幻象与身体征候，仍不时冒现，即便在中国已以“大国崛起”之姿进场的 21 世纪亦然。故如何重新面对“shame 代性”，如何重新处理“耻辱”，让其有从“创伤固置”转化为“行动践履”的可能，便是本书在接下来的两章所欲处理的重点，第三章谈辫发，第四章谈缠足，但希望用完全不一样的理论概念，谈出不一样的辫发，不一样的缠足，让辫发不再是民族创伤记忆中那不堪回首的痛处，让缠足不再是西方凝视下落后封建中国的“性恋物”与“殖民恋物”，以便让历史能够成为具有“翻新行势”的“力史”，而其所能给出的不再是辫发与缠足的“前世”，而是辫发与缠足的“来生”（after-life）。

一 雌雄莫“辫”的清末男子发式

一切就从“头”开始说起。且让我们看看两个晚清末年有关“辫子头”的耻辱场景，这两个场景都发生在光天化日的街头，一个在英国，一个在中国。这两个场景皆具十足的剧场感，男主人公被路人观看、指点甚至叫嚣，一是被一群外国孩童尾随讥笑，一是被一对本国妇人说长论短。而更重要的是，这两个场景将“辫子头”一分为二，不是左右两半，而是前后有别，一个聚焦于男人垂在身体后方的辫子，一个着重在男人垂在头颅前额的刘海，一后一前，一保守一时尚，一身心受创一沾沾自喜，皆是清末男人不被当成男人的典型“阴性化”场景。

伦敦街头的洋场才子

第一个耻辱场景，发生在英国伦敦的街头。话说晚清文人王韬 1868 年初应友人之邀赴欧洲游历，某日路经英国伦敦市区的阿伯丁街，遭到一群英国孩童尾随，并在其后高声大喊：“中国妇人！中国妇人！”彼时穿着“博带宽袍”、留着长辫子的王韬，显然是被这群无知的孩童，当成了穿长袍的中国女人。而遭辱的“长毛状元”王韬，遂在其《漫游随录图记》中以人嘲自嘲的口吻记录下此段经过：

> 西国儒者率短襦窄袖，余独以博带宽袍行于市，北境童稚未睹华人者，辄指目之曰：“此载尼礼地也。”或曰：“否，詹五威孚耳。”英方言呼中国曰载尼；其曰礼地者，华言妇人也；其曰威孚者，华言妻也。时詹五未去，故有是说。噫嘻，余本一雄奇男子，今遇不识者，竟欲雌之矣；忝此须眉，蒙以巾帼，谁实辨之？迷离扑朔，掷身沧波，托足异国，不为雄飞，甘为雌伏，听此童言，讵非终身之谶语哉。

王韬的第一层慨叹，当然是身为“雄奇”的中国男子，却在异国异地被当成中国女人而遭孩童取笑的不堪。王韬的第二层慨叹，乃是身为“雄奇”的中国男子，却科举仕途受挫，不为清廷所用，更因太平天国之乱的牵连（“长毛状元”外号之由来），而避难香港一隅。孩童的“阴性化”召唤，或倒一语成谶指出其自身的处境，只能如妇人般蛰伏于地、避居边缘，无法意兴“雄飞”、宏图大展。

但此耻辱场景中最有趣的“委婉说法”，乃是用典“须眉”与“巾帼”，一笔带过除了长袍之外最有可能被嘲弄取笑的外貌因由。“须眉”指的是男人的胡须眉毛，以生理特征提喻男性认同，而“巾帼”指的是女人的头巾发饰，以装扮细节提喻女性认同。但好玩的是，王韬似乎是在说自己忝为“须眉”男子，但若是蒙上“巾帼”，也一样可以雌雄莫辨、扑朔迷离。但问题是王韬并不是因为戴上了女人的头巾发饰，而被英国街头的孩童唤作中国妇人，王韬被取笑的“巾帼”，其实主要是他的“须眉”（身体毛发），只是此“须眉”已从胡须眉毛跑到了辫发，王韬遂成了英国孩童眼中留着长头发，还编成辫子垂在身后的中国妇人。

但看在革命党人邹容的眼中，就没有这么多“委婉说法”了。邹容在《革命军》中写道：“拖辫发，着胡服，踯躅而行于伦敦之市，行人莫不曰 Pig Tail（译言猪尾）、Savage（译言野蛮）者，何为哉？又踯躅而行于东京之市，行人莫不曰：チセソチセソボッ（译曰拖尾奴才）者，何为哉？嗟夫！汉官威仪，扫地殆尽，唐制衣冠，荡然无存。”原本王韬文中自嘲的幽默感，此时已经彻底化为邹容心中排满革命的满腔悲愤，伦敦街头的孩童已置换成东京街头的行人，“中国妇人”的称呼已沦落到“豚尾”的直接羞辱，而此羞辱场景更溢出伦敦东京，在世界各大都市的街头不时发生，一切皆因在清代的统治之下，汉唐衣冠荡然无存，沦为胡服猪尾，走到哪里皆被世人辱之侮之，在此创伤场景自惭形秽之余，遂更加深了其排满革命的决心。

显然邹容这种“加强版”的耻辱场景，成为中国近现代有关辫发“shame 代性”的基本表述方式。像台北大稻埕茶商李春生在台湾割日后第二年赴东京游访，写成《东游六十四日随笔》，其中记载日本村童见他清国装束，咒骂“唱唱保”（译言“猪尾奴”），“沿途频遭无赖辈掷石毁骂之苦”，更痛觉其乃弃国遗民而毅然决定“断发改装”。[1] 或像同盟会会员景梅九 1903 年初至日本，同校日本同学好心告知，“辫子不好看，我们称豚尾”，而令其极为难堪，遂在羞耻心的驱使下，奔赴理发馆剪去辫子。而类似因清国辫子而被讥为“豚尾”“拖尾奴才”“半边和尚”的公然侮辱场景，层出不穷，无法也无须一一表列。

天津街头的时髦男子

另一个有关清国辫发的耻辱场景则相当与众不同，其出现在 1910 年天津出版的《人镜画报》之上，标题为“谁知乌之雌雄”。此石版画中共有四人，最右方是身着短打的人力车夫一名，车上则坐着穿长衫的年轻男子一名，画面左方则立着穿衫裤的中年妇女两名。而如同大多数晚清画报“画

[1] 陈柔缙《台湾西方文明初体验》，台北：麦田出版社，2005 年，第 290 页。

中有话”的基本格式，画面最上方有文字写道，“近日风俗又有一种极文明的新现象，男子装束直与女子无别，留得齐眉穗甚长，分批两旁居然鬓发”(标点后加)。文字眉批的反讽口吻(“极文明”)，清楚点明此乘车男子“招摇过市，恬不知耻”之重点有二，一是学女人一样留起“齐眉穗”(前刘海)，还长到从脸颊两边垂下如鬓发，二是脚上穿着新式尖履，其形制类同女人所穿的坤履。两项加总在一起，就是不男不女、雌雄莫辨。

而文字的后半则是描写在街头且行且走的中年妇女甲、乙两人，如何讥嘲乘车男子的尖履瘦削有如缠足，质疑世风日下、乾坤颠倒，居然让女人放足而让男人缠足。

画作中男子的“时髦”乃从头到脚，头上有前刘海，脚上有新式尖头鞋，虽然此男子还是留着辫发(不像妇人盘髻)，还是穿着长衫(不像妇人或车夫两截穿衣)，但看在保守道德人士眼中(石版画作者自身或托寓的女路人甲、乙)，已然彻底混淆乾坤纲纪，罪无可逭。但若重新聚焦于毛发，则此清末男子真“时髦”的第一义，乃是将“时髦”二字放回了“字面性”，亦即髦中之毛作为毛发的象形与指涉。古之“时髦”指时代俊才，如《后汉书·顺帝纪赞》所言“孝顺初立，时髦允集”，或《旧唐书》所言“朕初临万邦，思弘大化，务擢非次，招纳时髦”。但清末“时髦”则指“长三书寓”的“时髦倌人”(交际花)，后更扩大范围，用于各种流行器物、服饰与行为思想，而无男女分别。但显然这里出现两种“髦”的可能。

第一种“髦”是马毛，而且是马颈上独特的长毛，用以“譬喻”时代俊才，如髦俊、髦士、髦秀、髦英，此乃古代“时髦”之所典。第二种“髦”是人发，而且特指小孩剪完胎毛后任由头发生长而分垂两边至眉的发型，此发式本身亦可用于“譬喻”，如“黄发”指老人，“垂髫”指小孩。[1]但显然清末的“时髦倌人”与石版画中的“时髦男子”，既非古之俊彦才士，亦非今日童髦垂髫，而是都留着当时最“时髦”的前刘海。然在保守道德人士眼中，“时髦倌人”的“齐眉穗”尚情有可原，“时髦男子”的前

[1] 相关讨论可参见“百度文库”《中华趣味文化(时髦一词来历)》。网络，2014年6月10日。

刘海，则罪无可逭。清末最后十年确实流行过男子前额留发的“时髦妆”，如柴小梵在《梵天卢丛录》中所载的《前刘海歌》：

> 毛发排云软覆额，如今竟作时髦妆。
> 少年殷勤苦求效，不畏千人万人笑。
> 对镜朝朝自梳掠，妆成真与花争貌。
> 可怜学子娇青春，覆发亦仿寻常人。[1]

歌中额前垂发、自恋自娇的少年学子，为求时髦不畏人笑，更不畏彼时各种媒体公论的“无耻”抨击，甚至送官严惩的威严恫吓。《大公报》1908年5月30日记载天津“绅衿官幕之纨绔子弟，皆于发辫外留齐眉穗，刷得亮光，男女无别，恬不知耻”。同年《大公报》7月15日记载北京浮薄少年“额前垂发，俗名刘海，形同妇女，类近娼优，不知羞耻，实属有害风化”。可见1910年《人镜画报》上的石版画确非空穴来风，而是据实反映当时社会的“怪”现象，表呈时髦男人“前刘海”的发式如何混乱了男女外型服饰装扮上既定之范畴分界。

“微阴性”的合折行势

如果说第一个耻辱场景，让我们看到王韬的“双重阴性”，因垂在脑后的辫子而被当成女人，也因避难香江而雌伏在地，那第二个耻辱场景，则是让我们看到清末另一位男子的“双重阴性”，因额前刘海而被当成女人（还可再加上新式尖履的罪状一条），也因追赶流行而类同妇女娼优，为人所不齿。若此二人（一实有其人，一画作虚构，一自感羞辱，一浑然无知）的“双重阴性”，都指向“女人化”以及“女人”在既有父权体系中的弱势无能（此乃男人对“女人化”作为身份地位等而下之的恐惧之所在），那我们必须要说石版画上的时髦男子，较伦敦街头的王韬才子，尚多出另

[1] 柴小梵《梵天卢丛录》，太原：山西古籍出版社，1999年，第860—861页。

外一种“阴性”，不是“女人化”的“阴性”，而是男/女作为二元对立之外的“微阴性”（micro-femininity），亦即德勒兹所言的“流变—女人”，逃逸于男人与女人分别作为社会性别“开折形式”的规范，而回到“微阴性”作为给出男人与女人“开折形式”的“合折行势”，亦即历史流变的虚拟威力，会不断给出男人与女人不同的“开折形式”。因而“微阴性”不单单只是男人与女人作为二元对立系统的“解构”，更是历史作为“力史”（甚至“力使”）的绉折运动，让所有貌似僵化固定的“象征形式”，都能重新启动，都能化“象征”为流变“符号”、化“形式”为“行势”。而石版画中时髦男子较王韬才子多出来的那一种“微阴性”，正是男子前刘海发式所带出的“翻新行势”，“前刘海”作为流行于清末最后十年的男子时髦发式，姑且不论此发式如何被保守道德之士视为“恬不知耻”，其不也正是时尚作为“翻新行势”所给出的新“开折形式”。

但清末时髦男子的“前刘海”，究竟如何能帮助我们打开中国时尚“shame 代性”中“男人在头”的“奇耻大辱”呢？无可救药、罪无可逭的清国辫发，究竟如何有可能从一个充满创伤记忆的身体表面“去象征化”呢？《人镜画报》上的时髦男子，对比于伦敦街头的洋场才子，前者“前刘海”所带出时尚作为“翻新行势”的“微阴性”，乃是将后者“一成不变”的辫发一分为二，让我们看到所谓的“辫发”，乃包含了剃发与垂辫的两个部分，前头顶不蓄发，故后脑勺所蓄之长发必须垂辫（无法循明朝男子束发于头顶的发式），而昔日满清入关“留头不留发，留发不留头”剃发令的争议焦点，乃在剃发而非蓄发（汉族男人向来留长发），而剃发之后，就自然无法束发，必须垂辫于身后。然在晚清辫发作为清廷腐败无能的象征与剪辫作为排满革命的行动中，乃是以“后耻”取代“前耻”。此处“前后”的第一解乃时间性，排满革命作为“后耻”，取代了反清复明作为“前耻”。而此处“前后”的第二解乃方位性，后脑勺的辫子作为“后耻”（乌黑发顶），取代了前脑额头剃发的“前耻”（光滑头皮），而此创伤焦点的转移，却出其不意、莫名其妙地由清末十年男子“前刘海”的时髦发式所带出，在不该长头发的地方，长出了头发，还垂到了前额，甚至还分披垂到了鬓角，甚至还绑上丝带加以修饰。男子“前刘海”作为一种“时尚形式”，给出了辫发的“前后差异”，也带动了辫发的“时间差异”，让一向被视为满清统治以来“一成不变”的辫发，变成了“与时俱变”的“变发”。

换言之，在“时间”作为时尚差异的微分力量之中，让我们在“一成不变”的辫发之上（清代国族发式的开折形式），看到了十年一变的时尚流行（时尚流行作为不断给出时髦发式的合折行势）。辫发作为清代国族发式的开折形式，在历史“合折，开折，再合折”的绉折运动中，持续不断微分转化，辫发显然从未停止流变。

“刘辫”—现代性

若辛亥革命一刀两断的剪辫之举，往往只能剪去实质的男子辫子，却剪不断理还乱与辫发相互纠结缠绕的民族自信/自卑，剪不断理还乱与辫发相互依恃的身体美学感受，那“前刘海”男子发式的“刘辫—现代性”（既是前面的刘海，也是后面的辫子），则是让已然在中国近现代历史中被僵固为“死的形式”的辫发，有了“来生”的可能。此“来生”指的当然不是清末民初文人王国维或辜鸿铭头上的真辫子，也不是张勋复辟时满城抢戴的假辫子，更不是时下清朝僵尸电影中的幽灵辫子，而是通过时尚的“翻译”，让辫发成为“缀满绉折的皇袍”译文，松动原本意符（辫发）与意指（清代的异族统治）有如果肉果皮般的紧密联结，让辫发成为历史的“微绉折”，一个充满前折、后折且折折联动的“微绉折”，而不再是钉死在中国近现代史上一个“死”（该死也已死）的“象征形式”。

而接下来就让我们以此则清末男子“前刘海”发式的评画，重新回去审视清末变法维新、排满革命与民国创建过程中，承载社稷大事、民族情感的“剪辫”争议，并将此清末民初“驱除鞑虏，恢复中华”的大志大业与彼时小眉小眼微不足道的男子发式变迁并置讨论，企图以小搏大，以时髦的“微阴性”翻转排满革命、建国志业的“阳性现代”。而翻转的力道，将再次回到“同音译字”所能给出的概念绉折：一边是（或后面是）发型作为变革的“国族象征”，如何展开“变”与“辫”的辩证形式，要“变法”要革命，就必须剪去“辫发”；一边是（或前面是）发型作为时尚的“流变符号”，如何给出“变”与“辫”的变化关系，辫发不断在改变其发型，“变发”成为“翻新行势”所不断给出的“发型形式”。简言之，“辫发”与“变发”的一体两面（双重与衬里，double and doublure），乃是让“辫发”从时尚“shame 代性”的“创伤固置”，从中华民族主义的“象征形式”，翻转成为时尚现代性的“微绉折”，一个清末民初特异点力量布置的“微绉折”，既能给出“剪辫”作为身体触受关系的强度变化，更能“解畛域化”国族—身体—性别的固定配置关系，而开放出千奇百怪的新发式奇观。而这个“微绉折”的“历史”观点，将“基进”挑战变法维新与排满革命论述——径将“辫发”编码为定于一尊的象征形式，抽象、冰冷却又满满投注了历史血泪与国仇家恨的情感。

而本章一切有关辫发的争议，最终都将收束到鲁迅的亲身经历与其所撰写的文学文本作为总结。鲁迅不仅亲历“剪辫”之悲愤与“无辫”之磨难，更在小说与散文书写中精彩铺陈中国政治历史的发式考掘学，一探头发作为“中国人的宝贝与冤家”之缘由与曲折。大概没有任何另外一位华文作家，能像鲁迅一样谈起辫发来引经据典、鞭辟入里、感同身受，亦无任何其他学者或思想家，能像鲁迅一样，穷尽一生之力为辫子的“去象征化”努力不懈，至死方休（鲁迅逝世前的最后一篇未完成遗稿《因太炎先生而想起的二三事》，仍然围绕着辫子打转）。曾有批评家笑称，鲁迅对辫子的耿耿于怀，仿佛果戈理对于自己的鼻子[1]，然其对辫发的念兹在兹，绝非仅限于个人心理或精神层次的偏执，鲁迅乃是以最具身体美学触受强度的方式，给出了辫子作为中国“shame 代性”“象征形式”最犀利的批判性思考与最动人的文学表达。

二　变法与辫发：“豚尾”的新耻与旧耻

清末的变法维新运动，将“剪辫”视为具有体制内政治改革的高度“象征”，要辫发就难变法，变法需牵一辫而动全身，一改满清积弱不振的

[1] 庄信正《阿 Q 的辫子》，卢今编《阿 Q 正传》，台北：海风出版社，1999 年，第 269 页。

百年体制，以迎万国时代的挑战。而康有为的《请断发易服改元折》，乃是此变“发”维新运动最具代表性的文本。

> 今则万国交通，一切趋于尚同，而吾以一国，衣服独异，则情意不亲，邦交不结矣。且今物质修明，尤尚机器，辫发长垂，行动摇舞，误缠机器，可以立死。今为机器之世，多机器则强，少机器则弱，辫发与机器，不兼容者也。且兵争之世，执戈跨马，辫尤不便，其势不能不去之。欧美百数十年前，人皆辫发也，至近数十年，机器日新，兵事日精，乃尽剪之，今既举国皆兵，断发之俗，万国家风矣。且垂辫既易污衣，而蓄发尤增多垢，衣污则观瞻不美，沐难则卫生非宜，梳刮则费时甚多，若在外国，为外人指笑、儿童牵弄。既缘国弱，尤遭戏侮，斥为豚尾。出入不便，去之无损，留之反劳。[1]

在此康有为一一列举“辫发”不合“时”宜之诸多弊病，首先以清楚的共时轴二元对立与历时轴先后差异来做比较分析：在共时轴上以“同 / 异”来区分万国尚同与中国独异的关系，以“容 / 斥”来阐明辫发与机器之关系；而在历时轴上细数欧美诸国由辫发到断发，以顺“机器日新，兵事日精”之势而为。接着再从实用层面，点出辫发之不符卫生、耗费时间。但整段文字的理性分析，却在“西方凝视”出现时产生创伤塌陷，堂堂清国臣民，却落得“外人指笑、儿童牵弄”。此创伤塌陷有两层，也是新伤叠上旧伤，新耻（遭侮）唤起旧耻（国弱），前面理性分析中不利机器、不符卫生的辫发，如今已沦为充满耻辱创伤的“豚尾”。[2]

---

[1] 康有为《请断发易服改元折》，《戊戌变法》第二册，中国史学会编，上海：上海人民出版社，1957 年，第 263 页。

[2] 维新变法之失败，常被讥为连一根辫子都变不了，如何有可能撼动清廷朝纲，而往往忘记这根看似无足轻重的小辫子，却正是清廷朝纲所维系的身体毛发物质性。正如光绪元年（1875）直隶总督李鸿章与日本驻华公使森有礼的著名对话所示，日本明治维新之后的断发易服，被李鸿章视为仿效欧风、改动祖制衣冠的耻辱行为，参见李长莉《近代中国社会文化变迁录：第一卷》，杭州：浙江人民出版社，1998 年。

如前所述，此清末辫发沦为“豚尾”的耻辱场景，一而再再而三地发生，即便“剪辫”已在维新变法失败后，从体制内改革的政治象征，转身一变为体制外排满的革命象征。像章太炎在《解辫发》中，悲愤铺陈清末民初知识分子“剪辫”的复杂心态，“支那总发之俗，四千年亡变更。满洲入，始剃其四周，交发于项下，及髋髀。一二故老，以为大辱”，然日久积习后，汉人对脑后的辫发见怪不怪，直到“日本人至，始大笑悼之。欧罗巴诸国来互市者，复嗤鄙百端。拟以猳豚，旧耻复振”。[1] 对积极投入排满革命的章太炎而言，辫发作为身体表面的强度符号，乃是“新耻”（东洋人与欧洲人眼中的猪尾巴）唤起“旧耻”（满人强加于汉人身上的异族统治符号），百年的异族统治，毁坏了千年的汉族传统，乃是近现代中国男人身体上新耻旧恨交叠最深的耻辱创伤。而排满革命更以辫发之有无，来区别分派汉 / 满、华 / 夷、现代 / 传统、进步 / 落伍、文明 / 野蛮、阳刚 / 阴柔的二元象征系统，满腔悲愤，界限森严。故不论是康有为的《请断发易服改元折》或章太炎的《解辫发》，不论是维新运动或排满运动，“剪辫”乃晚清“国族想象”中最重要的身体视觉象征。[2]

鲁迅的头发

鲁迅的爱人同志许广平，曾追忆她在课堂上第一次看到鲁迅时的模样：“在钟声还没收住余音，同学照往常积习还没就案坐定之际，突然，一个黑影子投进教室来了。首先惹人注意的便是他那大约两寸长的头发，粗而且硬，笔挺的竖立着，真当得‘怒发冲冠’的一个‘冲’字。”[3] 许广平第一次在课堂上看到的鲁迅发式（粗硬笔挺的“东洋小平头”），也是我们在众多历史视觉材料中最常看见的鲁迅发式。那当初 1902 年留着清国发式

[1] 朱正《辫子、小脚及其他》，广州：花城出版社，1999 年，第 12 页。

[2] 有关剪辫与晚清国族想象的详尽铺陈，可参考黎志刚的《想象与营造国族：近代中国的发型问题》，该文成功援引安德森（Benedict Anderson）“想象共同体”的概念，来谈近代中国男子发式与国族认同的“辫”迁。

[3] 许广平《鲁迅和青年们》，《许广平文集》，南京：江苏文艺出版社，1998 年，第 10 页。

赴日留学，进入东京弘文书院就读的鲁迅，他的辫子哪里去了？鲁迅的回答直截了当，“我的辫子留在日本，一半送给客店里的一位使女做了假发，一半给了理发匠”[1]。但鲁迅又是在何时剪辫，又为何而剪辫呢？根据鲁迅好友许寿裳的回忆，1903年俄国向清廷提出严苛要求，如不从则将拒绝撤出自庚子拳乱后占领的东北三省，留日学生群情激愤组成“拒俄义勇队”，却被清廷疑为革命反动，而鲁迅正是在此波留日学生拒俄运动的风潮中剪去了辫子。

虽然鲁迅不像好友许寿裳在抵日的第一年便毅然剪辫，甚至也不像一些更为激进的革命党人，在赴日的船上就迫不及待剪辫，但鲁迅对“清国留学生”的“清国发式”早有微词。

> 上野的樱花烂漫的时节，望去确也像绯红的轻云，但花下也缺不了成群结队的“清国留学生”的速成班，头顶上盘着大辫子，顶得学生制帽的顶上高高耸起，形成一座富士山．也有解散辫子，盘得平的，除下帽来，油光可鉴，宛如小姑娘的发髻一般，还要将脖子扭几扭。实在标致极了。[2]

像小姑娘一般标致的“清国留学生”，漫步在烂漫樱花、绯红轻云的阴性场景之中，鲁迅在此尖酸刻薄嘲讽的，正是这些男人头上盘起或放下、编起或打散的辫发，以及其所造成雌雄莫辨的“性别暧昧”。在东洋加西洋的凝视之下，近现代中国男人原本象征男性发式认同的辫发被迫“阴性化”，成为“豚尾”的种族弱势象征，成为男不男、女不女的性别耻辱象征。一如鲁迅日后曾开骂以梅兰芳为代表的京剧“反串”传统，“我们中国的最伟大最永久，而且最普遍的艺术也就是男人扮女人”。[3]积弱不振的近现代中国，

[1] 鲁迅《病后杂谈之余》,《鲁迅全集》第六卷，北京：人民文学出版社，1981年，第187页。
[2] 鲁迅《藤野先生》,《鲁迅全集》第二卷，第302页。
[3] 鲁迅《论照相之类》,《鲁迅全集》第一卷，第187页。

早已使得中国男人尽皆阴性化，而站在花下留着小辫子的“清国留学生”，则更是个个都像男人扮女人的“反串”，双重阴性化的不堪。

但显然“阴性化”并非鲁迅“剪辫”的唯一考虑。1903年23岁的鲁迅在剪辫后摄像，并将此照片赠予好友许寿裳，照片的背面则题有那首著名的《自题小像》：

> 灵台无计逃神矢，风雨如盘暗故国。
> 寄意寒星荃不察，我以我血荐轩辕。

一如章太炎剪辫之后振笔疾书《解辫发》檄文，鲁迅剪辫后所作之诗，亦是明剪辫之志，尤其最后一句“我以我血荐轩辕”，乃直接呼应晚清末年革命党人所欲建构的国族神话，以黄帝轩辕作为中华民族的共同祖先，以凸显同血缘、同始祖所凝聚的国族认同。[1]而日后鲁迅亦自言从小生长在偏僻地区，原本对满汉的差异毫不知情，“只在饭店的招牌上看见过‘满汉全席’字样，也从不引起什么疑问来”[2]。而最初提醒他满汉界线的不是书，而是辫子。

> 这辫子，是砍了我们古人的许多头，这才种定了的，到得我有知识的时候，大家早忘却了血史，反以为全留乃是长毛，全剃好像和尚，必须剃一点，留一点，才可以算是一个正经人了。
>
> 住在偏僻之区还好，一到上海，可就不免有时会听到一句洋话：Pig-tail——猪尾巴。……对于拥有两百余年历史的辫子的模样，也渐渐的觉得并不雅观，既不全留，又不全剃，剃去一圈，留下一撮，又打起来拖在背后，真好像做着好给别人来拔着牵着的柄子。对于它终

---

[1] 有关晚清的“黄帝神话”如何勾连中国国族认同与排满革命意识，可参阅沈松侨《我以我血荐轩辕：黄帝神话与晚清的国族建构》的论文。

[2] 鲁迅《病后杂谈之余》，《鲁迅全集》第六卷，第186页。

于怀了恶感……[1]

此处当然又是一轮我们再已熟悉不过的“新耻”（被洋人耻为 Pig-tail）召唤“旧耻”（清代入关剃发令的血史），鲁迅详细描绘了由无知到恶感的细致心理转变，与章太炎等清末民初排满革命分子“新耻”唤起“旧耻”的民族意识觉醒如出一辙，或可适度交代鲁迅出洋一年后，在拒俄运动的风潮中毅然剪去辫发的心态。

鲁迅的胡子

但如果我们只从“变”与“辫”的辩证形式，或是辫发的“国族象征”来谈鲁迅，那势将错过鲁迅对“剪辫”行动的深刻思想反省，错过鲁迅对辫子有无所造成身体触受强度改变的细腻文学掌握。鲁迅之不同于邹容、章太炎甚至孙中山者，正在于能从“剪辫”的政治意识形态中出走，质疑此沉重巨大带有强烈民族耻辱与创伤的“象征形式”，如何有可能“去象征化”，以跳脱政治意识形态对身体发肤最细致、最入微的掌控与操作。

在进入鲁迅诸多谈论“剪辫”与辛亥革命纠葛之文章前，先让我们岔开辫子来谈另一种身体的毛发：胡须。把辫子留在日本回到中国的鲁迅，除了“无辫之灾”外，还长期忍受着另一种“留须之苦”。剪去辫发、留起胡子的鲁迅，不仅因没有小辫子而苦，也因有了小胡子而恼，他不仅被不相识的人“误识”成日本人，更被所谓的“国粹家”与“改革家”批评到两面不是人。“国粹家”认为中国人传统的胡子尾部尖端应该下垂，虽然据鲁迅自己的考据，被当成国粹、依地心引力而下垂的胡子乃是蒙古式的，元朝之前画像上的胡子皆上翘。故在“国粹家”的眼中，留学日本的鲁迅，竟学起可恶的日本人留起尾部尖端上翘的“仁丹胡”，虽然鲁迅也辩称上翘的胡须，与其说是学日本，还不如说是日本学德国。在“国粹家”的眼中，胡子从来不只是胡子，胡子是象征符号，上翘或下垂都涉及国族认同的身体实践。

---

[1] 鲁迅《病后杂谈之余》,《鲁迅全集》第六卷，第 187 页。

然而当鲁迅不堪“国粹家”之扰，再加上回到中国后不容易买到用来修饰胡须上翘尖端的胶油，而决定让胡子自然下垂，此时却又招致“改革家”跳出来指摘他封建守旧，竟然留起“国粹式”的胡子。鲁迅终于有一天领悟道：

> 我独坐在会馆里，窃悲我的胡须的不幸的境遇，研究他所以得谤的原因，忽而恍然大悟，知道那祸根全在两边的尖端上。于是取出镜子，剪刀，即刻剪成一平，使他既不上翘，也难拖下，如一个隶书的一字。……我的胡子“这样”以后，就不负中国存亡的责任了。[1]

此处鲁迅以自我调侃的方式，将伟大崇高的“国家”与细枝末节的“胡子”相提并论，颇有“仿笑史诗”（mock epic）的修辞效果。然而鲁迅文中“国家”与“胡子”或“辫子”的相提并论，并非纯粹修辞上的反讽嘲弄而已。辫发的有无与胡须的上翘或下垂，都可以动辄得咎，这些本就不应该负担国家兴亡重责大任的身体发肤，却被赋予国族现代性巨大而沉重的意义且动辄得咎。

胡须样式的流变尚且如此，更何况是发型样式的流变。整个中国在近现代历史上的奇耻大辱，使得身体发肤的“细枝末节”都逃不掉被过度象征化的命运。“国粹家”与“改革家”对胡须样式的诠释，正是中国时尚“shame 代性”在身体发肤上斤斤计较、偏执妄想的病征，看什么都不对劲，看什么都有丧权辱国的可疑可议之处。

而鲁迅不上翘也不下垂的一字胡，则成为这偏执妄想症迫害下的妥协牺牲。历史创伤与耻辱记忆所造成“过度象征”的偏执，仿佛使得近现代中国人身上到处都是“毛病”，到处都是让人不得舒坦、不得安适的毛发“身心症”。身受“无辫之灾”与“留须之苦”的鲁迅，一而再再而三地辫

---

[1] 鲁迅《说胡须》，《鲁迅全集》第一卷，第 178 页。

称“剪辫”的实用性，该不会也是一种对这个过度象征化的国族现代性身体所做的具体反抗吧。

三　剪辫与简便：身体惯习与触受强度

鲁迅说，头发是中国人的宝贝与冤家。诞生于清朝末年浙江省绍兴县的鲁迅，自幼是留辫子的，直到1903年23岁时才在日本东京剪去发辫，蓄起“东洋小平头”，直至过世。但显然在日本剪去的小辫子，却“阴魂不散”地反复出现在鲁迅的小说与散文之中，“仿佛思想里有鬼似的”，成为鲁迅文本中的“毛病”，既是“毛发”之病，也是不舒坦、不安适的“病”(disease)。

国父孙中山先生在“四大寇”时期的照片也留着小辫子，但一张“断发易服照”便立即呈现出洗心革面的新气象。就算是后来改制称帝的袁世凯，在就任中华民国大总统之前，也得做做“表面”/“门面”功夫，命令海军将军蔡廷干把他作为清朝重臣的“小辫子”剪掉：“蔡将军用力一剪，就把袁世凯变成了一个现代人。”[1]

对革命家孙中山先生或对投机政客袁世凯而言，“剪辫”乃为民国现代性与清国“shame代性”一刀两断的“政治象征”，一刀下去便由清代到民国，由专制到共和，由传统到现代。但对文学家鲁迅而言，1903年剪去的辫子，却无法一刀两断，无法顺利接通革命的进程。对鲁迅而言，“剪辫”恐怕不是中国现代性的“象征”(symbol)，而是中国现代性的“病征”(symptom)，斩草不除根，春风吹又生，而鲁迅穷其一生，不是要让辫发继续抽象为“象征形式”，而是努力让辫发“去象征化”，让辫发就只是辫发，贩夫走卒后脑勺上的一条小辫子，即便充满“劣根性”，也无须升华，无须抽象化，无须承载国家兴亡的重责大任。而鲁迅“去象征化”辫发的第一个动作，便是让辫发回到其作为身体物质的“实用性”，而“剪辫”

[1] 芮恩施《一个美国外交官使华记》，引自朱正《辫子、小脚及其他》，第43页。

作为一个在日本留学时的决定与行动，就只是为了“简便”而已，别无其他。

过往从“实用”角度来说服、而非通过“加强版”的耻辱场景或“国族象征”来召唤“剪辫”的清末民初论述，向来不少，即使是康有为的《请断发易服改元折》，也提出辫发不利机器、不甚卫生等实际考虑，但真正能从身体触受关系出发的，却又不多，而谭嗣同在《仁学》中的提法，颇有鲁迅后来以身体美学感受性来谈辫发的倾向。谭嗣同指出古今中外“处发之道”有四：“全发”“全剃”“半剪”“半剃”。第一种“全发”乃中国古制，全而不修，好处是“盖保护脑气筋者也”，坏处是“有重垂之累”。第二种“全剃”乃僧侣之制，清洁无累，但无以护脑。第三种“半剪”乃西制，“既是以护脑，而又轻其累，是其两利”。第四种“半剃”乃蒙古、鞑靼之制，亦即满清所沿袭之剃发垂辫，“薙处适当大脑，既无以蔽护于前，而长发垂辫，又适足以重累于后，是得两害”。[1]故对谭嗣同而言，最好的发式乃西式短发，两利而无一害，最糟的发式乃满清辫发，两害而无一利。

此说之精彩，不仅在于条理分明、剖析入里，更在于将形而上中国气论的身体哲学与形而下头发作为物质的重量感（重垂、重累）熔于一炉。

而鲁迅在处理辫发在身体触受关系上之细腻度，亦不遑多让。我们接下来就以鲁迅两篇处理辫子的短篇小说为例说明。《头发的故事》与《风波》都写于 1920 年 10 月〔我们会陆续发现，鲁迅“毛（发之）病”的“有病呻吟”，多发作于纪念辛亥革命的双十节前后，以及生病卧床之际〕，后与《阿 Q 正传》皆收录于鲁迅 1923 年刊行的第一本短篇小说集《呐喊》之中。但将此两篇作品加以比较，却会发现其中存在着显著的差异，不仅有时间的差异（一以倒叙方式回到辛亥革命前，一处理 1917 年的张勋复辟），有空间的差异（城市 / 乡下），有阶级的差异（知识分子 / 船夫），更有小说本身在叙事与美学结构上的差异：《头发的故事》写得太坏，而《风

[1] 谭嗣同《谭嗣同全集》，蔡尚斯、方行编，北京：中华书局，1981 年，第 362—363 页。

波》写得太好。同样写在10月，同样处理男人辫发，同样收在《呐喊》里，为什么一篇是杰作，一篇是败笔?

《头发的故事》：中国男子发式考古学

《头发的故事》虽有一个第一人称的“我”，但全篇几乎是第三人称的“N先生”夫子自道，连对话都被独白取代。这位脾气乖张、不通世故的N先生一出场，就先对作为中华民国“国族象征”的“国旗”嘲讽了一番：

> 我最佩服北京双十节的情形。早晨，警察到门，吩咐道“挂旗！”“是，挂旗！”各家大半懒洋洋的踱出一个国民来，撅起一块斑驳陆离的洋布。这样一直到夜——收了旗关门；几家偶然忘却的，便挂到第二天的上午。[1]

“国旗”对鲁迅而言，就只是一块“斑驳陆离的洋布”而已。但今年的双十节，还是让N先生想起了第一个双十节，因追忆起故人同志的革命流血牺牲而坐立不安。于是他话锋一转，谈起中国历史政治上的发式考古学：

> N忽然现出笑容，伸手在自己头上一摸，高声说：“我最得意的是自从第一个双十节以后，我在路上走，不再被人笑骂了。
>
> “老兄，你可知道头发是我们中国人的宝贝和冤家，古今来多少人在这上头吃些毫无价值的苦呵！
>
> “我们的很古的古人，对于头发似乎也还看轻。据刑法看来，最要紧的自然是脑袋，所以大辟是上刑；次要便是生殖器了，所以宫刑和幽闭也是一件吓人的罚；至于髡，那是微乎其微了；然而推想起来，正不知道曾有多少人们因为光着头皮便被社会践踏了一生一世。
>
> “我们讲革命的时候，大谈什么扬州十日，嘉定屠城，其实也不过

[1] 鲁迅《头发的故事》，《鲁迅全集》第一卷，第461页。

是一种手段；老实说：那时中国人的反抗，何尝因为亡国，只是因为拖辫子。

“顽民杀尽了，遗老都寿终了，辫子早留定了，洪杨又闹起来了。我的祖母曾对我说，那时做百姓才难哩，全留着头发的被官兵杀，还是辫子的便被长毛杀！

“我不知道有多少中国人之因为这不痛不痒的头发而吃苦，受难，灭亡。”[1]

在这一大段的夫子自道中，辛亥革命的成功被解读成一种触手可及的“手势”与身体位置：“伸手”在自己“头上”一摸。对N先生而言，革命远非“驱除鞑虏，恢复中华”等好高骛远、振奋人心的微言大义，革命的实际贡献无他，就在于把所有人的辫子都除掉了，顺势终结了自己的“无辫之灾”。而这个下意识摸一下头顶的手势，正是鲁迅自身惯有的身体动作，“这手势，每当惊喜或感动的时候，我也已经用了一世纪的四分之一，犹言‘辫子究竟剪去了’”[2]。

而原本壮烈牺牲、可歌可泣的明末抗清历史事件，也被同样的思考逻辑解读成新统治阶级强制身体规训下的反弹：不是反抗异族统治，而是束发作为长久以来的身体惯习（也是身体惯性），无法立即改变为剃发留辫，反弹不是因为亡国，而是因为要“拖辫子”。这种激进翻转历史既定诠释的方式，语出惊人，但不正也是鲁迅行文一贯的风格。鲁迅通过N先生的夫子自道，要在中国近现代史的抽象理念中（不管是亡国还是建国），抓出“小辫子”，抓出身体的物质性与惯性，抓出身体发肤的“细枝末节”。当意识刑/形态化为身体发肤的控制时，当剃发（短毛）/蓄发（长毛）、留辫/剪辫成为国族认同的僵固象征时，不痛不痒的头发当然“辫”得又痛又痒。百姓难为，有时留小辫子是死，有时不留小辫子也是死。于是近现代中国

[1] 鲁迅《头发的故事》，《鲁迅全集》第一卷，第462—463页。
[2] 鲁迅《因太炎先生而想起的二三事》，《鲁迅全集》第六卷，第556页。

“头发的故事”，成功将“辫发”与“死亡焦虑”缠绕在一起，古时排名第一的砍头“大辟”与名列末尾的挫发“髡刑”遂相互“塌陷”，造成近现代中国男人身上“留头不留发，留发不留头”的恐怖记忆，让脑后的小辫子，决定头颈上的脑袋瓜子（头 / 发，头是发之所固，发却是头之所系）。

说完头发的“大历史”，N 先生便自恋地开始说起自己头发的“小历史”，而 N 先生头发的“小历史”又几乎与鲁迅头发的“小历史”相吻合：N 先生出国留学时剪掉了辫子，回到中国后先在上海买了一条市价两元的假辫子充数，但被众人识破，“拟为杀头的罪名”。后来索性废了假辫，穿着西装上街，却被沿路笑骂，后虽改穿大衫，笑骂之声不减反倒加剧。

N 先生被迫拿出手杖一路打，“他们渐渐地不骂了。只是走到没有打过的生地方还是骂”。此段描绘不仅让我们看到清末伴随革命党人、留学生“剪辫”举动而更加蓬勃的“假辫子”市场（原本主要用来处理辫子太短问题的“假辫子”市场，现在则被用来伪装成整条辫子尚在，而此市场交易在民国张勋复辟时更被推升到最高点，“假辫子”奇货可居），亦即“剪辫”所涉及头发物质性（剪去的辫子无法迅速长回来）与商品交易性的重新配置可能，也让我们看到清末男子在服饰—发式搭配上的尴尬处境，无辫配西装遭笑骂，无辫配长袍更加倍遭笑骂，问题不在西装或长袍，问题在断发面目无以见人。[1]

如前所述，过去有关清末辫子所启动的耻辱场景，主要着重在“东方主义”与“自我东方主义”凝视下被“阴性化”的男人身体（王韬、樱花树下的“清国留学生”），或加强版的“豚尾”羞辱（邹容、章太炎、李春生、景梅九等）。而《头发的故事》则提供了另一种清末辫子的耻辱场景，不是因为留辫子而遭侮辱，而是因为没有辫子而遭笑骂。

N 先生的断发面目直接召唤的，既是要杀头的革命行径，更是传统中国文化中因通奸被捉而遭剪去辫子的“奸夫”（小指奸夫，大指“里通外国”、剪辫留西洋头的汉奸）或处以髡刑而没有辫子的“罪犯”，无辫乃是

---

[1] “剪辫”所启动服装与发式的混搭，确实是清末民初被嘲讽之焦点，如 1911 年 4 月 11 日《时报》的“滑稽时报”，便列举了上海的四种新人物：有辫之西装，无辫之华装，有辫之华装，无辫之西装。

充满文化作奸犯科的耻辱身体指认。而辛亥革命前N先生无辫之灾的悲惨遭遇（也是鲁迅的亲身经历），更是“蓄辫”的身体触受（辫子乃脑袋瓜子之所系）“残存”在“剪辫”的身体触受里：N先生全身上下只不过是少了一条辫子而已，却“终日如坐在冰窖子里，如站在刑场旁边”。活在砍头焦虑中的N先生，剪辫有如斩首，只是示众的时间拖得更长、更久、更痛苦而已。莫怪乎第一个双十节他最兴奋的事，便是走在路上不再被人笑骂。辛亥革命的回忆让N先生笑得如此得意，不仅是伸手一摸，辫子没有了的喜悦，也是伸手一摸，头还在的侥幸。

《风波》的砍头焦虑

《风波》里也有一位因为没有辫子而充满“砍头焦虑”的男人七斤，危颤颤“便仿佛受了死刑宣告似的”。

N先生是留学归国的教育人士，没读过书的七斤是乡下鲁镇的撑船船夫（莫怪N是时髦的洋字简写，而俗气的七斤则是以出生时的斤数当小名），N先生的辫发是在海外自己剪的，七斤的辫发则是进城时莫名其妙被抓去剪的，N先生后来留着东洋小平头，七斤则是光头一个，N先生是在革命前因没有辫子而受尽身心折磨，七斤则是在革命后因复辟当头没有辫子而惶惑战栗。

> 七斤慢慢地抬起头来，叹一口气说：“皇帝坐了龙庭了。”
>
> 七斤嫂呆了一刻，忽而恍然大悟的道：“这下可好，这不是又要皇恩大赦了么！”
>
> 七斤又叹了一口气，说：“我没有辫子。”
>
> “皇帝要辫子么？”
>
> “皇帝要辫子。”

七斤嫂一路听来立即直觉大事不妙，“伊转眼瞥见七斤的光头，便忍不住动怒，怪他恨他怨他”，造反的时候叫他不要撑船上城，偏要死进城去，被人剪去了原本绢光乌黑的辫子，“现在弄得僧不僧道不道的”。更可怕的是，七斤嫂不久便瞧见了邻村遗老赵七爷从独木桥上走来，身上穿着不轻易穿的宝蓝色竹布长衫，而更重要的是，赵七爷放下了原本像道士一样盘在头顶的辫子，“变成光滑头皮，乌黑发顶；伊便知道这一定是皇帝坐了龙庭，而且一定需有辫子，而且七斤一定是非常危险”。

果不其然，赵七爷一声吆喝：“你家七斤的辫子呢？”吓得七斤“仿佛受了死刑宣告似的，耳朵里嗡的一声，再也说不出一句话”。

没有《风波》的对照，我们恐怕很难单从《头发的故事》里，知晓“剪辫”作为中国近现代史上具高度政治性之“象征形式”的“城乡差距”。民国政府发布的“剪发令”（剪辫）和清初顺治皇帝发布的“剃发令”（剃发蓄辫）一样，都受到守旧人士的抵抗（不限遗老遗少、不拘满人汉人，用鲁迅的话再说一遍，没什么民族气节可言，“生降死不降”只不过是老毛病不想改罢了）。所谓上有政策、下有对策，赵七爷式的“盘辫”，乃是民初多数乡下士绅与农民所身体力行的新中间路线。“盘辫”也者，“辫发的变发”也，视时势大局所趋或盘上或放下，你说他没变，但确实脑后空荡荡，看不见辫子长长垂下，你说他变了，却又随时可以“辫”回来（在《阿 Q 正传》里会有更多的“盘辫家”登场）。君不见在张勋复辟时，一些早被剪去辫发的遗老遗少纷纷进京求见，“他们没有辫子，就跑到制作戏装道具的店铺，央求店家用马尾给做假发辫。没有朝服、顶戴，就求助于估衣铺、旧货摊，甚至买装殓死人的寿衣代用”[1]。相较之下，这些乡下的“盘发家”就有先见之明多了，就等皇上坐龙庭的一日，虽说盘了几年的头发，最后也只派上了十几天的用场。就连中国最后一个皇帝溥仪也很快剪去了辫子，剪去辫子的溥仪很快被军阀冯玉祥赶出了紫禁城，“留溥仪在故宫，就等于在中华民国还留着一条辫子，这是多令人羞耻的事情”。[2]

同样地，没有《风波》的对照，我们恐怕很难单从《头发的故事》里，

---

［1］ 常人春《老北京的穿戴》，北京：燕山出版社，1999 年，第 9 页。

［2］ 引自焦静宜《遗老与遗少》，北京：国际文化出版社，1994 年，第 12 页。

知晓“剪辫”作为“象征形式”的“文化阶级差异”。

N 先生与七斤一样，都有从“蓄辫”到“剪辫”所引发的“砍头焦虑”。当大家都有辫子而他们独无时，他们皆时刻感到“如站在刑场旁边”“仿佛受了死刑宣告似的”。故“辫发”作为统治阶级规训的一种“社会铭刻”（social inscription）而言，对读过书（古书加洋书）的 N 先生与对没读过书的七斤都一样，但“剪辫”作为一种中国现代性的“文化再现”（cultural representation），却独属于 N 先生这类的知识分子。换言之，对进城去迷迷糊糊被剪去辫子的七斤而言，“剪辫”只是倒霉，并不需要附以特别的意义，但对自己决定亲手剪去辫子的 N 先生而言，“剪辫”不仅“曾”被附以意义，而且还是沉重巨大带有强烈民族耻辱与创伤记忆的意义，一如章太炎剪辫后慷慨激昂所写的《解辫发》，或是鲁迅自己“我以我血荐轩辕”的《自题小像》。对清末民初的知识分子而言，“辫发”绝对是一个“满”的符号（既是充满强烈民族耻辱与创伤意义的“满”，也是排满革命的“满”），而非一个“空”的符号。

然而这个“剪辫”的深厚文化意义，却在鲁迅的故事里反复被更改、被压抑甚至被遗忘。《头发的故事》成了一个有关忘却的故事，忘却了双十节，忘却了革命烈士故人的脸，“好在明天便不是双十节，我们统可以忘却了”。

N 先生言行不一的蹊跷，不在于自己剪辫却不鼓励自己的学生剪辫。（对鲁迅而言，没有毒牙的学生，没必要在头上贴起“蝮蛇”大字引人砍杀，男子剪辫与女子剪发皆然，不需要“造出许多毫无所得而痛苦的人”。）N 先生言行不一的蹊跷，在过于轻描淡写自己在国外“剪辫”只是图个功能性的“简便”而已：“这并没有别的奥妙，只为他太不便当罢了。”这样的说法，当然立即令我们想起鲁迅在死前二日所写《因太炎先生而想起的二三事》一文中的夫子自道：年轻时剪去辫子之举动，“毫不含有革命性，归根结蒂，只为了不便：一不便于脱帽，二不便于体操，三盘在囟门上，令人很气闷”。小说家鲁迅对 N 先生与七斤因“剪辫”所引发的砍头焦虑与身体征候描绘入微，给出了有辫无辫在清末民初的乱世所造成身体触受强度的巨大改变，但却一而再再而三对“剪辫”的象征意义大事化小、小事化无成“简便”，让近现代中国男人的“辫发”从一个“满”的符号“挖空”（empty out）成单纯脱帽方便、体操方便、不气闷等实用考虑。这表面上的看似矛盾，其实乃是同一个让辫发“去象征化”的动作，一方面将“剪辫”实用化、简便化，不须负担国家兴亡的重责大任，另一方面则是细述“剪辫”在身体与心理上所造成的具体灾难，前者是拒绝再继续被象征化，后者是表呈被迫象征化所造成的真实苦难，两者相辅相成，互为表里，皆是拒绝“辫发”继续作为国族象征的抽象操作。

而若就短篇小说的技巧来分高下，《风波》有成熟的叙事观点，惟妙惟肖的人物刻画与对白，紧凑环扣的情节发展，就连描写七斤女儿六斤新近裹脚、“在土场上一瘸一拐的往来”的结尾，都有画龙点睛、戛然而止之妙，而同年同月同题材写的《头发的故事》就失之于太像自传散文而无小说结构或戏剧营造了。《头发的故事》作为短篇小说之失败，恐不仅在于N先生与鲁迅太近，而缺叙事安排的操作距离，恐也在于N先生表面上四平八稳的夫子自道中，压抑了太多阴魂不散的身体情动强度。而一年以后鲁迅所写的《阿Q正传》，其成功关键或许正在于小说乃是以“阿Q”（七斤）的角度，而不是以“假洋鬼子”（N先生）的角度，重新再写一次辫子，让美学的安全距离保障了心理的安全距离，也让知识分子N先生对革命的幻灭，与乡下百姓七斤对革命的无知，彼此相互塌陷成革命有如一场荒谬的闹剧，让“辫发”由一个“满”的符号，变成一个“空”的符号。

四　Q的翻译绉折：中国方块字的特异性

《阿Q正传》与《头发的故事》《风波》一样收在鲁迅的第一本短篇小说集《呐喊》中，也一样处理辫子问题。但在过去有关《阿Q正传》的主流阅读中，“国民性”乃是重点，辫子实为末节，而本章此节乃是要从此末节着手，不仅要谈辫子为何至为关键，更要谈辫子能如何“翻新”有关《阿Q正传》“国民性”的讨论。

此节将先从“Q”作为传统文学研究的“文字谜”切入，看其如何带出中国文字即图画的特异性，再进一步尝试从“Q”的形、音、义概念化“Q”作为“翻译绉折”的可能，然后进入《阿Q正传》的文本，瞧一瞧鲁迅如何以最生动反讽的描绘，带出中国男人辫子在上一个世纪之交所启动的身体触受强度，以再次贯彻其一心一意要让辫发“去政治化”“去革命化”“去象征化”的心志。

中国方块字的“文字谜”鲁迅是研究过清朝“文字狱”的，鲁迅自己更是喜欢玩“文字谜”，两者加在一起，便是鲁迅那数量惊人、五花八门的一百多个笔名。此话怎说？从清朝进入民国，由专制转到共和，“文字狱”并未消失，只是变了花样形式。原本就喜欢尝试各种笔名的鲁迅，在被宣判“通缉堕落文人鲁迅”后，更是三天两头换笔名，跟查禁当局玩捉迷藏。每个笔名对鲁迅而言，都像一道从个别文章中蹦出来的谜题，一边要向恶势力与政敌挑衅地说“猜猜我是谁”，一边又要向旧雨新知的读者亲切地召唤“我在这里”。[1]鲁迅的爱人同志许广平就曾回忆道：“实在他每一个笔名，都经过细细的时间在想。每每在写完短评之后，靠在藤躺椅休息的时候，就在那里考虑。”[2]

那么鲁迅到底用过多少个笔名？鲁迅的弟弟周作人在《鲁迅的别号》一文中指出，在鲁迅逝世20周年的纪念活动上，上海的59位篆刻家，每人负责镌刻两块鲁迅的别号，由此推算鲁迅生前至少有118个笔名有据可考。[3]据说每个鲁迅细细考虑出的笔名，都有“深意”，“早年的笔名，含希望、鼓励、奋飞等意义；晚年则含深刻的讽刺意义为多”[4]。但以现在的角度回顾鲁迅的昔日笔名，似乎大都不甚有趣。国民党特务骂他“堕落文

[1] 当然“鲁迅”也是笔名，由早年笔名“迅飞”去掉“飞”的尾，加上母亲姓氏“鲁”的头而成，但其知名度远远超过鲁迅18岁时进南京江南水师学堂所改的名字“周树人”，而“周树人”的知名度又远远超过鲁迅的本名“周樟寿”。

[2] 许广平《略谈鲁迅先生的笔名》，《许广平文集》，第50页。

[3] 周作人《周作人文类编第十卷：八十心情》，长沙：湖南文艺出版社，1998年，第199—200页。

[4] 杨霁函语，引自许广平《略谈鲁迅先生的笔名》，《许广平文集》。

人”“封建余孽”，他就自嘲“隋洛文”“丰之余”，政敌骂他“买办”，他就自称“康伯度”（英文 comprador 的音译）。其他像“杜斐”（土匪）、“虞明”“余铭”（愚民）等一系列以“谐声”为发展主轴的笔名，似乎也都不太具猜谜的挑战性。

然而鲁迅细细考虑出的笔名，有些还是很好玩。像“它音”（鲁迅肖蛇，它乃古文之蛇），像“许遐”（“遐”乃谐声许广平的小名“霞”姑，笔名成了以爱为名的性别越界），但其中最好玩的一个，恐怕还是“宴之敖”。“宴之敖”作为一个笔名的“文字谜”还真不好猜，怎样谐声、会意都弄不出个所以然来，最后还是鲁迅自己泄了底，告诉了身边的爱人同志——“先生说：‘宴从宀（家），从日，从女；敖从出，从放，……我是被家里的日本女人逐出的。’”[1] 简而言之，鲁迅是用了“宴之敖”的笔名当文字谜，暗示了他与亲弟弟周作人（二弟媳羽太信子为日本人）决裂的真正原因。1923 年 8 月 2 日鲁迅突然搬出与弟弟家族共居的北京八道湾屋，另行觅屋而居，从此兄弟失和、形同陌路。这个文学史家、历史学者百端猜测的疑案，这段鲁迅身心严重受创、不堪回首的往事（搬出后大病不起一月余），就三个字，都藏在文字里。

鲁迅说，“写字就是画画”。在东京留学时，他曾从章太炎上过《说文解字》，后来在一系列谈论汉字拉丁化的文章里，更展示了他在文字学研究上的功力。像在《门外文谈》中，他侃侃而谈中文方块字从“象形”以降的起源流变，“近取诸身，远取诸物”，画一只眼睛是“目”，画一个圆圈，放几条毫光是“日”。他更举了一个由“象形”到“会意”的例子：“一颗心放在屋子和饭碗之间是‘寍’（宁），有吃有住，安寍了。”然而想要“一颗心放在屋子和饭碗之间”的鲁迅，不辞千辛万苦寻得八道湾的大房子，接来故乡的老母、妻子与弟弟周作人与周建人两家人到北京同住，却因屋子里的“日女”（恐怕还是复数的，羽太信子的妹妹羽太芳子嫁给鲁迅三弟

---

[1] 许广平：《略谈鲁迅先生的笔名》，《许广平文集》，第 46 页。

周建人，后离异）而不得安宁。“家”的意象由“寍”转“宴”后，亲兄弟也只好分道扬镳了。

Q的历史考据

然而从“写字就是画画”的角度观之，鲁迅作品里真正最具挑战性的“文字谜”，恐怕并不在他那一百多个笔名和那些背后来自生肖、恋爱史或家族恩怨的庞大档案数据库里。如果“宴之敖”是鲁迅所取最俏皮也最沉痛的一个笔名/谜，那么也许“阿Q”就是鲁迅所取最俏皮也最沉痛的一个角色名/谜。阿Q为何叫阿Q，标准答案好像早就幽默嘲讽地写在小说的开场序里：“他活着的时候，人都叫他阿Quei……阿桂还是阿贵呢？……生怕注音字母还未通行，只好用了‘洋字’，按英国流行的拼法写他为阿Quei，略作阿Q。”然而小说作者显然是要用这种标准答案来引蛇出洞的，“只希望有‘历史癖与考据癖’的胡适之先生的门人们，将来或者能够寻出许多新端绪来”。

果然《阿Q正传》从1921年12月4日第一周在《晨报副刊》连载起，各种被撩拨起的“历史癖与考据癖”就争议不断。首先不要说不知“阿Q”是谁，就连作者“巴人”是谁都众说纷纭。鲁迅原意取“下里巴人”，简为“巴人”自嘲，就像他后来用“阿二”（上海黄包车车夫）的笔名一样，既与他不屑为伍的城市跳梁文人作区隔，又有认同下层劳动阶级联合阵线的本意，更可开发出插科打诨的创作破格空间。但不幸的是，

◆瞿秋白的阿Q大写意，由10个Q组成，又可以看作10个“圈儿”——阿Q临终签字画押的那个没有画圆的“圈儿”。左下Q的一撇特长，像似钢鞭（阿Q唱词：我手持钢鞭将你打）

◆阿Q遗像，丰子恺绘

“巴”被联想到“蜀”，“巴人”成了“四川人”的暗示，于是最早的《阿Q正传》考据版本便成了：文章是蒲伯英写的，因为他是四川人，而阿Q讽刺的是胡适，因为他有一个笔名是“Q. V.”。[1]

然而这种张冠李戴的现象，在验明作者正身为鲁迅之后并未减弱，许多人依旧栖栖惶惶怕自己被影射成“阿Q”，更多人急急忙忙想要揪出“阿Q”里的影射。

由一个“洋字”Q所开启歇斯底里式的“疑神疑鬼”阅读空间，一个不确定、不安全的暧昧诠释空间，着实正中了鲁迅的下怀。对鲁迅而言，阿Q不是单一模特儿的量身打造，而是杂取种种人，故《阿Q正传》不是“钥匙小说”，众人无须对号入座，“但因为‘杂取种种人’，一部分相像的人也就更其多数，更能招致广大的惶怒”[2]。“我的方法是在使读者摸不着在写自己以外的谁、一下子就推诿掉，变成旁观者，而疑心到像是写自己，又像是写一切人，由此开出反省的道路。”[3]这里不是要说原本就有疑神疑鬼毛病的鲁迅（常常觉得别人的文章在影射讽刺他），这下子丢出一个阿Q，就能让所有人都跟他一样疑神疑鬼，岂不快哉。这里想说的是《阿Q

[1] 川岛（章廷谦）《当鲁迅先生写〈阿Q正传〉的时候》，卢今编《阿Q正传》，第184页。
[2] 鲁迅《〈出关〉的“关”》，《鲁迅全集》第六卷，第519页。
[3] 鲁迅《答〈戏〉周刊编者信》，《鲁迅全集》第六卷，第146页。

正传》独特的“诡异性”(the uncanny)，疑心的作者绕来绕去，“终于归结到传阿Q，仿佛思想里有鬼似的”，疑心的读者看来看去，终于归结到阿Q像是写自己，又像是写一切人，似曾相识，既熟悉又陌生。[1]

Q字到底有什么鬼？Q字到底在搞什么鬼？20世纪40年代的侯外庐说，Q就是英文Question的第一个字母。当代的日本学者丸尾常喜说，“阿Q”就是“阿鬼”，文化的幽灵。另一位日本学者中野美代子说，Q是Quixote，而《阿Q正传》里的“小D”(鲁迅把“同”不拼成T'ung或Tong，而拼成Don)加上“阿Q”(同样不循普通拼法把“桂”或“贵”拼成Kuei，而拼成Quei)，就是为了把Don Quixote(堂吉诃德)藏在Q的文字谜里。[2](当然我们也不会忘记鲁迅确实有一个“董季荷”的笔名，用的就是堂吉诃德的谐声)Q到底是Question，是鬼，还是吉诃德呢？Q是鲁迅一时糊涂或吴语发音有误，硬是将K拼成了Q吗？这个“文字谜”最后还是鲁迅自己泄了底，告诉了尚未交恶前的亲弟弟周作人：“他不用阿K而偏偏要用Q字，这似乎是一个问题，不过据他自己说，便是为那Q字有个小辫子，觉得好玩罢了。”[3]

Q的形音义

鲁迅说“写字就是画画”，英文字母Q成了辫子图案Q，然而当Q的“小辫子”视觉意象出现后，如何有可能将Q从传统的“文字谜”争议中暂时拉离，而给出被概念化为“翻译绉折”的可能呢？Q如何挑动中文的“流变—英文”与英文的“流变—中文”呢？“小辫子”出现后，Q作为一个“洋字”的身份开始暧昧起来，因为Q的雀屏中选，竟是因为Q的“象形”能力。但“仿佛思想里有鬼似的”，被用来“象形”的Q，却歪打正着

[1] 有关精神分析“诡异性”(the uncanny)的理论，可参阅弗洛伊德最早在《怪怖者》(“The Uncanny”)一文中的铺陈。

[2] 引自丸尾常喜《“人”与“鬼”的纠葛：鲁迅小说论析》，秦弓译，北京：人民文学出版社，1995年，第159页。

[3] 周作人《鲁迅与英文》，《周作人文类编第十卷：八十心情》，第178页。

到英文的 Queue，其发音好巧不巧就是 Q [kjuː]，而其字义好死不死就是“辫发”。鲁迅身前的译作数量庞大，但靠的乃是日文与德文的功力，而非英文。所以“Q= Queue = 辫发”的好巧不巧或好死不死，究竟是作者刻意的明知故犯，还是歪打误着的无心之过呢？[1]

鲁迅在《门外文谈》中曾指出，中国文字后来的发展，“成了不象形的象形字，不十分谐声的谐声字”。他以“海”字为例，“海，从水，每声”，“画一条河，一位戴帽（？）的太太，也三样”，但作为形声字的“海”，早已不读为“每”，正如作为形声字的“滑”，也早已不读为“骨”，而不作为象形字的“海”，若依“写字就是画画”原则拆为河流、帽子、妇人三部分，实在也很难指事会意出“海”的意义。但现在我们若拿“海”与 Q 相比较，那反讽的便是，当中文方块字“成了不象形的象形字，不十分谐声的谐声字”时，一个“洋字”Q 反倒一下子成了“最象形的（中文）象形字，最谐声的（英文）谐声字”，其既象形又谐声，而且所象之形与所谐之声还完全呼应的能力，果真是青出于蓝而胜于蓝。本雅明在《译者的职责》里一再强调，翻译不是“两种已死语言的不育对等式”，而是创造不同语言之间的“生机联结”，而 Q=Queue=辫发不可思议的完美联结方式，恐怕正是给出一种最为匪夷所思的超级“翻译绉折”，Q 把中文的象形意图与英文的拼音意图折叠在一起，Q 让辫子的“意义”与辫子的“形象”相互贴挤，Q 让文学语言的“象征形式”与“象征事物”相互塌陷，Q 成为英文与中文切线轻触圆周所形成的特异“绉折点”。

莫怪乎以中国近现代文学史的角度观之，英文 26 个字母中“汉化”最成功的非 Q 莫属，此自是全拜鲁迅的《阿 Q 正传》所赐。

Q 的“汉化”不仅在于“阿 Q”一词众人至今仍朗朗上口，一点都不觉得其中有外来语的痕迹，更在于 Q 竟能如此巧妙结合了中文象形文字与

---

[1] 此处主要是从中文与英文的流变关系中去铺陈“Q = Queue = 辫发”的诡异联结，但若就英文 queue 的字源而言，则可回溯到古法文的 *cue*，*coe*，亦即“尾巴”之意，而现今法文的 queur 仍保有此意，乃是比英文的 queue 更能呼应本书多处提及中国男子辫发被外人讥为“豚尾”的国族 / 身体 / 性别之创伤场景，在此非常感谢杨凯麟教授的提醒。

英文拼音文字之长。鲁迅不用K而用Q，为的是那条好玩的“小辫子”，而那条好玩的“小辫子”“仿佛思想里有鬼似的”，竟成了Q的形、音、义三合一，既是视觉上的辫子，也是声音上的辫子，更是意义上的辫子，辫子如此不经意地、如此始料未及地、如此大大出乎鲁迅原先预设地，而又如此完美地结合了Q的形音义。故若以“文字谜”的角度观之，重点当落在终极意义的拍板定案，或整体答案的谜底揭晓，以满足所有“历史癖与考据癖”学者的固执与偏执。但若以“翻译绉折”的角度观之，Q的形、音、义三合一既非谜底，亦非解答，而是把我们带入“翻译”作为“绉折运动”的可能，Q的“翻译绉折”所指向的，乃是《阿Q正传》作为“辫子译文”的激进性，此处的“译文”不是指《阿Q正传》乃是从其他外国语翻译而来，也不是指《阿Q正传》已翻译成其他各种外国语的版本，而是说《阿Q正传》乃是在“翻译”辫子，让清末民初“辫子原文”（纯粹语言或原初历史作为“合折行势”所给出的一种“源起形式”）的意符与意指产生松动，让原本建立在意符与意指紧密贴合（有如果肉与果皮）之上的“象征形式”有了“去象征化”的契机。[1]

五　抓《阿Q正传》的小辫子

而《阿Q正传》去象征化辫子的第一个动作，便是解构革命，解构辫子作为革命的象征形式，以既嘲讽（辫子的愚俗卑贱）又认真（辫子的实用简便）的叙事口吻，让辫子就只是辫子。那作为辫子的辫子可以是什么？《阿Q正传》一开头就充满头/头皮/头发的偏执与焦虑，并由此发

[1] 刘禾的《跨语际实践》曾对《阿Q正传》所涉及的“翻译”政治做出精彩的分析讨论。她追溯national character作为“国民性”的翻译，如何经由日文再到中文，而美国传教士明恩溥所著*Chinese Characteristies*（1894）的日译本《支那人气质》（1896），又如何被鲁迅“翻译”成自己的文学创作。然此“翻译”之说，既非逐字逐句地直接翻译，亦非原封不动沿用外国传教士所发展出的中国国民性理论，而是强调原文进入译文时所产生新的表意方式，重新诠释、利用并颠覆“东方主义”凝视下的中国国民性理论。

展出“留辫 / 剪辫”“砍头 / 被砍头”“看 / 被看”的一系列心理恐惧。阿 Q 一出场，就被点名“头皮”上的缺点，“颇有几处不知起于何时的癞疮疤”。然而不识字的阿 Q 不仅懂得“谐声”之拐弯抹角，也懂得“会意”之触类旁通，于是“他讳说‘癞’以及一切近于‘赖’的音。后来推而广之，‘光’也讳，‘亮’也讳，再后来，连‘灯’‘烛’都讳了。一犯讳，不问有心或无心，阿 Q 便全疤通红的发起怒来”。然而弱势者是没有大兴“文字狱”的能力的，闲人时时刻意犯忌撩他，阿 Q 每次开打之余，却“在形式上打败了，被人揪住黄辫子，在壁上碰了四五个响头”，落得只能用“精神胜利法”在心里嘀咕“我总算被儿子打了”。

于是《阿 Q 正传》里的肢体冲突，几乎都遵循同样“揪辫子”与“撞 / 敲头”的模式。阿 Q 打王胡时，“被王胡扭住了辫子，要拉到墙上照例去碰头”。阿 Q 与小 D 互殴时，“伸手去拔小 D 的辫子，小 D 一手护住了自己的辫根，一手也来拔阿 Q 的辫子，阿 Q 便也将空着的一只手护住了自己的辫根”。无奈阿 Q 与小 D 势均力敌，僵持不下，居然就此构成了一幅绝妙幽默的画面：“四只手拔着两颗头，都弯了腰，在钱家粉墙上映出一个蓝色的虹形，至于半点钟之久了。”这些滑稽逗趣的打斗场景反复强调的，乃被人“抓住小辫子”是件多么危险的事。这里的“小辫子”还没有被抽象化、隐喻化，这里的“小辫子”还残存着丰富的身体物质性，这里的“小辫子”就还只是脑袋瓜子后面长长垂下的辫发，只是这辫子已由清初“留头不留发，留发不留头”性命攸关的“命根子”，经过百年来清廷统治下身体外型上的习以为常，转变成只有在肢体冲突时才被凸显、才需要小心护住的“命根子”。诚如鲁迅在《因太炎先生而想起的二三事》中所述辫子之为辫子，乃在其作用：“以作用论，则打架时可拔，犯奸时可剪，作戏的可挂于铁竿，为父的可鞭其子女，变把戏的将头摇动，能飞舞如龙蛇，昨在路上，看见巡捕拿人，一手一个，以一捕二，倘在辛亥革命前，则一把辫子，至少十多个，为治民计，也极方便的。”此既嘲讽又认真的口吻，完全呼应《阿 Q 正传》对辫子的处理方式，让辫子之为辫子，扎扎实实落实到“打架时可拔”的身体动作与肢体冲突，仿佛只有把辫子放到这等愚俗卑贱的滑稽场景，才能回复辫子之为辫子的实用方便，才能彻底将辫子“去象征化”。阿Q的黄辫子就只是一条黄辫子，不负担国家兴亡的重责大任。

不生不死的“盘辫家”

然而《阿Q正传》将辫子回归辫子实用性与简便性的同时，更多的时候乃在铺陈辛亥革命后百花齐放的发式奇观，一群仓皇失措的“盘辫家”，一落披肩散发的“假洋鬼子”，一伙莫名其妙的“光头”，一堆满城找假辫子的老百姓，全都成为民国初年相对于“乱世乱穿衣”的“乱世乱留发”。首先城里传来风声鹤唳的消息，“有几个不好的革命党夹在里面捣乱，第二天便动手剪辫子，听说那邻村的航船七斤便着了道儿，弄得不像人样子了”（与《风波》互文）。于是未庄居民不敢进城，却也在家乡“伪装”起来以响应革命。

> 几天之后，将辫子盘在顶上的逐渐增加起来了，早经说过，最先自然是茂才公，其次便是赵司晨和赵白眼，后来是阿Q。倘在夏天，大家将辫子盘在头顶上或打一个结，本不算什么稀奇事，但现在是暮秋，所以这“秋行夏令”的情形，在盘辫家不能不说是万分的英断，而在未庄也不能说无关于改革。

这群封建末世的“盘辫家”，被叙事者讥为英明果断之处，正在于搞不懂革命与造反，搞不懂“明”（反清复明）与“民”（推翻清朝、建立民国）的分别，但立即身体力行，做出最明哲保身，最容易见风转舵、回复原状的发式调整：辫子还是辫子，只是盘上了头顶，以不“辫”应万变。[1]

《阿Q正传》用了极尽嘲讽的口吻，活灵活现这群辛亥革命后精神分裂的“盘辫家”，一方面相信革命党进了城，“个个白盔白甲：穿着崇正皇帝的

[1] 民初“盘辫”之举确有所本，如《民立报》1912年6月2日所载，长沙乡人“辄以剪发为学洋，不肯剃除，乃挽螺髻于顶”。

素”（连明朝最后一个皇帝“崇祯”的年号都以讹传讹成“崇正”，就像“自由党”谐声成“柿油党”一样），一方面又冲进静修庵砸了“皇帝万岁万万岁”的龙牌。“盘辫家”新中间路线的蹊跷，不仅踩在留辫/剪辫的取巧之间，踩在秋行/夏令的寒暑之间，还以一种极度反讽的方式，踩在生者/死者的幽冥之间。鲁迅曾在《生降死不降》中破口大骂革命党滥用民族主义的诉求：“大约十五六年以前，我竟受了革命党的骗了。他们说：非革命不可！你看，汉族怎样的不愿意做奴隶，怎样的日夜想光复，这志愿，便到现在也铭心刻骨的。试举一例罢，——他们说——汉人死了入殓的时候，都将辫子盘在顶上，像明朝制度，这叫作‘生降死不降’！”按照反满的革命逻辑，生在清朝的汉人，死了都要做明朝鬼，但按照鲁迅反骨式的解读，生降死不降发生在每次改朝换代时，前一朝因循苟且的习惯被带到了后一朝而已。[1]如前已述，哪怕是扬州十日、嘉定屠城等抗清历史事件，也被鲁迅的“去象征化”为“拖辫子”的身体不适应罢了。

然鲁迅在《生降死不降》中的这番话，却也同时点出“翘辫子”（即把辫子盘在头顶）的由来，“盘辫”的另一个出处。如果“剪辫”在传统文化中被视为作奸犯科，那“盘辫”则是充满死亡的晦气。“翘辫子”不仅指一般意义上的死亡，更有其身体发肤的历史特殊性。满人入关强制汉人剃发异服，原先的“杀无赦”经强烈反抗后妥协为后来的“十不从”：男从女不从，生从死不从，阳从阴不从，官从隶不从，老从少不从，儒从而释道不从，娼从而优伶不从，仕宦从而婚姻不从，国号从而官号不从，役税从而语言文字不从。于是在清廷统治之下，生前剃发留辫的汉人，死的时候才被允许将辫发盘在头顶之上，以复旧制或革命党人指称的以复“明”志。汉人男子的传统发式乃束发为髻于头顶，但清朝统治下已剃去半边头发的

[1] 鲁迅接下来所举的例子较为客气，只是死在民国的汉人还要清朝的谥号，而不是民初强迫剪辫，许多汉人要索回被剪的辫子，他日大殓时入棺以留全尸：剪下的辫子好似成了太监被割下的命根子似的，都要好好供着以保全尸首，可见被满人种在身上两百多年的辫子，已然成为许许多多汉人身体上不可分割的一部分。见常人春：《老北京的穿戴》，第232页。

汉人，自是无法按照传统方式束发于顶的。反倒是死后“躺”在棺材里，把头发盘在头顶，于法（生从死不从）于情（入土为安）于理（即便头顶无发也不会掉落）都说得过去。于是辛亥革命后如雨后春笋般出现的“盘辫家”，既非明朝的鬼，亦非清朝的鬼，反倒像足了民国新建后的活死人。暂时“不降”于民国剪发令的“盘辫家”，只好以十分“不祥”的“翘辫子”发式苟且偷安。[1]

“盘辫家”不上不下、不秋不夏、不生不死的发式，仿佛再一次凸显了辫发作为中国现代性“病征”不干净、不彻底的种种鬼魅性。

披肩散发的“假洋鬼子”

但除了为数众多的“盘辫家”（包括阿Q的有样学样）以外，《阿Q正传》中还有另一位“以不辫应万变”的“变发”家，就是阿Q眼中的“假洋鬼子”。“假洋鬼子”像《头发的故事》里的N先生一样，从东洋回来后，“腿也直了，辫子也不见了，他的母亲大哭了十几场，他的老婆跳了三回井。后来，他的母亲到处说，‘这辫子是被坏人灌醉了酒剪去的。本来可以做大官，现在只好等留长再说了’”。于是“假洋鬼子”也像N先生一样戴起假辫子，像N先生一样拿着棍子一路打笑骂他“里通外国”没辫子的人（阿Q就是其中最倒霉、最常被打的一个）。但“假洋鬼子”最特殊最鬼魅的发式，却是丢掉假辫后所留、半长不短的披肩散发：

> 只见假洋鬼子正站在院子的中央，一身乌黑的大约是洋衣，身上也挂着一块银桃子，手里是阿Q曾经领教过的棍子，已经留到一尺多长的辫子都拆开了披在肩背上，蓬头散发的像一个刘海仙。

“假洋鬼子”乌黑洋衣上的“银桃子”，表明了他的投机性格（戴着

---

[1] 民国元年（1912）3月5日中华民国临时大总统孙中山发布通令《令内务部晓示人民一律剪辫文》，要求国民限20日一律剪除净尽，若有不遵从者将以违法论。

"柿油党"的勋章，充当假革命的反革命分子，还不许阿 Q 革命），但"假洋鬼子"一头披肩散发的造型，则更点出了其怯懦与骑墙，像是留了一个辫子根，以便随时见风转舵。此头发造型被叙事者比为民间传说中的"刘海仙"。但不论是传说中的唐朝仙童，或是五代十国的历史人物刘海蟾，民间流传的"刘海仙"发式垂散如孩童（孩童垂髫，而少年十五束发为髻，二十行冠礼），或其本就为仙童，或其修道有成、返老还童，"刘海仙"发式的特点乃额前垂发，故常被援引为"刘海"之由来。

而"假洋鬼子"的一头披肩散发，当然不是清末十年时髦男子的"前刘海"，而是剪辫之后，前额与后脑都一起蓄起头发，半长不短地全都披在肩背上。

两相比较，"盘发家"把小辫子盘上头顶，至少确保脑后空荡荡，"假洋鬼子"则是把已经留到一尺多长的辫子，拆开了散在肩上，也是脑后有发却无辫，两者皆有异曲同工"以不辫应万变"之道。头发是长是短没关系，是盘在顶上还是散在肩上也不打紧，重要的是不能绑成"小辫子"，免得被人抓到"小辫子"。如果明末清初"剃发令"的重点首在"剃发"，次在"辫发"（相信"身体发肤，受之父母"的汉人，相信头发不全乃奴隶罪犯的汉人，反抗的重点乃在剃发。而向来留长发的汉人，被剃去半边头发后，便自然无法再束发了，只能让辫子长长垂在身后），那民初"剪发令"的重点则首在"剪辫"，与剃不剃发、留长发或留短发无关。话说辛亥革命成功后，各省陆续颁布劝导剪辫的告示，还组成新军士兵和学堂学生的宣讲团，赶赴各地倡导剪辫的重要性。雷厉风行之处，还派有士兵把守各城门与重要街道口，留辫之人不得通过，甚至设立剪辫队，在城门通衢执行剪发任务（此即小说中七斤进城被剪去辫子之由来）。过去以辫子的有无来区"辨"中国人与外国人（假洋鬼子），辛亥革命后则是以辫子的有无，来区"辨"国民与奴隶，诚如 1911 年 12 月 28 日的《民立报》所言："昔日剪辫人，呼为外国人，今日不剪辫人，呼为奴隶，可见中国人进步之速！"但剪辫不等于"短发"，剪辫不等于"洋化"，1911 年 12 月 4 日《申报》载成都军政府还特别出公告安抚人心，剪发乃是世界大同之所趋。而来年5月22日《大公报》的《齐河县剪辫之通告》，则是再一次申明剃发与剪发之差别："剪发非剃发可比，如愿前后统留一律剪短，是于剪发之中犹寓蓄发之意，对于汉制、新制两不相妨。"这些众说纷纭、不断耳提面命的"剪发令"，重点只有一个：剪去脑袋瓜子上的辫子，其他一切好说，要长要短要剃光要刘海，都可自行决定。而《阿Q正传》里所出现的各种发式奇观，正是这清末民初发式大风吹最精彩、最反讽的现场实况报道。

僧俗不分的"光头"

但为什么清末民初剪去了辫子的男人，往往就成了光头呢？在《风波》里进城时被剪去辫子的七斤，从此成了光头。《阿Q正传》里当阿Q被抓到城里的衙门时，"上面坐着一个满头剃得精光的老头子。阿Q疑心他是和尚，但看见下面站着一排兵，两旁又站着十几个长衫人物，也有满头剃得精光像这老头子的，也有将一尺来长的头发披在背后像那假洋鬼子的"。若从清朝"十不从"中的"儒从而释、道不从"角度观之，假洋鬼子一尺多长的披肩散发，弄得僧不僧、道不道，那这些乡下与城里的光头，则更是僧不僧、俗不俗，正像当时歌谣里呈现民初社会僧俗不分的乱象："老北京人一时传唱：'袁世凯瞎胡闹，一街和尚没有庙。'[1]这里说的'和尚'是指剪去辫发，剃了光头的人。虽然落了发，但没有出家归庙。言外之意是说，剪发令造成社会上僧俗不分的混乱现象。"[2]

但为什么辛亥革命后的剪辫令一下，便光头男子满街乱跑呢？《阿Q正传》里被阿Q调戏捉弄的小尼姑，她的光头源于三宝弟子剃发出家，六根（眼耳鼻舌身意）清净，但不出家却剃了光头的这群男人满街乱跑，又是为了哪桩？不回到清末民初的发型变迁史，恐无法明了此"怪"现象之普及。

---

[1] 顾颉刚《北平歌谣续集》第八首，引自常人春《老北京的穿戴》，第231页。

[2] 常人春《老北京的穿戴》，第231页。

> 清末，男子梳独辫。青年以辫长为美。民谚云："勿择田，勿择地，择个丈夫辫拖地。"有的辫长拖到脚跟，辫短的则装上假长辫。辛亥革命后，男子剪辫子，年纪大的前半部头发剃光，后半部留至耳门，青壮年多剃平头圆头，俗叫"光郎头""秃头""葫芦头""和尚头"。平头，即额前留短发，俗称"水平头"。青年人爱漂亮，把头顶所留长发向两边梳开，俗叫"分头"；有的把前额处的长发梳拢很高，俗称"风头"，又贬称为"鹧鸪头"；把留风头的长发修剪得叫短，顶部很平，俗叫"小平头"或"东洋头"；在农村乡镇的老年人仍留辫子，把两侧和前半部的头发剃光，后半部留着长发修剪齐脖，犹如辫子根，俗叫"老鸭"又叫"二刀毛子"，直至三四十年代才彻底灭迹。[1]

这段男子发型变迁史的细腻描绘，点出了许多清末民初辫与不辫的症结所在。首先此段描绘点出清末辫长为美的时尚，男子辫长一如女子脚小，都是审美的外观判准，也都是在审美之中夹杂阶级想象，亦即男子辫长作为有闲有钱有势阶级的优越表征。其次，此段描绘也说明了最初的"假辫子"，不是专门为剪辫的革命党人或留学生而发明，而是在"辫长为美"的时尚专制下，为辫短之人而设。而更重要的是，此段描绘细数了"剪辫"之后百家争鸣的发式大观，平头、圆头、风头、分头、小平头，有年龄上的区隔，也有城乡间的差距。鲁迅理的是东洋"小平头"，"假洋鬼子"的类似"老鸭"或"二刀毛子"，长度上或许更长一些，发量上前额两侧不剃或许更多一些，而七斤与衙门诸公则是"和尚头"。

然这段描绘只说明了"剪辫"前后男子发式的变化多端，点出了辛亥革命后"葫芦头"或"和尚头"的时兴，但还是没说清楚讲明白"剪辫"与"光头"之间的可能联结关系。《阿 Q 正传》风行后，有各式各样的阿

[1] 叶大兵、叶丽娅《头发与发饰民俗：中国的发文化》，沈阳：辽宁人民出版社，2000 年，第 83 页。

Q 画像出现，鲁迅只笑称，几幅阿 Q 像上的辫子都不合式样，因为现在的年轻人“当然不会深知道辫子的底细的了”(《病后杂谈之余》)。而若不是下面这段文字，我们恐怕也不会深知民初“光头”的底细了：“清朝灭亡后，男人剪了辫子，多数人剃了光头，人们互相戏称‘大秃瓢儿’‘大秃葫芦’‘游方和尚’。……后来兴出了‘洋推子’(剪头工具)，才分出剃光、推光两种。[1]”因而《阿 Q 正传》衙门里的“光头”差官，给出的不仅只是辛亥革命后一种社会上见怪不怪的流行发式，而是“剪辫”的剪一发而动全身，永远不会只停留在抽象的政治“象征形式”之上，甚至也不会仅停留在头发单一的物质性之上，而是折折联动到头发—器具—手艺技术的“解畛域化”。“光头”的普及，在于“洋推子”的不普及(充满城乡与阶级的差异)，“剃头摊”的剃刀只能剃光，“理发店”的推刀才能推平，而在“剃头摊”尚未全面转型为“理发店”的民初，除非是满头剃光，“剪辫”很难不留下辫子根的，这仿佛验证了一个“辫发”的历史“唯物论”矛盾：明末清初“剃发”后就自然被迫“辫发”，清末民初“剪辫”后就自然被迫“剃发”，只是这次剃的是全头，不再只是前额与两侧而已。

国民性的“劣根”

于是《阿 Q 正传》给出了成天想拔别人辫根却总是被别人拔住辫根的阿 Q，也给出了张皇失措的“盘辫家”，披肩散发的“假洋鬼子”，莫名其妙的“光头”官差，会偷会抢还会剪人辫子的革命党。这些人都有“毛(发)病”，五十步笑百步，而这些人的“毛病”都是鲁迅笔下批判中国国民性的“劣根性”之所在。而《阿 Q 正传》的成功，正在于鲁迅将此“劣根性”，回归到最身体、最物质的头发与发式来处理，不是抽象形式，不是文化譬喻，而就是脑袋瓜子后面那一条辫与不辫的有无。此“劣根性”的第一桩，当然是阿 Q 的“命根子”，那条他时时小心护卫、不被别人揪住、不被革命党剪去的黄辫子。当阿 Q 有样学样“盘辫家”用一支竹筷将辫子

[1] 常人春《老北京的穿戴》，第 237—238 页。

盘在头顶上时，当阿 Q 生气小 D 居然也有样学样用一支竹筷将辫子盘在头顶上时，Q 就是“小辫子”，“小辫子”就是愚昧守旧、欺善怕恶。而此“劣根性”的第二桩，则是“以不辫应万变”的因循苟且、苟且偷生，只要留住“辫子根”，就不怕“皇帝做龙庭”时没有辫子。“盘辫家”秋行夏令，“假洋鬼子”披头散发，可都是留住了“辫子根”的后路。此“劣根性”的第三桩，不是剃去所有头发的“大秃葫芦”，而是《阿 Q 正传》未曾直接言明却隐然带出的“老鸭”或“二刀毛子”（“盘发家”的下一步）。相对于圆头、平头、分头、风头、小平头，“老鸭”或“二刀毛子”的“劣根性”，不仅藏在“不该留的留”（预留下来的“辫子根”），更藏在“该留的不留”（剃去前额与两侧的头发），实乃劣根性（辫子）中的劣根性（剃发）。而此双重劣根性的发式，按清末民初发式变迁史所述，一直残存于乡下，直至三四十年代才彻底灭迹。

但若我们只是一径将辫子作为国民“劣根性”的载体而给予彻底的负面评价，那我们势必错过鲁迅在《阿 Q 正传》里对“国民性”的复杂矛盾反思。阿 Q 的“命根子”猥琐卑贱，不断被人揪住了去撞墙，但阿 Q 的“命根子”也正是鲁迅用来破解“剪辫”作为民族“象征形式”的革命谎言与国家暴力。故阿 Q 猥琐卑贱的“命根子”，正是鲁迅以“作用说”“去象征化”身体发肤的关键，实际操练了“打架时可拔，犯奸时可剪”的辫子之为辫子。而留下“辫子根”的“盘辫家”或“假洋鬼子”，或是留下双重“辫子根”的“老鸭”或“二刀毛子”，此只顾身体惯习、不顾民族大义的贪生怕死，不也正是鲁迅重新界定扬州十日、嘉定屠城等历史事件，不为亡国，只为不习惯“拖辫子”罢了的因循苟且。那既留下“辫子根”又还“剃（半）发”的无知乡民，是否再次验证鲁迅所强调的身体惯习，而此身体惯习与实用说一样，不正是鲁迅一直用来解构“剪辫”作为民族革命微言大义的利器吗？斩草不除“根”，春风吹又生，但此国民性的“劣根”，会不会正是国民性作为愚昧乡愿与国民性的愚昧乡愿作为“反反革命”之根之所系呢？

Q 作为小辫子，Q 作为国民性的“劣根”，乃是彻底带出鲁迅对革命的幻灭。《阿Q正传》里写革命换汤不换药，“知县大老爷还是原官，不过改称了什么……官，带兵的也还是先前的老把总”。革命在未庄造成的改变，只是不革命也不反革命的“盘辫家”之出现，只是弄不清楚造反与革命、只会起哄瞎闹的阿Q，迷迷糊糊地被抓进衙门、莫名其妙地丧了命。莫怪乎鲁迅说，民国以前人民是奴隶，民国以后，众人都变成前奴隶的奴隶了。[1]

因而辛亥革命不是解放，而是再一次强化了中国国民性中的奴隶性与家畜性。“革命，反革命，不革命。革命的被杀于反革命的。反革命的被杀于革命的。不革命的或当作革命的而被杀于反革命的，或当作反革命的而被杀于革命的，或并不当作什么而被杀于革命的或反革命的。革命，革革命，革革革命，革革……”（《小杂感》）鲁迅在此正是运用文字的反复，凸显近现代中国革命本身的混乱与嗜杀。革命不论作为反满或反洋的新国族号召，都在鲁迅的心里彻底破产成空洞的文字搬弄。

此对革命的幻灭，亦是鲁迅作为启蒙者与幻灭者的“自我分裂”，昔日改造旧中国的理想，化为今日绝望的呐喊，昔日慷慨剪辫的进步知识分子，成为今日愤世嫉俗的怀疑论者。“见过辛亥革命，见过二次革命，见过袁世凯称帝，张勋复辟，看来看去，就看得怀疑起来。”（《〈自选集〉自序》）民国建立后的军阀争权、党人内斗的乱象丑态，让鲁迅幡然醒悟，要让昔日“我以我血荐轩辕”的“剪辫”象征意义彻底“去象征化”。[2]

---

[1] 鲁迅与美国记者埃德加·斯诺谈阿Q，引自卢今编《阿Q正传》，第172页。

[2] 在日本加入反清革命组织光复会的鲁迅，曾被派回国刺杀清廷大员，但动身前却迟疑了：“如果我被抓住，被砍头，剩下我的母亲，谁负责赡养她呢？”于是光复会收回成命，改派他人。可参见王晓明《无法直面的人生：鲁迅传》，上海：上海文艺出版社，1993年，第33页。鲁迅出于孝心的真实顾虑，恐怕看在其他革命同志眼中，却是胆小退却的表现，鲁迅终究只是以“我发”（剪辫）而非“我血”荐轩辕罢了。革命者必须义无反顾、勇往直前，鲁迅的疑虑，让行动变成思考，让“无畏”的牺牲变成“无谓”的牺牲（鲁迅对同为光复会成员徐锡麟、秋瑾的壮烈牺牲，一直抱持“无畏”与“无谓”的暧昧态度）。这或许可以说明为何鲁迅在绍兴中学做学监，面对学生剪辫风潮时，力劝他们不要剪辫，“他们却不知道他们一剪辫子，价值就会集中在脑袋上。轩亭口离绍兴中学并不远，就是秋瑾小姐就义之处，他们常走，然而忘却了”（《病后杂谈之余》）。

于是 Q 的小辫子，打破了封建 / 共和、清代 / 民国、传统 / 现代的二元对立与一刀两断之可能，因为小辫子剪了以后还会长，长了以后还可以剪，小辫子还可盘、可束、可编、可散、可剃、可推，小辫子作为历史时间的唯物载体，小辫子作为身体空间的边界划分，小辫子作为国民身体意象的认同差异，都是一样暧昧、一样可疑。《阿 Q 正传》通过"盘辫""散发"与"光头"的发式奇观，凸显了革命与俗民百姓的隔阂，也同时让那藏在 Q 里好玩的小辫子，变得可耻、可恶、可恨、可悲、可侮。鲁迅弃医从文，想要揪出中国国民性的病根，改变那麻木虚伪、愚诈成性的精神残疾。而 Q 作为辫子形音义的三合一，Q 作为辫子译文的"翻译绉折"，就是让这些"精神残疾"都身体发肤化，让"譬喻"（the figural）与"字义"（the literal）相互塌陷，让"小辫子"成为中国"shame 代性"最"劣根"的国民性，却也同时是翻转中国"shame 代性"最"实用"、最"简便"的"去象征化"物质实体。鲁迅说，"假如有人要我颂革命功德，以'舒愤懑'，那么，我首先要说的就是剪辫子"（《病后杂谈之余》）。对鲁迅而言，辛亥革命换汤不换药，真正的贡献只是剪了一条小辫子，那《阿 Q 正传》则是既反讽又认真地再一次告诉我们，辛亥革命是连一条小辫子都"剪不断、理还乱"的呀。

六　辫发的姿态：鲁迅与美男子的前刘海

《阿 Q 正传》让我们一睹辛亥革命以后的发式奇观（乱世乱穿衣，乱世乱留发），小说中那些留着"命根子"或守着"辫子根"的未庄人，成为鲁迅批判国民性作为"劣根"最具体而微的矛盾所在，辫子既是精神残疾的"具现"（embodiment），也是"去象征化""去革命化"的身体实用性与物质性，让"国民性"的"国"与"民"成为分裂双重，"国"（清国或民国）的"国族象征"与"民"（平民百姓）的实用简便，搭不拢对不上，后者的"去象征化"，还能以滑稽可笑、猥琐卑贱的各种方式，拆解前者道貌岸然的"象征化"努力，成也萧何，败也萧何。但Q作为中国现代文学史上极其复杂一层叠（complication）的“翻译绉折”，鲁迅作为中国近现代史上最能掌握辫发作为身体触动强度的作家与思想家，绝不会只停留在辫子“实用说”或剪辫“简便说”的层次，鲁迅笔下中国男子发式的考古学，遂在鲁迅死前的最后一篇文章中，另辟新局（切线轻触圆周，Q点的再绉折），而提到了辫发的姿态之美，辫发的时髦之趋。

1936年10月的《因太炎先生而想起的二三事》，乃鲁迅写于死前二日的未完稿，与两年前所写的《病后杂谈之余》一样，都是“病”中之作，既是生病卧病在床，也是每到“双十”前后就发作的“毛”病，鲁迅就“仿佛思想里有鬼似的”，又谈起了辫发。两篇皆是以“补遗”（supplement）的方式出现，《病后杂谈之余》写于《病后杂谈》之后，《因太炎先生而想起的二三事》写于《关于太炎先生二三事》之后，而两篇文章更是鲁迅对辫发念兹在兹的一再“补遗”：《病后杂谈之余》又说了一遍《头发的故事》，又旧事重提N先生/鲁迅的无辫之灾，而《因太炎先生而想起的二三事》则又说了一遍《病后杂谈之余》。只是最后的这篇文章，虽旧事重提一说再说、说也说不完的辫发，鲁迅却“想起”一件过去他所有写辫子的小说、散文或评论中、从未提起或写到的事：

> 见惯者不怪，对辫子也不觉其丑，何况花样繁多，以姿态论，则辫子有松打，有紧打，辫线有三股，有散线，周围有看发（即今之“刘海”），看发有长短，长看发又可打成两条细辫子，环于顶搭之周围，顾影自怜，为美男子。（《因太炎先生而想起的二三事》）

即便这段叙述中无法完全排除鲁迅惯有的嘲讽口吻，但鲁迅对辫发花样细节的如数家珍，确实叫人刮目相看。《因太炎先生而想起的二三事》写于鲁迅剪辫后的第33年，辛亥革命后的第25年，却是鲁迅生前第一次提到辫发可能的美感经验。鲁迅以前谈过辫子的花样，但总是小丑如何挽一个结，插上纸花打诨，舞关王刀变戏法的如何把头一摇，辫子噼啪一声盘在头顶。而鲁迅生前谈过最多的，则是辫子作为“把柄”的可笑，打架的时候拔住，捉人的时候拉住，“只要捏住辫梢头，一个人就可以牵一大串”（《病后杂谈之余》），而阿 Q 的黄辫子便是最佳范例。然而这一回鲁迅谈的却是辫发在成为不男不女的性别耻辱之前（樱花下的“清国留学生”），在成为国族耻辱“豚尾”之前（新耻唤起旧耻），在辛亥革命剪辫易服之前，辫发作为中国男子顾影自怜的“镜像”，以及辫发所带动时髦美男子的流行时尚。

新样头颅时髦男

首先让我们来看看鲁迅文中所提“松打”的辫子发式。鲁迅的弟弟周作人在《知堂回想录》中曾描绘赴南京水师学堂读书时，初所见闻的一些奇装异辫，其中包括一名模样奇特的听差：

> 他的辫发异常粗大，而且编得很松，所以脑后至少有一尺头发，散拖着不曾编，这怪样子是够惊人的。那时有革命思想的人，很讨厌辫发，却不好公开反对，只好将头发的“顶搭”剃得很小，在头顶上梳起一根细小的辫子来，拖放在背后；当时看见徐锡麟，便是那个模样的。如今所说松编的大辫子，却正是相反，虽然未必含有反革命的意义，总之不失为奇装异服的一种，有些风厉的地方官，看见了就要惩办的。

这段描绘中有革命党人（以徐锡麟为代表）的“小辫子”，也有时髦听差的“大辫子”，“小辫子”把前额与两侧的头发剃掉，只留下头顶处较小部分的头发（“顶搭”指头顶的头发），发量少辫子自然就细小，而“大辫子”不仅由于天生发量多，更因为前额与两侧的头发剃去较少，“顶搭”较大，发量多辫子自然粗大。“小辫子”怕不够小，故编得细密，“大辫子”怕不够大，故编得松散。“小辫子”偷偷表达的是排满思想，而“大辫子”大剌剌表达的是流行发式，“小辫子”作为革命行动危险，“大辫子”作为奇装异服一样危险。

而若是我们再带入清朝前中后期男子发式的大趋势，则更可看出此处“小辫子”与“大辫子”的奥妙关联。清朝前期流行“金钱鼠尾”，亦即“顶搭”剃得很小，故所垂下的辫子难免细小。清朝中期流行“猪尾”（不是被外国人耻笑的“豚尾”，而是比喻编辫子发量的多寡），“顶搭”剃得较大，故所垂下的辫子发量增多。清朝晚期流行“牛尾”，“顶搭”剃得更大，故不仅垂下的辫子发量更多、辫子更粗，更让“看发”或“前刘海”成为可能。[1] 而若以此大趋势来看，革命党人一度实行敢怒不敢言却敢偷行的“小辫子”，感觉上好像削弱了辫发作为清代专制政权的实际身体掌控范围，但也像不合时宜地复古了清初的“金钱鼠尾”，而时髦听差头上的“大辫子”，正是清朝晚年头发越蓄越多，辫子越来越粗的写照，此流行时尚的无心逾越，反倒是比革命分子的有心逾越，还要来得“基进”：直捣清朝辫发之为辫发的关键核心“剃发”，在不该留发的地方，留起了头发，还垂下了刘海，甚至还让刘海长到可以绑成两条小辫子，再盘回头顶，一如鲁迅在《因太炎先生而想起的二三事》一文中所述。

而真正让我们叹为观止的，乃是鲁迅在死前的最后这篇谈辫发的文章中，提到了“看发”作为清末美男子的时髦发式。本章第一节所谈《人镜画报》上“雌雄莫‘辫’”的时髦男，正是因为这种“前刘海”的发式（再加上新式尖履），而在街头遭人讥笑，而鲁迅此处不仅提到“看发”，还细说“长看发”的花样。“看发”作为清末十年的男子时髦发式，乃是彼时报刊争相报道与批判的对象，像我们已经分析过的天津《人镜画报》，或像 1910 年 4 月《神州日报》图文并茂的《上海男子前刘海之变迁》：十年前（前额光亮，辫发平整），五年前（前额缩小，辫发蓬松），三年前（短发覆额），现在（覆额短发中分，沿两侧垂下，发作“人”字形，但仍略见前额），将来（覆额垂发，不见前额，发作燕尾形）。此篇报道已然将时尚变迁所给出的“时间感性”，“线性化”与“度量化”为十年前、五

---

[1] 相关资料可参阅百度百科“清朝发型”条目。网络，2010 年 3 月 15 日。

年前、三年前、现在、未来（十分类似当前时尚杂志过去、现在、未来的“三联画”结构）的微细差异，“前刘海”作为时尚本身还在变化，大流行中的小流行。但我们亦不可不察，一如松编的“大辫子”明目张胆地让“顶搭”变大，走在“剃发令”的边缘，而短发覆额的“前刘海”则不也是以时尚之名，叛离“剃发令”要求的前额光亮，辫发平整吗？莫怪乎1905年7月27日《大公报》的《白门少年之怪状》报道，具体展现此十分可疑的时髦发式与专制政权掌控间的张力。报道中指出少年辫旁头发剪留四五寸，分披辫之左右，而被天津警察总办视为“与拳匪当日之装束无异”，但后又改变判断为“此等少年志在趋时”。此可疑发式被联想到太平天国的“长毛”发式，以前额留发不剃发的外形，直接反抗清代的“剃发令”，也是鲁迅在《头发的故事》中所指称“顽民杀尽了，遗老都寿终了，辫子早留定了，洪杨又闹起来了。我的祖母曾对我说，那时做百姓才难哩，全留着头发的被官兵杀，还是辫子的便被长毛杀！”。所幸这批貌似“全留着头发”的白门少年没被当成革命分子论断（当时革命党人只会偷偷留“小辫子”或后来索性剪辫，或再偷偷装上假辫子，“前刘海”从来不是洪杨造反或反满革命大业的象征），所幸专制政权终究懒得理会这小眉小眼的“趋时”流行。[1]

鲁迅“看发姿态说”的寥寥数语，在《因太炎先生而想起的二三事》一文中就放在“实用说”的前面，却显然比“实用说”更具“虚拟威力”，让辫子之为辫子，不像“实用说”是回到头发的物质性，让剪辫与简便相

---

[1] 然此清末十年的“前刘海”在辛亥革命之后依旧流行，只是原本的辫子配刘海，变成了剪辫配刘海。如1911年4月12日的《时报》载杭州人剪辫者不多，但“剪去者多自成一式，发作‘人’字形，从中心披下，并无头颅，自远望之，无异刘海”。又如1911年4月《时报》上一系列“男女服饰新装束”专栏，铺陈民国初年男女发型与服饰的五花八门，无奇不有，其中“前刘海”又被再细分为齐眉形，弯月形，人字形等各种造型，可参见张世瑛：《清末民初的变局与身体》，博士论文，台北：政治大学，2005年，第161页。而1911年1月10日《民立报》更报道南京剪发风气一起，“每届星期，茶坊酒肆大都新样头颅，互相斗胜，甚至兴高采烈时，勾肩搭背，同立于着衣镜前，评论短发之入时与否，滔滔不已，其一种自爱自怜现象，真有不可言语形容者”，显然剪辫短发成为南京市新兴新样头颅的互别苗头。

互塌陷，以解构辫发的革命象征。此“姿态说”乃是回到历史之为“力史”、历史之为“合折，开折，再合折”的变化运动，亦即本章通过“同音译字”所尝试概念化的“刘辫—现代性”本身。因而鲁迅寥寥数语的“姿态说”，并不仅仅只是再增加一个辫发“去象征化”的观点（不是国家民族大事，只是小眉小眼的时髦装扮），也不仅仅只是兵分二路“在种族革命与国族意识之外，另有一种与政治动机无关的时尚意识，与之并行而不悖，展现一股移风易俗、审美观念的强大能量”[1]，而是通过晚清时髦辫发的新样头颅，带进了男子发式的“翻新行势”，带进了历史作为绉折运动的变化力量，如何让辫子作为中国国民性最具体而微的“劣根”，终将走入历史（不是灭亡，而是进入流变）。阿Q的“命根子”跟着他到了阴曹地府，“盘辫家”与“假洋鬼子”的“辫子根”也终将被理发店的洋推子给推平，而即使是乡下地方的“老鸭”或“二刀毛子”，一拖拖到了三四十年代，但也终于灭绝殆尽而有了新发型。由此观之，清末民初的男子发式奇观，就并非只是“乱世乱穿衣”“乱世乱留发”的怪现象，而是“翻新行势”的合折之力，如何贴挤头发—器具—手艺技术—传播媒介，在新酝酿的政治公共空间、新酝酿的国民身体治理、新酝酿的民族身体形象中，且行且走，上下翻搅，既是“解畛域化”，也有政治—身体—空间—物质的配置关系，仿佛由“秩序”变成了“混乱”，但同时也是在“混乱”之中创造“秩序”〔亦即加塔利所谓的“混沌宇宙”（chaosmos）〕，即便此“解畛域化”的动力势必被后续的资本主义与民族国家身体治理“编码、解码、再编码”（encoding，decoding，recoding），历史的“翻新行势”也终无止息。[2]

本章以中国“shame代性”的两个耻辱场景拉开序幕，两个都因男子

[1] 张世瑛：《清末民初的变局与身体》，第156页。

[2] 此处“解畛域化、再畛域化、再解畛域化”（deterritorializing，reterritorializing，redeterritorializing）与“编码、解码、再编码”的差异微分，一是前者的重点在“解畛域化”，后者的重点在“编码”，一解一编；二是前者为无人称的历史事件，后者为意识形态的操作，并以资本积累或民族国家利益为最终依归。有关此二者更细致的概念区分与实际操作，可参见本书第八章针对阴丹士林蓝合成染料的分析。

辫发而造成“雌雄莫辫”的指认焦虑，但一个最终导向辫发“豚尾化”的国仇家恨以及辫发“政治化”的革命象征，一个则进入辫发“时髦化”的“翻新行势”以及辫发“历史化”的流变（刘辫）符号。对第一个“大叙事”走向而言，发型是维新变法或排满革命的“国族象征”，充满“变”与“辫”的固定辩证模式，要变法就不能有辫发，要革命就不能留下小辫子。对第二个“小趋势”走向而言，发型乃时尚的“流变符号”，乃“翻新行势”所不断给出的“时尚形式”。“大叙事”联结的是辫发作为中国“shame代性”中的“创伤固置”，而“小趋势”带动的则是辫发作为时尚现代性的“践履行动”，而本章以小搏大的企图，正是要将“大叙事”所封闭锁码的民族身体耻感记忆，重新打开翻转成“小趋势”日常生活中身体力行的变动与实践。

就像鲁迅从 23 岁时“我以我血荐轩辕”的“剪辫”行动，到后来平反辫子作为“打架时可拔”的务实简便，再到死前所提出的新“看发 / 看法”，当是从辫发革命论、辫发实用论，一路走到了辫发“姿态说”。而“姿态说”带进了“时尚形式”的演变，更带进了“翻新行势”的力量，让我们看到辫发“去象征化”最激进、最彻底的力量，乃是辫发的“再力史化”“再绉折化”，没有辫发不变的本质，没有辫发不变的认同，也没有辫发不变的“劣根”（国民性），辫发终究也只是历史作为“翻新行势”所给出的一个暂时的“时尚形式”，即便此“时尚形式”曾被无限上纲编码为“留头不留发，留发不留头”的专制话语，即便此“时尚形式”延续了 200 多年（但仍不断有新样头颅出现），即使此“时尚形式”曾被帝国主义创伤化为“国耻”、曾被民族主义仇恨化为“鞑虏”，此暂时的“时尚形式”也终将走入历史，重新进入历史“合折，开折，再合折”的绉折运动之中。

4

缠足现代性

要谈中国“shame代性”的小脚，就让我们先从鲁迅的“小脚”开始谈起。

对缠足深恶痛绝的鲁迅，当然是没有缠过小脚的，即使他有一个半天足的母亲和一个缠小脚的元配。但在鲁迅那双尺寸偏小的中国男性“小脚”之上，却阴魂不散着中国女性“小脚”的幻象（fantasy）。不信的话，让我们看看他的好友许寿裳怎么说：

> 鲁迅的身材并不见高，额角开展，颧骨微高，双目澄清如水精，其光炯炯而带着忧郁，一望而知为悲悯善感的人。两臂矫健，时时屏气曲举，自己用手抚摩着；脚步轻快而有力，一望而知为神经质的人。赤足时，常常盯住自己的脚背，自言脚背特别高，会不会是受着母亲小足的遗传呢？[1]

[1] 许寿裳《亡友鲁迅印象记》，引自孙郁《鲁迅与周作人》，河北：河北人民出版社，1997年，第4页。

文中的“小足”可有两解，一是脚小，一是缠足，前者是先天生理结构，后者是后天文化形塑，而中国数百年的缠足文化，正是让两者相互塌陷，用文化形塑去改变生理结构。鲁迅的母亲生于清朝咸丰年间，少时确实缠过小脚，但早在辛亥革命前，她受到不缠足运动的号召影响，在家族里带头放足，甚至被族中顽固的长辈斥之为“南池大扫帚”（南池乃绍兴县出产扫帚的名镇）。[1]鲁迅母亲其脚之小，究竟是本来就小，还是缠到很小，已无可考，其半天足之大，究竟是真的很大，还是在与三寸金莲相比时才成了大扫帚，亦无可考，但鲁迅赤足时观看的重点，乃是自己特别高起的脚背，故此“小足”之指涉，当是后天文化形塑的缠足，大于先天生理结构的脚小。然而我们不禁好奇：为何鲁迅这位勇于接受新思想、新事物并且身体力行的母亲——“在看不过家里晚辈的小脚，特自先把自己的解放起来，作为提倡。不久她变成半天足了，而那晚辈的脚还是较她细小”[2]——还是未能免俗地以包办婚姻的方式，胁迫她的大儿子取了一名缠小脚的“旧式”女人呢？但更令我们好奇的是，为何才高八斗、学富五车，又曾赴日习医的鲁迅，会出现如此反科学的想法，认为母亲后天的缠足也会“遗传”到儿子的脚背呢？为何作为中国“shame 代”男性知识分子第一等耻辱的女子缠足，竟会如此阴魂不散地跑到他们自己的脚上呢？

我们大可将此视为鲁迅一时的突发奇想而一笑置之，但我们也可以将此荒诞幻象，视为某种“创伤”机制运作的蛛丝马迹，循此一探晚清到民国国族 / 国足论述中的性别焦虑与此焦虑在身体部位的特殊对应与移转方式。鲁迅为文，向来对中国落后习俗的批判不遗余力，而他认为其中最野蛮、最粗暴的自属女子缠足，乃“土人”装饰法的第一等发明。他在《由中国女人的脚，推定中国人之非中庸，又由此推定孔夫子有胃病》一文中，

[1] 周冠五《回忆鲁迅房族和社会环境 35 年间（1902—1936）的演变》，引自马蹄疾《鲁迅生活中的女性》，北京：知识出版社，1996 年，第 32 页。

[2] 许广平《母亲》，《许广平文集》，1988 年。

◆清代乾隆时期的小脚妇女。出自：George Henry Mason's，*The Costume of China* (1800)

以三寸金莲为例，不小则已，小则必求三寸，宁可摆摆摇摇走不成路，以凸显缠足审美观求尖求小的偏执，而鲁迅并以此偏执为证，大肆嘲讽了中国人自我标榜的中庸之道。在《以脚报国》一文中，鲁迅则是反驳某游欧进步中国女性的言论，讥其虚假的国民外交，想用一双天足征服西方女人窥探好奇的目光，进而否认中国百年来辫发、缠足与续妾等陋习。在短篇小说《风波》的结尾，鲁迅更以伏笔让船夫七斤新近裹脚的女儿六斤，一瘸一拐地在土场上往来，哪怕已是专制改共和，野蛮土人的遗风陋俗依旧在鲁镇顽强存活。

鲁迅对缠足的憎恶与批判，有助于我们了解鲁迅在自己脚背上投射出的性别越界幻象吗？是否此幻象可以是鲁迅对母亲缠足的悲悯同情，由母子连心到母子连脚的身体想象认同呢？而这种"小足遗传"的想象，是否也与清末不缠足运动视妇女缠足则子女体弱多病的社会达尔文主义进化论观点，有异曲同工之妙呢？是否此幻象也同时验证西方人眼中野蛮残忍的中国陋俗，让缠足僵固为中国"shame 代性"的创伤表面，而此创伤表面竟也能潜移默化成近现代中国男性知识分子的身体征候呢（不仅仅只是西方凝视的内化或自我东方化）？就像鲁迅的弟弟周作人在《天足》中所言一般，中国人以身殉丑的缠足，不仅让中国女人吃尽苦头，也让中国的新青年颜面扫地：

> 我时常兴高采烈地出门去，自命为文明古国的新青年，忽然地当头来了一个一跷一拐的女人，于是乎我的自己以为文明人的想头，不知飞到哪里去了。倘若她是老年，这表明我的叔伯辈是喜欢这样丑观的野蛮；倘若年青，便表明我的兄弟辈是野蛮：总之我的不能免于野蛮，是确定的了。这时候仿佛无形中她将一面盾牌，一枝长矛，恭恭敬敬地递过来，我虽然不愿意受，但也没有话说，只能也恭恭敬敬地接收，正式的受封为什么社的生番。[1]

原本兴高采烈走在街头的新青年，迎面而来却是缠足女人残疾般的走路模样，验证了中国男性跨世代对野蛮丑观的迷恋，也浇熄了新青年原本的伟大愿想。表面上是两个行动主体的相遇遭逢，一男一女，一新一旧，甚至一被动一主动，实际上则是通过缠足女人进行两种男性行动主体的差异区分，仍是一新一旧，但一反缠足一支持缠足。在这通过某种“交换女人”象征形式而形成男人彼此之间的结盟或对峙，是不需要作为中介的女人发言的，没有人会在乎一跷一拐走在路上的缠足女人，看到迎面而来面露极度不屑表情的新青年，她会怎么想、怎么做、怎么回应。但她作为“文明古国”新青年笔下的“交换女人”，她是没有也不可能有发言权的。她脚上的金莲鞋，只是也只能是中国封建文明阴魂不散的“野蛮印记”，让“文明古国”沦落为土人生番；她的跷拐身影只是也只能是新中国新青年新愿想中挥之不去的创伤表面与视觉梦魇。更可怕的是一不小心，她那充满野蛮与耻辱印记的弓足脚背，还会如鬼魅幻象一般，跑到了不缠足男人的脚上。

一　创伤现代性：惊吓与耻辱

故在正式进入中国近现代缠足史料与相关论述之前，我们需要先就

[1] 周作人《周作人代表作》，张菊香编，郑州：黄河文艺出版社，1987年，第17页。

"时尚现代性"作为"shame 代性"的理论概念，作更进一步的厘清与开展，以避免一谈到缠足，就落入新 / 旧、现代 / 传统二分的窠臼，陷落在"缠足即残足"的耻辱创伤中纠缠不清。正如本书所一再强调的，当我们看到"现代性"时，不仅能同时听到看到折进"现代性"中的"时尚"作为历史的流变（"现代性"总已是"时尚现代性"），也能同时听到看到折进"现代性"中的"耻辱"（"现代性"总已是"shame 代性"）。但"shame 代性"作为理论概念所启动的操作方式，不是要回返丧权辱国的历史创伤与以身体耻感记忆所激发的民族主义论述，也不是仅止于批判西方帝国殖民主义、东方主义或自我东方主义，而是要创造出一个让 shame 由"创伤"变为"践履"的逃逸路线。故本章的第一节与第二节，将分别铺陈"创伤现代性"（traumatic modernity）与"践履现代性"（performative modernity）作为理论概念所可能援引的思想资源，并以前一章处理的男子辫发与本章所将处理的女子缠足为例，来说明中国"时尚 shame 代性"须在"创伤"概念与"践履"概念上进行差异微分的必要，以及由此差异微分所开展出的不同时间感性与不同性别位置。

首先，让我们从"惊吓"（shock）作为西方时尚现代性论述的重要关键词入手，并加以检视由"惊吓"所带出现代性创伤经验作为"重复强制"（repetition compulsion）的历史脉络与论述发展。在随着工业资本主义发展而牵动的都会现代性经验中，"所有坚固的都烟消云散"，一切稳固与确定的事与物，尽皆流离失所、四分五裂、疏离异化。[1] 故"惊吓"乃被视为城市现代生活经验的重大创伤，既是时间的创伤（与过去断裂，没有确定的未来，只有当下此刻的快速变动，任何事物一过时即成废墟），也是空间的创伤（都市的无根与匿名，摩肩接踵的人群漂流，五光十色的声色刺激）。而"时尚"既是现代性惊吓的一部分，也是回应现代性惊吓的一种方式。对社会学家齐美尔而言，时尚之为用，乃在于有助形构都会经验中有如铁

[1] 此句乃典出马克思，马歇尔·伯曼（Marshall Berman）在 1982 年出版的谈论现代性经验的经典著作即以此句名言为书名。

甲盔胄的“外在防护”，在川流不息的外在与内在刺激中，时尚成为“灵魂的栅栏”，“掩饰真正面容的铸铁面具”，以情感分离、老鸟姿态（blase）的方式，抵抗都会惊吓经验对主体可能造成的大规模穿刺破坏。[1] 而对本雅明而言，资本主义时尚本身成为现代性的“死亡欲力”，要不是以千变万化、日新月异的方式与死亡（即时间的无常）同速，以逃避死亡，要不就是以“无生物的恋物化”（fetishization of the inanimate）方式，变成死亡本身。换言之，如果齐美尔强调都会时尚是一种“防御遮护”（protective shield），那本雅明凸显的都会时尚则是一种“投射屏幕”（projective screen），前者企图将现代性的惊吓摒除于外，后者则是以身体“体现”现代性迅速无常的惊吓，让时尚成为追逐“新”的重复强制。[2]

而过去有关时尚直接作为一种身体“创伤表面”的理论化尝试并不多见。威尔逊（Elizabeth Wilson）曾提出“时尚伤口论”，指称时尚的华丽绚烂，实则掩盖着其下主体的伤口，亦即现代性都会经验造成的疏离异化，时尚仅是在表面上将四分五裂的自我重新黏接在一起。此“时尚伤口论”不仅以深度模式与深度情绪为默认，也纯粹是以西方的都会经验为出发，更无“创伤现代性”中可能带出的繁复时间观。

另有两位当代的时尚研究学者，也共同尝试以拉康（Jacques Lacan）的精神分析理论，谈论时尚身体的“匮缺”（the lack）：“在裸体之上置装，将皮肤整体表面标示为一道切口；整个身体便成了一道边缘，不加上衣饰就不完整。”[3] 这种“时尚切口论”的谈法，虽然十分巧妙地联结了“切口”

[1] Simmel, Georg. “Fashion.” “The Metropolis and Mental Life.” *On Individuality and Social Forms.* Ed. Donald N. Levine. Chicago: University of Chicago Press, 1971. pp. 312, 329.

[2] Benjamin, Walter. *The Arcade Project.* pp. 62-81. 其实本雅明著作中所展现的时尚时间观相当繁复，本雅明曾以“虎跃过往”来阐述时尚既稍纵即逝又穿历史（transitory and transhistorical）的特质，但更多的时候，此时尚辩证导向的不是历史时间的扬升，而是现代性创伤经验的重复强制，“新”即“依旧”（the “new” as “always the same”），一种貌似不断过去的“过不去”。

[3] Warwick, Alexandra and Dani Cavallaro. *Fashioning the Frame: Boundries, Dress and the Body.* Oxford: Berg. 1998, p. 27.

与“剪裁”（英文都是 cut），却与“时尚伤口论”一般，太容易流于去历史、去文化差异、去性别差异的理论建构。

国耻穿刺的身体

然而从后殖民“穿文化”（transcultural）与“穿国族”（transnational）的角度观之，创伤现代性所围绕的“惊吓”经验，并不足以完全涵盖时尚时间观的“断裂”论述。就后殖民时尚现代性的研究来说，除了历史意识与都会空间带来的“惊吓”经验外，伴随着西方帝国殖民主义发展而来的“耻辱”经验，可能扮演着形塑“shame 代性”更为重要的角色。以中国近现代丧权辱国的历史脉络为例，耻辱经验远比惊吓经验更具穿刺主体的破坏性与重建性。一再上演割地赔款的中外战争有如原初场景，让“国耻”成为中国现代主体的心理形塑要素。而穿在中国人身体表面的传统衣饰打扮，尤其是男子的辫发与女子的缠足，更成为西方凝视下的耻辱标志。原本来自文化差异与历史流变的服饰打扮，却在“穿文化”接触、权力颠扰翻覆的过程中，被“恋物化”为身体表面僵固的文化刻板形象，被“本质化”为“国耻”的“身体—服饰”表征。而由耻辱产生的防卫机制与自卑 / 自大情结，更使得经由文化协商持续产生、持续变动的时尚现代性，沦为钦羡 / 敌视、崇洋 / 仇洋、文明化 / 污名化的对立矛盾，也让被“恋物化”固置在身体表面的文化刻板形象，恒常在“国粹”与“国渣”之间起伏摆荡。

但不论是惊吓经验还是耻辱经验，以创伤现代性为中心考虑的时尚时间观，往往是建立在历史“断裂”的预设之上，而时尚则成为此“断裂”时间观中的“恋物化表面”。如在中国“shame 代性”的建构中，把男子辫发与女子缠足视为“千古不变”的奇风异俗（虽皆仅有数百年历史），都是将时尚凝止成“创伤固置”（traumatic fixation），让求“新”求“变”沦为以万变应不变的“重复强制”，让“旧”以文化僵尸、文化样板的方式残存，取代历史的运动与流变。而往往伴随着“断裂”时间观而来的，正是“断代”史观的独大，既是传统与现代的“断裂”，也是传统与现代的

"断代"。一如第三章所言，在民族主义意识形态的操作下，"剪辫"乃是民国现代性与清国"shame 代性"一刀两断的"政治象征"，一刀下去便由清代到了民国，由专制到了共和，由传统到了现代。虽历史的流变无法抵挡无法切割，但由惊吓经验或耻辱经验所建构的创伤现代性，却是不断凸显"巨变"的断裂感与危机意识。

故对感时忧国的（男性）精英知识分子而言，在中国"shame 代性"的历史场域，迎面走来处处可见具有历史时间敏感度与身体触受强度的"创伤表面"，国仇家恨都"穿"（穿戴—穿越—穿刺）在身上，都缠绕在"创伤惊吓"（速度、变换、无常）与"创伤耻辱"（老、弱、慢）的原初场景而"过不去"、一再回返、反复重述。感时忧国的（男性）精英知识分子放眼望去，中国时尚"shame 代性"自是"乱世乱穿衣"的满目疮痍、鬼影幢幢。以他们所呈现或投射出的身体征候而言，创伤不在里面在表面（反深度形上学），例如被洋人"骇笑取辱"的女子缠足（拍影传笑或 X 光照片医学显影），或是在自己高起的脚背上，看到母亲的"小足"遗传。而创伤更在表面的里面（反视觉认识论、反空间本体论），会内翻外转到表面，也会穿刺戳破到表面，例如在洋缠足的高跟鞋上，看到了土缠足的阴魂不散，或者是在"新耻"（西洋与东洋凝视下的"豚尾"），看到了"旧耻"（明末清初的"剃发令"）。就中国"shame 代性"的历史情境而言，"创伤表面"乃身体征候的内衣外穿与外衣内穿，穿国族、穿历史、穿性别，反倒是以穿透身体表面的"情动"（affect）强度，取代了视觉认识论的效应（透过摄影或 X 光新进科技所欲达成的跨文化定格或显影）。

故中国时尚"shame 代性"的身体表面会"闹鬼"，正是因为中国现代主体的建构，亦同时是中国"shame 代性"主体的建构，一体两面的"现代"与"shame 代"：此主体建构乃是建立在其所压抑排斥、却封存在体内与记忆的"身体残余"（bodily remainder）。此"身体残余"是建构中必然的毁灭，"以一种建构式失落（constitutive loss）的方式，在（如果不是总是）已被摧毁的主体模式里苟且偷生。身体不是建构发生的场域，身体是主体在形成当下的毁灭”[1]。这种“身体残余”自然让时尚表面充满不新不旧、不中不西、不干不净的“鬼魅杂种性”（the uncanny hybridity）。此鬼魅性不是“中西合璧”的正反合或 mix & match 的相安无事、皆大欢喜，而是“华洋杂处”不彻底、不干净的异质与鬼魅，新旧叠映、借尸还魂，让历史上淘汰过时的与心理上压抑摒弃的，以双重叠映的方式，在时尚表面装神弄鬼。分不清是人是鬼、是中是西、是外面是里面、是传统是现代的混乱，就是创伤表面最具体而微的身体征候。

故若以此“创伤现代性”的理论概念，展开对鲁迅辫发之为“毛（发）病”的阅读，当是会特别强调鲁迅对辫发表现出过多的“欲力投注”（libidinal investment），也展现出过多由外而内化、由内而外显的“身体病征”，而其一而再、再而三地写辫发，更会被视为“耻辱”创伤所带来“重复强制”的最佳证明，而让明明已在日本剪去的“辫子”，阴魂不散地缠绕着鲁迅至死方休。于是鲁迅写辫发，成了创伤回返在时间点上一而再、再而三的“后遗性”（*après-coup*）召唤。鲁迅的“简便说”，成了对昔日“我以我血荐轩辕”民族情感大义的“心理否认”（psychic disavowal）机制。而鲁迅谈辫发的“补遗”形式，更成了补漏洞，一说再说，每次都说不完全，下回还得重复再说。“补遗”成了“重复强制”，一而再、再而三地反复说，忘记自己早已说过。如果“剪辫”是近现代中国男人身体上最重要的“创伤表面”，那鲁迅的“剪辫”创伤不仅在于将他自己因“这不痛不痒的头发而吃苦，受难，灭亡”的亲身经历惨痛铺陈，更在于让创伤变成一种“形式”，一种一说再说的反复“形式”。“剪辫”作为一刀剪去脑后长长垂下辫发的动作，好似造成一种填补不了的“匮缺”（the lack）需要反复补遗，一种无法愈合的“伤口”需要来回舔舐，而此“匮缺”与“伤口”既属于视觉与身体官能，也属于心理与创伤记忆。

但显然本书第三章实行的理论路数，乃是完全不同于精神分析或创伤理论的阅读策略。第三章之所以企图理论化“刘辫—现代性”的概念，正

[1] Butler, Judith. *Gender Trouble*. New York: Routledge, 2000, p.92.

是因为不愿陷落到满是创伤与匮缺的精神分析架构，怕再一次强化中国“shame 代性”的苦难挣扎而无有出口（只能眼睁睁地看着在“鲨鱼皮”的时代反复谈论“汉服”或“深衣”的症状发作）。第三章让鲁迅的“实用说”带出身体发肤的物质性与日常性，以便解构“辫发”的过度政治象征化，也让鲁迅的“姿态说”带出“前刘海”的时髦发式，带出历史作为“翻新行势”的绉折运动。这样的阅读策略与理论路数本身，就已经是一种“美学—政治—伦理”的抉择，一种如何看待历史、看待生命、看待世界作为转变可能的抉择。故“创伤现代性”与“刘辫—现代性”不是“并行而不悖”的两种阅读方式，二选一或两者兼备，“创伤现代性”与“刘辫—现代性”乃是充满张力的“辫”证，而第三章的一切努力，正是凸显前者如何阴魂不散于后者，而后者如何有可能“基进”地解构前者，给出具创造转换力量的思考逃逸路线。

二　践履现代性：新的重复引述

如果第三章“刘辫—现代性”乃是以“同音译字”的方式，加强凸显百年来满清“辫发”之历史流变（尤其是清末十年男子“前刘海”的发式），那同样的理论路数到了本章，则将以另一种“同音译字”的方式出现：“践履现代性”。

在此乃是尝试将最初来自语言行动理论（speech act theory）的英文理论概念 performativity，翻译成“践履”，除了直接呼应此概念在当代理论的操作重点（下将详述），也在于相互搭配本章所欲处理的“缠足”议题。[1]

---

[1] performativity 的中文翻译有“表演（性）”“展演（性）”等，最初对此概念在巴特勒《性别麻烦》（*Gender Trouble*）的展开，为避免与角色扮演或戏剧表演混为一谈，故曾尝试将此理论概念翻译为“操演”，可参见 1996 年出版的抽著《欲望新地图》。而本章的翻译采“践履”，其实跟“操演”一样，皆是强调反复执行操作所造成的本质或认同幻象（如性别），而此反复执行操作的本身亦蕴含了改变的可能（重复中的差异，差异中的重复），而“践履”概念在处理缠足议题上，显然比“操演”能开展出更多文化想象与身体实践上的联结。

故“践履”作为“翻译绉折”的企图有二。一是“践”与“履”都是古代的“鞋子”，“践”在《说文解字》中乃“履也”，而“履”则是“足所依也”。“践”从“足”字边，有行走的意含与形象，而“履”作为足迹步伐，亦与行走有关，可当名词亦可当动词。故“践履”除了作为反复的执行、操作、实现之外，更是两双鞋子四只脚，凸显“鞋—足—行动”的配置关系。二则是以“践”作为“贱”的同音翻转，将男性精英主导“不缠足运动”所贱斥所不齿的“贱履”（比敝屣还要下等），翻转为缠足或半天足女人“不残足运动”所实践所操作的“践履”，前者让原本象征社会身份与时尚流行的缠足，被贱斥为种弱、国贫、兵窳的根源（其根在脚，故亦为“跟”源），后者则是采“行走修辞”（walking rhetoric），一步一脚印看已经缠足而未能成功放足的女人，如何走进现代。以下将先说明“践履”作为理论概念在当代性别、酷儿与后殖民研究中的操作方式，再尝试从此概念所给出的“延续变化”出发，思考如何重新改写“创伤现代性”的灾异断裂。

“践履”的概念最早来自奥斯汀（J. L. Austin）的语言行动理论，乃指“标准范式的强制引述”（forcible citation of a norm）。当代理论家巴特勒（Judith Butler）的“性别践履”（gender performativity），或霍米·巴巴（Homi K. Bhabha）的“殖民学舌”（colonial mimicry）与“杂种化”（hybridization），都是以“践履”作为一种“带有变动可能的重复”（repetition with variation）所发展出来的酷儿与后殖民理论概念。

以进入语言为例，主体在发言（enunciation）的瞬间，立即分裂成“发声主体”（“说的主体”）（subject of enunciation）与“言说主体”（“话的主体”）（subject of the enunciated），同时被卷进语言本身不断替代置换、不断区辨差异的“去中心化”过程，而每一次的重复发言（没有一劳永逸的发言，就如没有一劳永逸的主体），都让“认同”（identity）与“显现”（presence）变得可能（暂时出现）与不可能（无法固定化、本质化、无法一劳永逸），都打开每次主体发言与发言之间的“时间延滞”（time-lag），而每次的“时间延滞”都带出重新表意、重新引述的协商可能。

换言之，“践履”作为理论概念的最大企图，乃是以动态的“时间展延”（temporal deferral）取代静态的“空间显现”（spatial presence），借此打破视觉主宰认识论下“时间空间化”的现象，以及建立在此“时间空间化”之上所有有关单一封闭主体、自给自足的想象。[1] 因此“践履”的“重复引述”（iteration）不仅造成标准范式本身的不稳定性（男、殖民者、异性恋作为标准范式），也造成“认识论”的不可能（男 / 女、殖民者 / 被殖民者、异性恋 / 同性恋作为二元稳定区分的不可能，亦已无法分辨认识论赖以建立内 / 外、过去 / 现在的区分基础）。“重复引述”让文化成为一种“发言”，不再有固定的东 / 西、旧 / 新、传统 / 现代的二元对立，因为所有“发言”总已是“介于其间”（in-between），总已是文化协商的杂种场域（a hybrid site of cultural negotiation）。“介于其间”总是比封闭固定的单一主体“一”（oneness）要少，因为永远无法“完全”成为标准范式、成为具有内在本质性预设的“一”。

“介于其间”也总是比封闭固定的单一主体“一”要多，因为“认同”来自“差异”（difference）、“显现”来自“隐无”（absence），作为“认同”与“显现”的“一”之暂时出现，牵一发而动全身的乃是“认同”与“显现”之外庞大复杂的符号再现体系。

由此观之，“践履现代性”是企图将时间的延续性，重新带回有关现代性的讨论之中，而其对时间的哲学思考，不再囿限于现代性论述中最常被谈论的后启蒙“世俗”时间或进步史观中的“线性”时间，也不再是静态并置的“短暂 / 永恒”二元论，亦绝非由惊吓或耻辱经验造成的创伤固置（一种不断过去的过不去），而是强调历史流变中一种具有开启与变动潜力的重复引述，让所有的“新”与“异”都是通过不断重复的发言与引述，置换编织到不同的时空“脉络—文本”（context），而所有的“旧”与“故”

[1] 有关西方视觉主宰认识论与空间本体论的批判，可参见 Martin Jay, *Downcast Eyes: The Denigration of Vision in Twentieth-Century French thought*，而书中对“时间空间化”的探讨，集中于该书亨利·柏格森（第 191—208 页）与雅各布·德里达（第 493—523 页）的章节部分。

也都不会原地踏步、就地正法，而是同时随着“重复引述”被带动到不同的配置关系之中。“践履现代性”并不预设一个脱离时间流变的文化“主体”，在某处以固定中心的方式吸纳、撷取、抗拒、排斥“外来”文化，并以此提供乡愁回归或革命叛离的可能，也不预设一个超越时间的文化“传统”，可以不被改写、可以不被创造发明。“践履现代性”所凸显的，正是文化本身重复引述的时间性，一种不断建构解构、显现隐无、创造发明的文化发言“能动性”（agency）。

时间的“延续”与“断裂”

但就“时尚现代性”的理论建构而言，究竟该如何处理“创伤现代性”与“践履现代性”之间可能的矛盾呢？“创伤现代性”视“时尚”为“新的重复强制”，表面上的日新月异，其实导向的乃是创伤经验的固置；而“践履现代性”视“时尚”为“新的重复引述”，在不断重复的“时间展延”中不断协商与变易。究竟在“创伤现代性”所凸显之“断裂”与“践履现代性”所强调之“延续”之间，有没有进一步理论协商与理论发展的可能呢？且让我们把焦点重新放置在此两种现代性论述中都一再出现的关键词：“重复”与“时间延滞”。“创伤现代性”的“重复”指的是“重复强制”，是在惊吓或耻辱的第一时间无法做出回应，以钝化麻木的方式与表义系统“解链接”（de-linked），不被整合进意识，却同时以“空白”（blankness）的方式，将事件保存在锐化生动的实际细节当中（如辫发，如缠足）。此“空白”乃意义的空白，而非具象细节的空白，此“空白”使得创伤成为怎样也想不起、怎样也忘不掉的复杂心理状态。“创伤现代性”的“重复强制”既是第一“空白”现场的不断回返，也是第一“空白”现场的不断带离。创伤经验即“一个暂时性的延滞，将人带离惊吓的第一时刻”[1]。

因此如果我们将重点放在所谓惊吓或耻辱的第一现场，那“创伤现代

[1] Cathy Caruth. *Unclaimed Experience: Trauma, Narative, and History*. Baltimore: The Johns Hopkins University Press, 1996, p.10.

性”的“重复强制”就成为不断带离、不断回返的往复过程，但如果我们将重点放在所谓“暂时性延滞”的时间向度，而非第一“空白”现场的空间向度，那“重复强制”本身是否也可以是一种“带有变动可能的重复”、一种类似“践履”行动的引述与变易？这种思考方向，将让我们暂时偏离“创伤现代性”以“恋物理论”发展出来“创伤表面”的样板化与固置化，而回到精神分析中有关创伤理论在时间感性上所一再强调的“后遗性”。创伤“后遗性”概念的提出，打破了传统的线性决定论（过去决定现在），而让新的经验回过头去重塑过去的经验与记忆痕迹，虽然可能依旧残留着依循精神时间性及因果关系的预设，但却出现意识可通过意义的不断重新铭刻而重塑其过往的可能。然而并非所有实际体验都可以被重塑，只有某些在经历时未能完全被整合进具体意义脉络的创伤事件，才能在现在与过去的时间差距中，被选择性地重塑。换言之，没有一成不变的过去，即使是创伤经验所建构出的原初场景，也会随着后遗式记忆重组，而不断回溯、不断建构，不断产生意义的漂流与不定。

创伤的“耻辱践履”

如果“践履现代性”强调“时间延滞”所产生的“再表意”（resignication），那“创伤现代性”中“后遗式”的“时间延滞”，似乎也可以被解读成一种不断回溯、重新建构意义的反复引述。虽然此二者所牵涉“时间延滞”的长短与密集样态不一（一个是在每次发言与发言的瞬间，一个是在现在与过去的时差）、所触及的“重复”方式与方向也不一，但将“后遗式”的时间面向，重新放回“创伤现代性”的讨论，或许有助于松动瓦解将“创伤现代性”/“践履现代性”直接等同于“断裂时间”/“延续时间”的二元对立方式。在此我们可以进一步尝试带进当前性别与酷儿研究中有关“耻辱践履”（shame performativity）的理论。如本书第二章的约略提及，此理论的初步架构乃由美国女性主义酷儿理论家赛菊寇所提出，她是从奥斯汀的语言行动理论与巴特勒的“性别践履”重新出发，提出“耻辱”作为一种重复召唤、建构自我的强大动力：“有一个已经退缩的‘我’正在把耻辱投射到另一个目前仍延宕着的、尚未成形的，而且恐怕只能困难重重地以被羞辱的第二人称成形的‘我’身上”。然而在赛菊寇的理论企图中，耻辱作为一种创伤经验，从来没有遗留在所谓的第一“空白”现场而不再移动，也从来不会搁置在那个不断回返、不断被带离的原初场景而原地踏步。

耻辱的创伤是随身携带的身体记忆，形塑自我形象的情感强度，耻辱是不断重复演出的原初场景，不断引述修正的意义重塑。在这种说法中，由惊吓或耻辱造成的创伤经验，看起来好像是时间的巨大断离，但却也可以是“后遗式”记忆重组、意义重塑的重复启动。若如“耻辱践履”所示，作为创伤经验的耻辱也可以有其“践履性”，那么“创伤现代性”与“践履现代性”所预设“断裂 / 延续”的时间矛盾，似乎也不必然如此楚河汉界。

而另一种展开“创伤现代性”与“践履现代性”联结转换的可能方式，亦为本章下面章节所将努力的方向，便是带入不同文化文本—脉络中“知识阶级”与“性别差异”的变量而加以复杂化。以中国“时尚 shame 代性”为例，知识精英分子的文字书写中，较多倾向断裂式感时忧国、时不我与的创伤论述，而在平民百姓穿衣吃饭的日常生活实践中，则较易观察到重复变换、日积月累的连续性生活痕迹。而这种“精英文化”与“通俗文化”的差异模式，又往往可以再部分对应到“阳性”与“阴性”的性别位置。此处的“阳性”不直接等同于生理的男性，毕竟时尚现代性的相关讨论中，本就有着大量的“游手好闲者”（flâneur）与“纨绔子弟”（dandy）引领风骚，一如第三章所提及的时髦男子或白门少年。故此处的“阳性”乃指感时忧国的国族大叙事，乃指一心贬抑时尚为肤浅且对通俗文化嗤之以鼻、感叹世风日下的文化发言位置，而此处的“阴性”则指向都会生活与大众消费的小趋势，指向对时尚变易感同身受且身体力行的文化实践位置，亦不局限于生理的女性，但却与作为社会性别、作为历史主体能动性的女性，产生较多的联想与滑动可能，以利后续性别美学政治的权力翻转。故男性知识精英看到的缠足是残足、莲鞋是贱履，而部分缠足女人乃内化或反抗此来自男性知识精英的蔑视，但更多的时候缠足或半天足女人乃是回到日常生活的“践履”，让无法一刀两断的身体惯习，也能创造出主体“能动性”的时空挪移与时尚想象。而本章接下来的部分，就是要回到这群以小脚走入现代、以小脚重新界定现代性的女人。而“践履现代性”的理论概念，将让她们的缠足与“践履”相联结，一方面让原本“践履”概念所强调“语言”主体的焦点，得以加入身体服饰物质文化的流变，而另一方面则更是希冀将“践履”概念，从原本所凸显符号再现体系的“重复引述”，转换为历史作为“翻新行势”的“虚拟威力”，乃能不断给出具体而微的各种“时尚形式”，而不再局限于仅仅以再现符号系统所建构的“语言”主体位置。[1]

三　现代性的小脚

在鲁迅的眼中，中国男人虽不缠足，但却像缠足的中国女人一样，在面对西洋文明大举入侵之际，战战兢兢、如履薄冰，“每遇外国东西，便觉得仿佛彼来俘我一样，推拒，惶恐，退缩，逃避，抖成一团”，深恐“这样做既违了祖宗，那样做又像了夷狄”，瞻前顾后之际，裹足不前。鲁迅慨叹征服汉族的康熙皇帝之印，尚且自信大胆地用上罗马字母，而今体弱过敏的中国艺术家，“即平常的绘画，可有人敢用一朵洋花一只洋鸟，即私人的印章，可有人肯用一个草书一个俗字么？”（《看镜有感》）但鲁迅在痛责这些只会发抖、不会创新的男性“裹足”艺术家之同时，大概万万没有想到另有一批敢用洋花、敢用洋鸟的女性“缠足”日常生活实践家们，正在她们万恶不赦的金莲鞋上绣起英文字母。[2]

曾几何时作为野蛮土人第一等发明的缠足，作为中国现代性 / “shame 代

[1] 由此可见当代的“践履理论”仍不免过于仰赖“语言转向”，相对而言本书由本雅明与德勒兹发展而出的“绉折理论”，则更具历史能动性与物质流变的面向。故本章在“践履理论”上的开展，一方面当是让其紧密贴近此处所聚焦的“缠足”（“践履”之为“同音译字”的力量），一方面也是让其所强调的“连续变化”“介于其间”与“绉折理论”不断产生联结转换，以“莲鞋”的时尚变迁，带出历史作为绉折之力的“翻新行势”。

[2] 此为收藏家杨韶荣先生“百屐阁”的小鞋收藏品之一，参见徐海燕《悠悠千载一金莲：中国的缠足文化》。

性”第一级耻辱的缠足，为何又可以是日常生活实践中第一线“拿来主义”的改良创新呢？而“践履现代性”的理论，正能帮助我们概念化这种“现代性的小脚”，在保守落伍与改革进步间又古又今、不中不西地暧昧游走，而本章之所以在一开头就先拿“鲁迅的小脚”开玩笑，便在质疑是否“现代性的小脚”与“鲁迅的小脚”一般，皆属“矛盾修饰语”（oxymoron），是否因为现代 vs. 传统，一如天足 vs. 小脚，所以小脚是走不进现代的，就如同身为男人的鲁迅是不会真的有一双生理上之缠足的。诚如学者高彦颐所言，“五四”史观的建构，乃是将中国的“现代”建立在缠足作为可“被呈现、展示和不断述说为‘现代性的他者’之上”[1]。而本章正是要从此“矛盾修饰语”背后所默认的二元对立系统出发，看“现代性”与“小脚”如何“变成”相互矛盾的对立面（而非视其为本然的不相容），亦即“小脚”在晚清到民国有关现代性与国族 / 国足“论述形构”（discursive formation）中的变迁发展。诚如学者王德威所言，“现代”指称的乃是“以现代为一种自觉的求新求变意识，一种贵今薄古的创造策略”，那“现代性的小脚”是否能在重新界定“小脚”的同时，也重新界定“现代”呢？“现代性的小脚”是否有可能在古今、薄贵的暧昧之间，创造出非线性的古今折叠、又古又今的求生策略呢？[2]如果连最封建、最保守、最不能立即说变就变的“小脚”，都有可能求新求变，那我们又将如何重新看待当前现代性论述所奠基的古今、中西、卑尊二元对立系统呢？承续本章第一、第二节的理论铺陈，接下来针对缠足的讨论与分析轴线有二，一以“创伤现代性”为论述批判，另一以“践履现代性”为生活实践。前者循传统废缠足论述，以男性知识精英观点为中心，将一一探究此主流“国足”论述如何将“缠足”变成了“残足”，以及其中所涉及之性别焦虑移转与创伤固结。后者则企图另辟缠足论述的蹊径，

[1] 高彦颐《缠足：“金莲崇拜”盛极而衰的演变》，苗延威译，台北：左岸文化，2007 年，第 60 页。

[2] 王德威此处对“现代”的精准定义，主要参考 Matei Calinescu，*Five Faces of Modernity*，p.27。可参见王德威《没有晚清，何来“五四”？》，收入《如何现代，怎样文学？——19、20 世纪中文小说新论》，台北：麦田出版社，1998 年。

由强调“断裂感”的男性知识精英论述，掉转到着重“连续性”一步一脚印的庶民（女性）日常生活实践，从食衣住行育乐、电影海报广告月份牌，看缠足女人与改造脚（半天足）如何横跨两个时代，看晚清到民国女鞋样式如何让“译介”（translational）、“易界”（transnational）与“易介”（transitional）相互贴挤，并由此延伸出对当前“学舌 / 学步现代性”（mimetic modernity）论述里西方 / 中国、本源 / 模仿预设架构的批判，以期开启异 / 易 / 译类“践履现代性”之论述发展空间。[1]

麻花辫与麻花脚

先让我们从 1931 年的一则趣事逸闻谈起。

> 友人迩告余一幽默新闻，其言云：鲁东某村有姑嫂二人，以脚小冠一县。放足公差秉承意指，以擒贼擒王手段，将此二人提到公堂。县长为惩一儆百，正欲得一极小金莲而解放之，以为倡导；否则严罚之，初不料求一获双也。乃升堂怒讯曰：“本县功令早悬，尔等竟抗不解放！”言时并饬当堂弛帛。姑嫂急止之曰：“容民等一言。言而不当，弛之未晚。”即各就怀中取出一物，置诸公案。县长见为油炸“干麻花”，因云：“本县向不受民间一草一木，需此何用？其速放尔脚。”姑嫂同答曰：“正为县长要强迫我们放脚，我们才带这两块点心来的。先请县长细细看这两块螺旋形，又像拧就了的绳子似的，已是极干极紧、极酥极脆的了。县长要是能够把它解放开来、使它伸直，恢复没炸以前的原状，而保它分毫不损不断，那么我们立刻当堂遵令放脚。”

[1] 当代有关于“翻译现代性”的讨论，企图结合“翻译理论”与“旅行理论”（traveling theory），将论述焦点由“起源”转为不同历史文化转译系统间的语言中介，以颠覆中与西、外来与本土的固定确立性。可参阅 Lydia H. Liu，*Translingual Practice*；王德威《翻译“现代性”》，收入《如何现代，怎样文学？——19、20 世纪中文小说新论》；刘人鹏《近代中国女权论述：国族、翻译与性别政治》，台北：学生书局，2000 年。而本章在易介 / 译介方面的讨论，则是企图在相关著作的语言（从字词到文类）焦点之外，更着重于日常生活文化物质层面的转换变易。

◆民国初年的放足

> 县长瞠目，无词以对，竟为折服，纵之使去。若此二妇者，可谓工于谲谏，而为县长者能不蛮干到底，待人以恕，亦足钦敬。[1]

此新闻之所以幽默，正是因为它呈现了两名机智与胆识皆过人的缠足姑嫂，与一名通情达理、从善如流的县长，让迫在眉睫、当场解开裹脚布放足的羞辱迎刃而解、皆大欢喜。但此新闻也同时带出了潜藏在幽默背后北洋政府时期强迫妇女放足“当堂弛帛”的暴力。在部分雷厉风行的地区，“有些主持放足工作的人员不顾当时女子的羞辱感，在大庭广众之下强行把缠足女子的鞋袜足布一齐解除”，“也有一些放足检查员违法乱纪，敲诈勒索。由于推行天足工作中的一些过火行为，在当时发生了多起缠足女子被逼致死的惨剧”。[2]

但这则新闻真正有趣的地方，却是“麻花”作为一种固定成形（脚面骨已折断）的小脚譬喻，不仅带出了缠足与放足所必须面对的“身体顽强性”，亦歪打正着到“麻花”作为一种男子发式的视觉联想。[3] 如果中国“shame 代

[1] 邹英《葑菲续谈》，姚灵犀编《采菲录》，上海：上海书店，1997 年，第 39—40 页。

[2] 高洪兴：《缠足史》，上海：上海文艺出版社，1995 年，第 172 页。有关国民政府颁布禁止妇女缠足的条例与罚则，可参阅《采菲录》，第 100—115 页 。

[3] 高彦颐的著作《缠足：“金莲崇拜”盛极而衰的演变》对缠足所涉及的“身体顽强性”着墨甚多，通过物质文化、时尚消费、日常生活与社会关系的细腻爬梳，为此“身体的无言呈现”发声，充满历史细节与理论密度，允为当前对缠足文化、最全面最深入的探讨。

性”身体的创伤表面，“男在头，女在脚”，“大辫垂垂，小脚尖尖”，那男子剪辫、女子放足的难易，却有天壤之别。所有缠成麻花形状的辫发，一剪即断，而许多不缠成麻花形状的小脚，却如麻花一般干紧酥脆，难以解放恢复原状。所以这则新闻的第一点提醒，当是放足之难对比于剪辫之易。进入民国早已剪去辫发的县长，当然无法体谅进入民国依旧缠足的女子，辫发与缠足在中国“shame 代性”的论述形构中，乃打入十八层地狱、充满耻辱的“身体残余”，但男子身上的辫发耻辱犹可一剪而去，女子身上的缠足耻辱，不仅在女子身上缠绕不去，还如影随形附着于男子身上，让已然剪去辫发求新求变的男子（如鲁迅、周作人、新闻中的县长），无法与那耻辱的传统与历史（具现在其母、其妻、其嫂、其女县民、其女性同胞的小脚之上），彻底决裂、一刀两断。

而这则新闻的第二点提醒，则是当我们顺着“麻花”意象往历史回溯，由民国放足运动追溯到清末的不缠足运动，彼时是否正有一群脑后拖着“麻花辫”，大声疾呼要解放女子“麻花脚”的维新派党人呢？这里并非要说彼时不敢剪去辫发（恐有杀头之罪）的男性精英，是否有资格去过问女性的缠足，而是要在原本“男在头，女在脚”的论述模式中，看出男的头如何移转到女的脚，使得同为国渣的“身体残余”，循性别位置再分层级，让“辫发在上、缠足在下”，不仅是身体部位的上下，也是耻辱等级的上下。等而下之的中国女人小脚，加倍“阴性化”脑后拖着猪尾巴的中国男人，成为国渣中的国渣，万劫不复。

不缠足运动的再现暴力

我们就拿康有为 1898 年上奏光绪皇帝的《请禁妇女裹足折》为例。

> 方今万国交通，政俗互校，稍有失败，辄生轻议，非复一统闭关之时矣。
>
> 吾中国蓬荜比户，蓝缕相望，复加鸦片熏缠，乞丐接道，外人拍影传笑，讥为野蛮久矣。而最骇笑取辱者，莫如妇女裹足一事，臣窃深耻之。(《采菲录》)

这段文字为我们标示出“西方凝视”与“中国耻辱”的历史建构过程，当中国由“一统闭关”被迫进入“万国交通”之际，原先的旧习陋俗曝呈为“拍影传笑”的家丑外扬，成了外国人眼中野蛮的视觉凭证，而缠足乃是其中“最骇笑取辱者”，更被康有为当成所有种弱国贫的最终根源：“血气不流，气息污秽，足疾易作，上传身体，或流传子孙，弈世体弱。是皆国民也，羸弱流传，何以为兵乎？试观欧美之人，体直气壮，为其母不裹足，传种易强也。”（《采菲录》）此以奏折方式写成的文章，乃第一次把女子缠足之流弊置于庙堂之上议论，从人道关怀、卫生考虑到国族命脉的维系无所不谈。[1] 虽在《请禁妇女裹足折》之后一个月，康有为也上书《请断发易服改元折》，但康有为论男子辫发于机械之世之不便利，远远不及其论女子缠足之害时的痛心疾首、义愤填膺。[2]

然而有关不缠足运动中所涉及的男性精英中心、西方凝视、强国保种诉求高于女性自觉等相关论述，已发展得齐备完整，不须再次赘述。[3]

在此只想点明“缠足即残足”的创伤固结，不仅在于“缠足”由“字义”（the literal）上女足的不良于行，转换为“喻义”（the figural）上国足的举步维艰（使得鸦片战争后一心想要迎头赶上西方列强、对速度过度偏执的中国知识分子们痛苦万分），更在于必须暂时“拒认”（disavow）辫发等其他的身体创伤表面，而将焦点集中偏执在“二万万弱女子”的双足之上。[4] 不

[1] 莫怪乎有学者指出，20 世纪上半叶所生产庞大的不缠足论述，其实“只不过是《请禁妇女裹足折》一连串衍生的脚注”，参见张世瑛：《清末民初的变局与身体》，第 82 页。

[2] 当然此处亦须考虑清廷本身坚持辫发、反对缠足的立场。

[3] 可参见林维红《清季的妇女不缠足运动》，刘人鹏《近代中国女权论述》，第 161—186 页，高彦颐的论文与专书，苗延威《从视觉科技看清末缠足》等。

[4] 除了本章所特别强调的“行走修辞”外，“循环流通”亦是放足进步史观的重点所在，亦即康有为奏折中所谓的“血气不流，气息污秽”，而能将此“循环流通”之说，精彩地从人体带到天体，从中国带到万国的论述发展，又非高彦颐的专书莫属：“天足运动传布了一种启蒙知识域：此一知识域的基础，乃是建立在对于个体体内循环、社会身体流动，以及地球表面交通均能通畅运行的信念。就是这样，它引进了一种强调视觉性的全球意识、一种建筑在强健体魄的国族主义，以及一种关照性别平等的社会视野。”（《缠足》第 94 页）

论是把缠足与科举同视为封建余孽，“文人八股女双翘”，还是把缠足与鸦片相提并论，“今我中国吸烟缠足，男女分途，皆日趋于禽门鬼道，自速其丧魂亡魄而斩决宗嗣也”。[1] 在感时忧国但还拖着麻花辫的维新派党人眼中，缠足一日不废，中国一日不兴。

于是缠足 / 残足便成了中国“shame 代性”论述中创伤固结的“国族 / 国足恋物”（national fetish），女人的小脚不再是昔日莲癖变态性心理下令人爱不释手的性恋物，而是今日强国保种的眼中钉、肉中刺。缠足作为中西接触动态区辨的“文化差异”（cultural difference），先是被西方凝视“固置”为野蛮落后的“文化样板”（cultural stereotype），而此西方“殖民恋物”（colonial fetishism）的“固置”，又进一步被忧国忧民的晚清知识分子内化为“骇笑取辱”的国耻国丧，在悲愤中宣判缠足为残毁国体、阻淤国脉一切问题的“跟”源。[2]

如果干麻花的幽默新闻，让我们一瞥隐于其中北洋政府时代强迫放足的“暴力的再现”（the representation of violence），那清末不缠足运动化缠足为残足的悲愤，则不更是一种“再现的暴力”（the violence of representation），前者带来的是对已缠足女子直接“当堂弛帛”的身体暴力，后者带来的则是对已缠足女子间接的象征暴力，用文字语言的论述“缠死”小脚，让小脚成为落后封建传统的“象征形式”，让小脚永远无法“走入 / 走路”现代性，让小脚女人只剩自生自灭、了此残生的末路穷途。

四　金莲去旅行

男人主导的“不缠足运动”，反复陈述的是“小脚一双，眼泪一缸”的

[1] 今一《女界钟》，引自高洪兴《缠足史》，第 165 页 。

[2] Ko, Dorothy. “Bondage in Time: Footbinding and Fashion Theory” 一文对“西方凝视”与小脚意义的变迁，有极为精彩的历史分析。她指出在 16 世纪到 19 世纪间西洋人“观看政治”的形构过程中，中国女人的小脚如何由被视为异色、野蛮的东方象征，转变成中国拒绝被检视监控、拒绝被视觉权力穿透的“异类性”，以及由此强化出种种强拆裹脚布拍照的帝国主义视觉暴力。

缠足之苦，念兹在兹的是外人的拍影传笑，而缠足妇女解成半天足或不可解放的放足之苦，与缠足妇女作为外人与众国人眼中“骇笑取辱”的对象之苦，却少有人论及。

然而当男人的“不缠足运动”将“缠足”变成了“残足”，视缠足女人为时代的落伍者，视三寸金莲为中国“shame 代性”中不去不快的耻辱印记，在这种不放足就放逐、不放足就自取其辱的论述暴力中，我们是没有任何积极正面的空间，去想象那一双别出心裁、绣上英文字母的莲鞋，或是去想象那一对机智过人缠足姑嫂的生活样貌。

所以本章真正想花力气的地方，不是去纠正从晚清到民国放足论述本身的性别盲点，也不是去阐明放足论述中是否有女性主体、女性自觉的存在，反倒是想逆其道而行，看一看政治不正确的已缠足而又未能成功解放或完全解放的女子，如何跟上时代的脚步，如何一样摩登时髦，如何发展她们在日常生活中的机智幽默与存活策略。换言之，本章在此所欲探讨的重点，乃是晚清到民国缠足女子的“不残足运动”，她们缠而不废、缠而不残，她们的“运动”可以是身体行走跑跳的移动变位，也可以是化整为零在日常生活中的起居作息、逛街购物，更可以是跨越家界国界的世界游走。虽然这种缠足女人的“不残足运动”，在主流男性精英（包含部分解放缠足的女性精英）的“不缠足运动”论述中隐而不显，但总有蛛丝马迹可探寻、断简残篇可拼凑，以琐碎政治小历史的方式，隐隐浮现。

上海舞池的皮金莲

首先就让我们来看一双漂洋过海、异常奇特的三寸金莲。[1]在《丽履：千年情欲传统》（*Splendid Slippers: A Thousand Years of An Erotic Tradition*）一书中，美国专栏作家暨亚洲织品收藏家杰克逊（Beverley Jackson）以图文并茂的方式，展示了她多年来所收藏的中国莲鞋，然而众多花团锦簇、美

[1] 虽然在照片中仅呈现单只金莲，但此乃《丽履》一书中金莲摄影的通用手法，绝大多数皆以单只入镜。

妍丽色的莲鞋中，却有一双不叫人惊艳、却叫人惊讶的莲鞋：以黄褐色猪皮、木制鞋跟与木制鞋底制成、脚背处加有松紧带、长三又四分之三英寸的小鞋。[1]这双小鞋之所以奇特，正在于它既是“土皮鞋”又是“洋莲鞋”的暧昧。这双既中且西、既传统又现代的皮金莲，跨越了原本我们所熟知的中 / 西、传统 / 现代、缠足 / 天足、土布鞋 / 洋皮鞋的二元对立系统，它是一双以小脚“涉足”现代性的创新尝试。有人在三寸金莲上绣英文字母，当然就有人敢用时髦的皮革，取代布帛绸缎制作莲鞋，就算不能穿西洋进口的高跟皮鞋，也还是能穿土法订制而成的猪皮莲鞋。研究中国妇女缠足最卓然有成的学者高彦颐，甚至断言此乃民国初年上海时髦缠足妇女的跳舞鞋，穿着它翩翩然回旋于大都会时髦摩登的舞池茶会。[2]

这双皮金莲所展现的，正是缠足女子的时代“能动性”，它让我们跨越了“不缠足运动”将缠足缠死成连移动步伐都有困难的残疾论述，它也带着我们穿越了《丽履》一书中所内含的东方主义凝视与恋物美学，让不能走路的三寸金莲收藏品，变成不仅能走路，还能跳舞的金莲皮舞鞋。而《丽履》中还有不少有趣的莲鞋，也一样提供了缠足“能动性”的移动痕迹与流动想象。像作者杰克逊在苏格兰爱丁堡购得的一双红色莲鞋，内鞋底印有“St. Mary's in the Woods Indiana”美国教会组织的印记，该教会曾在中国沿海城市设立孤儿收容所。或像一双受西方影响、前有鞋带、后有鞋跟的平底莲鞋，又像另一双介于汉族弓鞋与满族花盆底鞋间的满汉鞋，表面上看似平底高跟（跟在鞋底中央）的花盆底鞋，但鞋面又向前倾却不着地，依该书作者猜测此乃汉人缠足妇女嫁入满人家族为妾，以缠足穿上不缠足却模仿缠足的花盆底鞋，以“缠而不缠”伪装“不缠而缠”。[3]这些貌形神

[1] Jackson, Beverley. *Splendid Slipp: A thousand Years of An Erotic Tradition*. Berkeley: The Speed Press, 1997, p.47.

[2] Ko, Dorothy. "Jazzing into Modernity: High Heels, Platforms, and Lotus Shoes." China Chic: East Meets West. Eds. Valerie Steele and John S. Major. New Haven: Yale University Press, 1999, p.144.

[3] Jackson, Beverley. *Splendid Slipp: A thousand Years of An Erotic Tradition*. p.106.

似、不中不西、不满不汉的莲鞋，当是因地制宜，充满创造性与想象力的“中间物”。它们“介于其间”（in-betweenness）的暧昧性，正是将二元对立的“断裂”思考，移转为连续重复的日常生活“践履”，在不断的连续重复中变化差异（repetition with variations）。[1]

因此原先一本充满东方主义凝视、文化恋物情结、摄影恋物美学的《丽履》，却歪打正着地提供给我们一个更形复杂层叠（complication）、更多绕径、更多回路的在地与全球空间史观，其中夹杂反射回射绕射着中西西中、来来回回交织的目光。民初上海时髦摩登的皮金莲，将原本被视为野蛮落后的缠足、被奉为文化恋物的莲鞋改头换面，它在20世纪80年代又漂洋过海到了美国收藏家的手中，而漂洋过海的美国收藏家，又在英国买回漂洋过海的美国传教士在中国孤儿院生产的莲鞋纪念品。在这复杂的文化地理网络中，三寸金莲总已是穿性别、穿时空、穿国族、穿族裔、穿文化的想象与记忆，其中的“根源/跟源”（roots）（与男子辫发同属中国国民性“劣根”），总已被时间与空间的“路径”（routes）所取代，也唯有从这漂流离散的空间史观与“践履现代性”的“行走修辞”（walking rhetoric）重新出发，我们才有可能逃离古典“悠悠千载一金莲”的直线历史叙事，逃离三寸金莲起源的考据，逃离三寸金莲作为近现代中国创伤固结“缠足即残足”的论述僵局。[2]

---

[1] 如前所述，“践履”概念强调日常语言在实际使用中的语言现场，依不同情境/脉络/上下文而转换变易。而“践履”所直接扣连的便是“发言”的主体分裂，主体经由一再重复的“发言”，而一再分裂为“发声主体”（“说的主体”）（在特殊时地情境当中，经由特殊说话者所执行的个别行动）与“言说主体”（“话的主体”）（独立于特殊时地情境之外，抽象文法句构中的主词/主体位置）。本章中所言的“能动性”（agency）也是循此脉络，强调“结构”与“能动性”的互构而非对立，以避免落入以单一个别主体以主观意识为出发的主动行为。

[2] “行走修辞”企图结合身体空间移动与“语言行动理论”，以凸显不断重复、不断创造、不断划界、不断越界的日常生活实践。此理论概念乃引自 Michel de Certeau，*The Practice of Everyday Life*。

五　女鞋样式的文化易界

而这双时髦摩登的皮金莲给我们最大的提醒，该是如何在传统“感时忧国”“强国保种”的缠足“大”论述中另辟蹊径，看一看时髦摩登所呈现的“时尚”变迁，如何在晚清到民国的过渡阶段让缠足、半天足与天足妇女一步一脚印、时时有新样地走入现代。在晚清知识分子痛心疾首、大声疾呼解放缠足之际，在北洋政府、国民政府风声鹤唳、雷厉风行放足工作之时，一直都有另一种殿堂与庙堂之外的流行文化时尚论述与之交叠，以一种更为切合实际、贴近人心的日常生活践履方式，让缠足由时髦变成退流行，让天足由土气变得摩登，展现了另一种“翻新行势”移风易俗的强大动量。

时髦倌人的时尚形式先让我们看一段清末光绪年间，署名藜床卧读生，以半嘲讽、半认真口吻所写的《劝妓女放足文》：

> 近中国之人心风俗，如流泷，如奔湍，已逾趋而逾下也，即以服饰界一班而说，无不以上海妓院为目的，为方针。试问前刘海之风潮，三四年来何以能通行于遍国中者乎，亦莫非前日一二名妓有以创格而行之耳。某欲言放足，我得持一主义，即今不必求之于璇阁秀质，名门淑媛，当先求之于一班之妓女而能放足也，其影响于女界必较寻常有灵捷十倍者。[1]

此作者半揶揄半认真的发言位置，截然不同于清末不缠足运动的国族/国足论述。

他以“前刘海”之时尚风潮为例（只是这次指的是时髦倌人的前刘海，不是本书第三章所谈时髦男子的前刘海），凸显清末“贫学富，富学

[1] 藜床卧读生《劝妓女放足文》，《上海杂志》卷十，光绪文宝书局印行，引自高洪兴《缠足史》，第196页。

娼”的社会仿效风尚，而“突发奇想”地提出若要缠足解放事半功倍（灵捷十倍），就得先让妓女领头放足，让“时髦倌人”的改造脚成为时髦，才有可能一举风行于全国上下。这种说法不从国家民族存亡的微言大义出发，而就缠足解放的实际功效切入，反而彰显了流行时尚在社会文化变易过程中的潜移默化功能，带出了“现代”与“时髦”之间“译介—易界—易介”的流动可能。[1]

虽然这段议论与后来的发展甚有出入，清末上海四大名妓仍是以金莲遐名，一直要到清末引领时尚风骚的时髦倌人，让位给民初引领时尚风骚的时髦女学生之际，天足才取代缠足成为流行仿效的对象，一如当时《上海洋场竹枝词》所示：“学界开通到女流，金丝眼镜自由头。皮鞋黑袜天然足，笑彼金莲最可羞。”[2] 但此段议论所凸显出服饰“时尚”移风易俗之动量，却十分有助于我们打破中国“shame 代性”论述中“视觉空间化”（visual spatialization）的僵局。在当代有关中国现代性的论述之中，我们无可回避的是近现代中国丧权辱国历史所形构的“创伤固结”，所有的“现实”中皆缠绕着“幻象”，所有的“真实”皆沾染“创伤”，所有的“象征”都是流窜的“病征”。中国“shame 代性”所展现的正是这种“社会幻象的心理真实”（the psychic reality of social fantasy）与“社会真实的心理幻象”（the psychic fantasy of social reality）之纠缠不清，剪不断理还乱（就像本章开头所谈“鲁迅的小脚”一般匪夷所思）。而当这种“创伤固结”以视觉化的方式，将身体表面的文化差异（如男人的辫发、女人的缠足），“固置”为国族耻辱象征，此创伤化的身体表面遂形构成一种失去时间性、失去变动力的“文化僵尸”。换言之，可视化殖民凝视与内化殖民凝视的耻辱凝视，让近现代中国身体的“创伤表面”，成为一种抽离时间流动的“空间本体论”（spatial ontology），让时间僵止在过去，没有现在、没有现代，也没

[1] 可参阅 Leo Ou-fan Lee，*Shanghai Modern*. pp. 190-231; Shu-mei Shih，*The Lure of the Modern*. pp. 276-338，尤其是他们对 20 世纪 30 年代新感觉派小说中都会摩登女郎的精彩讨论。

[2] 顾炳权编著《上海洋场竹枝词》，上海：上海书店，1996 年，第 131 页。

有未来。

如果在异 / 易 / 译文化接触的动态流变过程中，“殖民恋物”倾向将“差异”钉死为“样板”，那我们就必须特别留心注意，避免陷入中国近现代“创伤固结”心理机制下产生的“国族恋物”与“文化僵尸”之论述模式。而“时尚”也者，以“时”为尚，在当代中国“shame 代性”的论述中带入时尚，不仅仅只是将经世救国、“中学为体、西学为用”等“大论述”中的体用，“字义”化为身体服饰的穿着打扮，不仅仅只是将论述焦点从救国救民转到衣食住行，从国家大事转到猫狗小事，更在于“时尚”作为一种中国现代性论述的另类“方法论”，一种将“时间”重新放回被殖民凝视与国族恋物所“视觉空间化”“空间本体化”的方法论，一种凸显在日常生活异 / 易 / 译文化接触中，因时 / 地制宜而充满生机转机、灵活变动的“践履现代性”，不是创伤“巨变”的断裂论述，而是与时“俱变”的连续论述，在不断重复中不断转化，在不断转化中不断流变生成。

对于民国女子时装鞋，如果这样的理论阐释太过抽象，那就让我们以晚清到民国女子鞋式时尚的“与时俱变”为例。首先让我们看看莲鞋作为一种时装鞋的可能。20 世纪 30 年代的燕贤就曾分析比较从清代道光年间、咸同年间、光绪早中晚期，一直到民国二三十年代莲鞋鞋底的样式变化（其中也包括了北方与江南式样的差异），并绘制出专门的图示。[1] 依其考据宋元时代的莲鞋鞋底平直，到明代才有布纳高底出现，而木制的高底鞋则是到了清代才蔚为风行：“弓弯底莲鞋在清代已形成流行势头，鞋底之弯以至于有所谓的拱桥‘桥洞底’出现，不过鞋底弯曲程度在清代处于不断变化中，以整体来看，在清朝中叶弯曲得最厉害，后来弯曲度逐渐变小，弯曲曲线趋于柔和”[2]。

---

[1] 徐海燕《悠悠千载一金莲：中国的缠足文化》，沈阳：辽宁人民出版社，2000 年，第 199 页。

[2] 同上书，第 198 页。

除鞋底变化外，还有鞋帮、鞋尖等形式上的转变，像“网子鞋”（“鞋帮由左右两块布合成，鞋尖仅缝合有两指宽，其余部分以丝线结成密网，覆盖住脚背”）或“金莲凉鞋”（“又将鞋尖处开成二厘米的圆口，有在鞋帮后部开叉，开口处用丝线连接”）等等的流行变化。[1]由此观之，即使是被传统国族/国足大论述钉死成“文化僵尸”的三寸金莲，其实在时尚流行与日常生活践履的小历史上（“遇有鞋式新颖，取纸仿剪”[2]），一直存在着各种流行样式的变化，从不曾“裹足不前”，从不曾缠足如残足而僵死不动。金莲弓鞋的弓势变化，金莲网子鞋与金莲凉鞋的别出心裁，或者是本章前面所提及的皮三寸金莲与绣有英文字母莲鞋的创意改良，都一而再再而三地说明，莲鞋的时尚性总是与时“俱变”的。

六　莲鞋到高跟鞋的时尚衍化论

而在晚清中西异/易/译文化的接触互动中，莲鞋不仅在材质（由布帛到皮革）或纹样（由花草虫鱼到英文字母）上有所变化，就连缠足样式本身也产生了明显的变化，“整体形状由最初的卵形变为近似高跟鞋的尖形，进而发展成长圆形”[3]。而就在脚随鞋变的同时，原本清朝莲鞋的“弯”与“高”（莲鞋又称弓鞋，因鞋底内凹形如弯弓，又因底厚而被称为高底），也与西式平底高跟的皮鞋开始了一场文化异/易/译界的“时尚衍化论”。“衍”者，广延分布而失散中心，此“衍化论”与传统国族/国足论述中隐含达尔文式社会“演化论”之最大不同，就在前者并无后者所默认的直线历史进步观。[4]

---

[1] 徐海燕《悠悠千载一金莲：中国的缠足文化》，第199、202页。

[2] 李荣楣《浭南莲话》，《采菲录》，第49页。

[3] 徐海燕《悠悠千载一金莲：中国的缠足文化》，第200页。

[4] 有趣的是，第一位将达尔文“进化论”观点运用在女性服饰社会学研究的人，正是达尔文的儿子乔治·达尔文（George H. Darwin），可参见 Lehmann, Ulrich. *Tigers prung: Fashion in Modernity*. p. 436。

此处的“时尚衍化论”所欲凸显的是历史唯物的时间流变与历史作为“力史”的“翻新行势”，而非可视化、恋物化、本体化下的僵止空间，在“差异即衍异”（difference *as differance*）与“生成流变”的过程当中，让一切皆为“介于其间”。而此“介于其间”不导向黑格尔式的辩证与扬升，没有超越与抽象的整体，只有无以尽数、剪不断理还乱的重叠反复，不断置换游移，藕断丝连，不彻底不干净。此“介于其间”不是垂直隐喻轴的表意联结（意符与意指的对应），而是水平转喻轴表意链的自由移动，四面八方、歧路亡羊。

改良平底坤鞋的出现

接下来就让我们看看晚清到民国所谓“中国”三寸金莲到“西方”高跟鞋的“时尚衍化论”。首先是鞋底的部分，莲鞋的弓底弯曲渐趋和缓，直至“平底坤鞋”的新式小鞋出现。

> 民国四五年，平底坤鞋自平、津、沪、汉传入，靴兜屏去，改着小袜，尖瘦圆细，紧括有力。坤鞋均平底，底系布质，短脸尖口，锐瘦之至。然城镇妇女先习着之，村乡仍以弓鞋为多，特弓势不若前之穹高耳。[1]

此段文字叙述显示，民国初年当乡下缠足妇女还依赖着弓势较弱的莲鞋时，城里趋时的妇女早已换上尖细的平底坤鞋，一边还将焦点放在弓底，一边则早已将焦点转到了鞋尖造型，宣告弓底退场改为平底的时代来临。所谓“坤”者，相对于男式的“乾”，原本在清代以“弯底 / 平底”分阴阳的中国鞋式系统，现在改变为皆在“平底”的基础之上，以“粗圆 / 尖细”分乾坤。

但千万别以为“坤鞋”作为平底的改良女鞋，就失去了时尚的“翻新

[1] 李荣楣：《浭南莲话》，《采菲录》，第47、48页。

行势”。且看胡燕贤在《采菲录》中对坤鞋时尚的精细描绘：

> 鞋帮之花，多刺于尖端，及脚里面边缘处。但式越老，花越多，百年前则满帮矣。至木底越老越弓，越新越平，百年前之鞋底，大有时下高跟之形。
>
> 鞋尖式样甚多，有翻上如勾者，有锐如锥者，有虚尖特长者，亦有短者。
>
> 拽跟大约二寸至八寸，有实用者，有虚设者。前者为布制，绝少绸缎，取其不滑也；着好将其余端帮扎裤腿内，以免坐跟。后者但取美观，玲珑透花之提跟，双垂鞋后，摇曳生动，洵佳饰也。

这段文字清楚描绘坤鞋样式如何不断被翻新，木底形状越弓越老、越平越新，绣花纹样越多越老、越少越新，此亦为何坤鞋又多称“皂鞋”，色尚青，花绣较稀，多仅沿“花边”而不绣花，此亦为何本书第一章所举《人镜画报》石版画中的时髦男子，因前额刘海而脚上又穿“新式尖履”而被耻笑为女人，察其“新式尖履”之性别暧昧，正在于与尖细的平底“坤鞋”貌同形似。而更重要的是，坤鞋的重点在鞋尖，而鞋尖又可发展出各种不同的尖法。清末民初坤鞋 / 靴的兴起，“以其柔和弛缓的弓底弧度而广受欢迎，这个现象反映了时尚体制如何因应反缠足运动的要求”[1]，但因应反缠足运动要求而广受欢迎的坤鞋（至少将刺眼的弓底改成了平底，脚踏实地），依旧没有放弃作为足服时尚的动力变化，而同时朝着西方平底有跟女鞋与中国平底无跟男鞋的方向移动。[2]

在改变的同时，也暂时以“尖细”的鞋尖样式与“花边”的简朴装饰，与同样平底的中式男鞋（粗圆宽大）与西式女鞋（皮面无法绣花）继续做

[1] 高彦颐《缠足：“金莲崇拜”盛极而衰的演变》，第 320 页。

[2] 清末反缠足运动风声鹤唳，但似乎完全无法阻挡足服时尚的推陈出新，诚如高彦颐所指出，1892—1911 在反缠足运动的高峰期，足服时尚每隔三四年就有新的式样与形状出现（《缠足》，第 321 页）。

“衍异”区分。而坤鞋由于“脸短口浅帮矮，易于脱落。在近跟处帮上缀有鞋鼻用来系鞋带，即横拦于脚背处作‘一’字形，后又改用有松紧的带子”[1]，故坤鞋在文化与性别上的异/易/译界形式，既可说是“最后一种专为缠足妇女设计制造的秀雅跟底足服”[2]，也可说是“莲鞋向天足鞋过渡阶段的鞋子式样”[3]。

其次是鞋跟的部分。高底对于原本就强调小、尖、弯、高的莲鞋而言，并非新饰，在清代方洵的《香莲品藻》中将香莲/小脚分为18种，其中的“穿心莲”（着里高底者）与“碧台莲”（着外高底者）皆以高底著称。而“高”与“小”相互加强的效果，更为清代莲癖文人李渔所一语道尽：“尝有三寸无底之足，与四五寸有底之鞋，同立一处，反觉四五寸之小而三寸之大者，已有底则指尖向下而秃者疑尖，无底则玉笋朝天而尖者似秃故也。”[4]然而莲鞋的“高底”与西式女鞋的“高跟”还是有所差异，前者弓底，后者平底，“早在明代已出现带有鞋跟的莲鞋，但为数较少，进入清代则多了起来。尤其是清朝中、晚期，可能受西洋鞋的影响”[5]。但当清末到民初城市的缠足妇女以平底“坤鞋”为过渡时，城市的半天足与天足妇女则是以“文明鞋”（类似中式男布鞋的平底平跟，或西式女皮鞋的平底矮跟）配（女学生）“文明装”为过渡，一直要到20世纪20年代中末旗袍开始流行之时，西式女高跟皮鞋才逐渐成为中国城市摩登女子必备的装扮行头。以上海月份牌所呈现的时尚美女为例，1915年前后上百幅的月份牌中，仅十分之一着高跟鞋（此乃指中、矮短跟，而非尖细高跟），而20世纪20年代中末30年代的月份牌，则几乎清一色地以高跟鞋配连身旗袍为城市摩登女子的主要视觉符号。[6]

---

[1] 徐海燕《悠悠千载一金莲：中国的缠足文化》，第203页。

[2] 高彦颐《缠足：“金莲崇拜”盛极而衰的演变》，第321页。

[3] 徐海燕《悠悠千载一金莲：中国的缠足文化》，第203页。

[4] 可参见陈东原《中国妇女生活史》，第234—235页。

[5] 徐海燕《悠悠千载一金莲：中国的缠足文化》，第198页。

[6] Ko, Dorothy. “Jazzing into Modernity: High Heels, Platforms, and Lotus Shoes.” *China Chic: East Meets West.* p.145.

洋缠足的野蛮

如果平底的小脚坤鞋以“尖细”的衍化辨乾坤，那原本不分男女的天足“文明鞋”，也逐渐以鞋跟的有无与高低分阴阳，而“旗袍配高跟鞋”的服饰演变，则是重新让原先得经由缠小脚才能达成的尖小美观、行路娉婷，现在则可借由西式高跟鞋来达成，以高造成视觉上的小，以高造成重心移动上的婀娜多姿。然而有趣的是，尖小美观、行路娉婷的西式高跟鞋，却在高度逐步增加的流行高峰上，转变了其在中国现代性中的象征位置。晚清到民初，三寸金莲逐渐为小脚坤鞋、天足文明鞋与西式女高跟鞋所取代，此时的西式女高跟鞋乃是“城市现代性”的进步象征，然而当旗袍配西式女高跟鞋成为20世纪30年代的主流时尚视觉符号的时刻，当初视中国缠足为国耻大辱、视西方天足为进步象征的男性知识分子，却在欧战结束所引起对西方文明之幻灭质疑中，开始重新对中国文化进行评估。但辫发与缠足显已无翻身之地，反倒是在逐渐普及且越来越高的西式女高跟鞋上，他们看到的不再是西方的进步象征，而是中国“小脚”的借尸还魂，而那些已然天足却穿上“洋缠足”的城市摩登女子，再次成为新一轮国族/国足论述的众矢之的。

在清末民初的国族/国足论述中，中国女子的缠足相对于西方女子的天足而言，不仅残忍野蛮，更不符合健康与卫生的标准。然而在新一轮的国族/国足论述中，踵过高、底过窄、头过锐的西式女高跟鞋则成为最不健康、最不卫生的代表：“夫头锐，则御之者足趾过于挤逼，以至有生胝之弊；底窄，则横迫足部，有碍血脉通流；踵高，则足部重心力不能均平，趾部受压过盛。”此评论高跟鞋之害与昔日评论缠足之害，如出一辙，只是一谈畸形的足部、一谈畸形的鞋型，昔日的缠足并未真正成为过去，昔日的缠足借尸还魂于今日的高跟鞋。“吾国女子，近始脱离缠足之苦，乃甘作第二次别派之缠足乎？”[1]而反讽的是，由缠足到天足的国族/国足论述所

[1] 罴士《女子服装的改良（二）》，《妇女杂志》第7卷第9期，1921年9月。

预设的进化论，却因天足上的“洋缠足”而打破了直线历史的进步观，呈显最新与最旧、最封建与最现代的“诡异”叠合。

当然这种“洋缠足”的论述方式，除了健康卫生的现代标准外，夹杂于其中的更是男性对都会新女性自由独立个体性的憎恶与恐惧，而此憎恶与恐惧又都“恋物化”为都会新女性脚上那双“变态缠足”的高跟鞋：

> 我们试把眼睛睁开一看，到处不都有变态缠足的怪现象发现着吗？那些提倡最力的，又不都是被社会所认为新女子吗？啊！你高贵的女子们哟！我现在真不能不怀疑你们，更不能不痛骂你们了。虽然变态缠足，其痛苦要比缠足确有过而无不及，但这是你们之自作自受，无须替你们怜惜，也毋庸去吹皱一池春水。然而你们甘冒大不韪，要做社会进化的障碍物，这点却难怪我要呶呶不休了。[1]

相对于前面一篇同样发表于《妇女杂志》论女子服装改良与“洋缠足”的文言文来说，这篇充满惊叹号、气急败坏的白话文，就更直截了当针对女子摩登误国而开骂。革命尚未成功，自甘堕落的中国女人好不容易走出缠足的封建余毒，又将一双天足自投罗网于西方都会时尚的宰制。这位气愤的作者意欲通过“变态缠足”所控诉的，正是夹杂性别歧视的新一轮国族/国足焦虑：“现代”被曲解成“摩登”，“现代”被琐碎化、表面化、阴性化为衣饰打扮，让进步成为退步、救国成为误国。

莫怪乎看到缠足女子就觉得被强迫受封为生番的周作人，在《拜脚商兑》一文中再度对中国女人脚部的进化表达怀疑：“又讲到脚，可以说中国最近思想进步，经过20多年的天足运动，学界已几乎全是天足（虽然也有穿高底皮鞋‘洋缠足’的）——然而大多数则仍为拜脚教徒云。”[2]而在自

[1] 李一粟《从金莲说到高跟鞋》，《妇女杂志》，1931年。
[2] 周作人《周作人早期散文选》，许志英编，上海：上海文艺出版社，1984年，第48页。

己脚背上看到母亲小足遗传的鲁迅，又会在上海摩登女郎的脚背上看到什么呢？

> 用一只细黑柱子将脚跟支起，叫它离开地球。她到底非要她的脚变把戏不可。由过去以测将来，则四朝（假如仍旧有朝代的话）之后，全国女人的脚趾都和小腿成一直线，是可以有八九成把握的。(《由中国女人的脚》)

对鲁迅而言，这正显示进入民国辫子肃清、缠足解放后，中华民“足”依旧老病复发专走极端，他以极为嘲讽睥睨的态度，将西式女高跟鞋考据成汉朝的“利屣”，乃舞妓娼女下流之辈的装束，现今则被“摩登女郎”趋之若鹜，“先是倡伎尖，后是摩登女郎尖，再后是大家闺秀尖，最后才是‘小家碧玉’一齐尖。待到这些‘碧玉’们成了祖母时，就入于利屣制度统一脚坛的时代了”(《由中国女人的脚》)，鲁迅这番话语中的冷嘲热讽，让我们看到的不仅只是表面上的性别与阶级歧视。（当然尖利高鞋跟的“阳物”幻象，是否也造成了另一种男性未曾言明的阉割焦虑？）以及传统知识精英对通俗流行文化的嗤之以鼻，更是新仇旧恨、旧疾复发的小足幻象，依旧缠绕在象征城市进步现代性的西式女高跟鞋之上。对于这些一心想要走出缠足梦魇的中国男人而言，缠足的“封建”鞋饰居然又再次死灰复燃于西方的“现代”鞋饰之中，怎不叫人触目惊心，分不清今夕何夕？

七 杯弓蛇影中间物

然而土缠足也好、洋缠足也罢，在当代有关中国现代性的论述中，我们必须面对的是一种“创伤认识论”与“践履行动”的差异，以及此差异所造成知识精英论述与日常生活践履的差距。以“认识论”为主导的近现代中国知识精英论述，最焦虑与最恐惧的自然是那新旧交替间半新不旧、半生不熟的暧昧夹杂。在他们的眼中，那在历史时间压缩置换中的杂种性，就成了阴魂不散、借尸还魂的鬼魅，不彻底不干净，无法清楚认识、无法一刀两断的历史残余物 / 提醒物，而此“鬼魅杂种性”更因中国“shame 代性”中知识精英无法解决的“创伤固结”而更形恶化。然而就“践履行动”的角度观之，新旧交替的暧昧夹杂乃属必然，弓鞋过渡到坤鞋，坤鞋过渡到文明鞋，文明鞋过渡到高跟鞋。每次的“发声”（enunciation）都是同时踩在新与旧之间的过渡，以重复践履的方式转换变化，每次的“践履”都是不彻底、不干净的折叠置换，都有貌形神似、偷龙转凤之嫌。

因而对这两种不同论述系统而言，“中间物”所表征的寓意也截然不同。对“创伤现代性”而言，如果“现代西方”是“可欲”之他者，“传统中国”是“可耻”之他者，那介于中国 / 西方、传统 / 现代的“中间物”便是一种新旧叠合、阴魂不散的“双重”，不是强调“新”的改革出现，而是恐惧焦虑“旧”的反动，僵而不死，食“新”而不化，“旧”有如阴魂一般附身在“新”之上。在此双重视野之中，不仅缠足成了“现代性的魅影”（the phantom of modernity），高跟鞋也成了“缠足的魅影”。但对“践履现代性”而言，“中间物”是践履行动中的分裂与双重（splitting and doubling），新与旧的摩肩接踵、叠合置换，充满转喻的毗邻性与时间的偶发性，往往阴错阳差地开拓出各种变易活泼、随机叠合的“风格杂种性”（stylistic hybridity）[1]。虽然在此“风格杂种性”的论述模式中，“中”“西”“传统”“现代”作为不断变动更易的符号，并不能完全摆脱西方帝国殖民权力所部署尊卑、高下的论述位置，但没有一种位置是固定不变的，就如同没有一种流变符号的意义是稳定确切、自给自足的。“风格杂种性”所要凸显的不仅只是中西参照系统的叠合贴挤，更是中西参照系统本身的变动不确定性。

---

[1] Ko, Dorothy. “Jazzing into Modernity: High Heels, Platforms, and Lotus Shoes.” *China Chic: East Meets West*. p.146.

伪饰金莲与伪饰天足

下面就让我们用老舍的中篇小说《文博士》为例，看一看“创伤现代性”所恐惧的“鬼魅杂种性”，如何叠影出缠足与天足、莲鞋与高跟鞋的“中间物”。小说中的洋博士一心想攀附豪门当女婿，第一次与六姑娘见面时便深受蛊惑。六姑娘的中文名字叫明贞，英文名字叫丽琳，乃是“摩登的林黛玉”，“一朵长在古旧的花园中的洋花”。但小说中最有趣的描绘，还是六姑娘有如阿芙蓉癖又缠足的神色姿态：“快似个小孩子，懒似个老人”，“六姑娘轻快而柔软的往前扭了两步，她不是走路，而是用身子与脚心往前揉，非常的轻巧，可是似乎随时可以跌下去”。然而这种东倒西歪地随风倒，在六姑娘穿上高跟鞋上街时，又出现了另外一番风景：

> 有一天，文博士和丽琳在街上闲逛。她穿着极高的高跟鞋，只能用脚尖儿那一点着地，所以她的胳臂紧紧的缠住了他的，免得万一跌下去。[1]

在老舍的笔下，穿上高跟鞋的六姑娘不仅腰部不自然地来回摆动，就连肩膀也一并歪抬，模仿电影上的风流女郎，真是丑态百出。但若我们不以“鬼魅杂种性”所蕴含的国族与性别焦虑出发，而换以强调行动实践的“风格杂种性”角度观之，那在老舍笔下一无是处的废人六姑娘，穿平底绣花鞋时“模仿”有如穿三寸金莲，以“不缠而缠”的方式“模仿”古典美女，又在穿西式高跟皮鞋时，“模仿”以小脚试高跟鞋、“缠而不缠”的缠足女子“模仿”电影中的西方女郎。原本就是天足的六姑娘正是以缠足的姿态神情，巧装扮成缠足女子“装大脚”的模样。在此“鬼魅杂种性”与“风格杂种性”的阅读并非二元对立，而是针对不同的书写手法、不同的

[1] 老舍《文博士》,《老舍文集》第三卷，第 229—336 页。

阅读脚 / 角度、不同的心理机制所开展出不同的论述位置。对感时忧国的有心人士而言，“风格杂种性”自属鬼魅异端，是除恶未尽，更是不期然而欲 / 遇的“压抑回返”，在最陌生中瞥见最熟悉的恐惧。而对乱世乱穿衣的太太小姐们而言，头齐身不齐、身齐脚不齐的种种时尚变迁所见证的，正是日常生活中不断发生的文化“易界”，她们用一步一脚印走出来的“译介”与“易介”，或尴尬、或笨拙、或灵巧、或熟练，不一而足。

而六姑娘的“伪饰金莲”（以大脚装大脚的高段），当然让我们想起清末“装小脚”的“伪饰金莲”以及民国以后“装大脚”的“伪饰天足”。在“小脚为荣，天足为耻”的时代，一帮女人“装小脚”不遗余力，或以里高底鞋伪装，或以比脚小的鞋伪装（都冒着随时露出马脚的风险）。而祖宗家法不准缠足的满族妇女，要不是以花盆底鞋模拟莲步轻移的婀娜多姿，要不就是以“刀条儿”的缠法（盛行于光绪中叶，不以尖小弓弯而以瘦窄平直为目标，足趾聚敛、略具尖形，缠成五寸左右，成为“金莲小脚”与“盈尺莲船”间的“天足式小脚”），兼顾时尚与禁令。[1] 而到了“小脚为耻，天足为荣”的时代，也有一帮女人“装大脚”不遗余力，像穿大鞋、装大脚，不惜在鞋内填塞棉花，像有心趋新的妇女不分年纪敢于尝试，“乃各村名族大家，老媪不甘服旧，饰为摩登。鞋则硕肥，行如拖曳，艰窘之状，有逾初”[2]。然而此处的重点不是去指摘装小脚歪来倒去、自讨苦吃，装大脚腾云驾雾、丑态毕露，而是去提醒这因地制宜、与时俱变的策略性践履行动，不论是“不缠而缠”的装小脚、洋缠足或“缠而不缠”的装大脚、穿大鞋，都是女人“不残足运动”中缠而不废、缠而不残的积极存活策略。[3]

---

[1] 燕贤《八旗妇女之缠足》，《采菲录》正编，引自高洪兴：《缠足史》。

[2] 李荣楣《浭南莲话》，《采菲录》，第 49 页。

[3] 有关小脚女人如何成功运用裹脚布而追逐女鞋的时尚流行，高彦颐有精彩的描绘：“灵巧的手指持续摆弄裹脚布，日复一日地，不断塑造和重塑双脚，使之合于 20 世纪 20 年代和 30 年代的新式平底尖嘴鞋、纤小的缎面‘玛莉珍鞋’（Mary James），或是三角形的浅口皮鞋。”（《缠足》第 323 页）

八　缠足的异 / 易 / 译类阅读

但相对于史有明载的“不缠足运动”，清末民初女人“不残足运动”的断简残篇，凸显的正是当代缠足研究的内在困境：所有文献档案数据最匮缺的，正是缠足女子面对时代变易的身体触受强度与因应策略。历史上留下记录的女人声音，要不是有名有姓的革命女烈士（如秋瑾）痛陈缠足之害，要不就是平民女子用笔名（当然也有男士假借女性笔名者）或真名（多由男性转陈）之过来人语，以缠足之苦作为后人殷鉴（包括幼时缠足过程之苦与长时被人视为耻辱、弃若敝屣之苦）。这些所谓的历史“事实”，皆受近现代中国“shame 代性”国族 / 国足论述建构的影响而满目疮痍，不忍“足”睹。然而对于这种史料的内在匮缺，本章并不企图“回归”近现代列强入侵之“前”的中国缠足文化论述，更避免浪漫化或民族特色化缠足美学，而是要在晚清到民国的“创伤固结”之中，将焦点由感时忧国的大论述，转到庶民日常生活的文化易界。本章的前几个章节已从鞋样的物质变迁史去想象时尚的“不残足运动”，在本章的最后一节则企图以“双重阅读”的方式，去“翻译”现代性，去拼贴“缠足即残足”论述中“缠而不残”的文化能动性，让隐于表面政治正确、微言大义之下的话中有话、弦外之音，以异 / 易 / 译类的阅读方式得以彰显。

现在就让我们试着在三个典型缠足文化论述的例子中，运用“双重阅读”的方式，“译”出缠足女子时代能动性的蛛丝马迹，松动缠足作为“国耻”在意符与意指之间的紧密联结（有如果肉与果皮）。第一个例子是针对部分爱美女学生的批评，认为她们囿于传统缠足美学而不肯真正解放天足：

> 她们有的还是白天上学，夜晚缠足。她把足紧缠之后，在外面还是穿上天足所用的鞋。她来往学校的痛苦，简直所谓“哑巴吃黄连”，甚至别人都到校上课，她还在后面忸怩着。然而她自己却非常的甘愿。[1]

[1] 芩子《记青海的女学生》，引自邹英《葑菲续谈》，《采菲录》，第 41 页。

自清末起，“废缠足”与“兴女学”一直相提并论，一解放肢体之束缚，一解放心智之闭塞。其中所涉及的推论逻辑，乃是缠足问题一日无解，终将招致亡国灭种之命运，“况乎缠足不变，则女学不兴，女学不兴，则民智不育，则国事不昌，其牵连而为害者，未有等也。……苟因循不变将见数十年后举国病废，吾四百兆之黄种直牛马而已，奴隶而已”[1]。缠足后果之严重，乃可达全国皆奴之下场。

然而“一兴一废”之间，关系着众多女体在过程中身体意义与价值的重新编码。新兴的女学校先行排除了落后的“缠足女与奴婢、娼妓，取代的则是女学生与洁净诚恳的侍奉仆妇，是迈向现代化的空间里，二万万女子之间新的尊卑贵贱等序”[2]。然而在上述引用文献中出现的，却是一群将“缠足女”与“女学生”二元对立合为一体的“缠足女学生”，她们的不知上进、偷偷缠足，当然是彻底违背了国族 / 国足论述中兴废转替的进步现代性论调，而遭到作者的责难咒骂。然而会不会是女学生太求上进，明明缠了足却仍想进入要求学生一律天足的学校求学，不惜以小脚装天足，哑巴吃黄连呢？女学生“日弛夜缠”的生活战术（tactics），可不可以是在虽不至朝令夕改但松紧无度的放足政策之下，一种安全自保的策略运用呢？女学生以纤足饰肥履，会不会是在保守家庭（包括未来的婆家）与顽固亲族间的妥协让步呢？如果“纤足负笈”的异 / 易 / 译类诠释，颠覆了传统进步史观中“缠足不废，女学不兴”的历史联结，那第二个“夹藏鞋样于《圣经》”的故事，则更是无心插柳地颠覆了教会与废缠足运动的历史联结。

> 村女多不识字，缠足者尤甚。各镇演剧，各寺庙盛会，每有教友售《新旧约圣经》者，设摊布售，每册取资铜元一枚。无知妇女利其图文精美，价复极廉，多购一二册，为夹藏鞋样及各色丝线之

[1] 李增《迁安、遵化天足会序》，《采菲录》，第 64 页。
[2] 刘人鹏《近代中国女权论述：国族、翻译与性别政治》，第 171 页。

需，殊为渎亵《圣经》。[1]

在西方帝国殖民凝视下，缠足成为野蛮的恶习陋俗，而清末的不缠足运动最早的发起人便是来华的传教士，并于光绪元年（1875）最早成立“厦门戒缠足会”（The Heavenly Foot Society），以“天赋双足”之说，来昭告上帝所设计的天然身体（natural body），此乃“天足”英文单词之由来，后经1895年立德夫人（Mrs. Alicia Little）在上海发起“天足会”（Tianzu hui；Natural Feet Society），“天足”一词乃正式进入中文语汇。[2]

然而不识字的缠足村女，松动了西方教会与清末放足运动的历史联结，她们购置《圣经》的目的，乃是用来夹藏鞋样与丝线，并无意识层面的顺从或是反抗。她们的“能动性”是历史的偶然与巧合，让宗教启蒙用的《圣经》成为廉价美观的工具盒，让视缠足“大获罪于上帝”的教会圣典与缠足鞋样紧紧相依偎（当然这也召唤了本章第四节所提印有“St. Mary's in the Woods Indiana”美国教会组织印记的莲鞋纪念品，反缠足的教会却以莲鞋纪念品的制作来助贫扶弱）。而这群被指为亵渎《圣经》的缠足妇女，不得不让我们想起另一群亵渎《圣经》的乡下农民。在此允为当代后殖民研究的经典案例中，《圣经》作为西方宗教的权威，被印度德里郊外的穷苦农民所“无知挪用”，让英国传教士一方面讶异于百名印度农民自发性地在树下穿白衣研读《圣经》，另一方面却又发现他们以秋收为由拖延受洗，更表明不愿接受圣餐，因为欧洲人是吃牛肉的。

他们把翻译成印度文的《圣经》，当成神所赐予的礼物，但强调他们的神是不吃牛肉的，与欧洲人的神有所不同。而这些缠足妇女将图文精美

[1] 李荣楣《溗南莲话》，《采菲录》，第49页。

[2] 高彦颐《缠足：“金莲崇拜”盛极而衰的演变》，第66—69页。有关“天足”一词如何由一个崭新的基督教概念，被晚清知识分子进一步国族主义化，可参见高彦颐《缠足》，第66—77页 。而由传教士林乐知创办的《万国公报》，更是对解放缠足的鼓吹不遗余力，在基督教派于中国召开的传教士会议上，甚至曾面红耳赤进行缠足是否为“罪”的争辩，参见林维红《清季的妇女不缠足运动》，鲍家麟编《中国妇女史论集：三集》，台北：稻香出版社，1993年。

的《圣经》，拿来夹藏鞋样及各色丝线，不也可以是一种具实用性与创造性的巧妙挪用，丝毫不输那群印度农民所带出的“殖民学舌”与“殖民杂种性”，皆非主动反抗，而是在“重复引述”的“践履”过程中产生了变易，松动了殖民威权。[3]

最后则让我们来看一名陈情投书抗议的缠足女子，她不因自己的缠足而自惭形秽/自残行秽，她先以退为进陈述自己并非冥顽不灵，不肯跟上时代的脚步放足，而是自己的缠足已“断头难续”。接着她便大力控诉放足运动的暴力与虚伪，以自己被强迫“当街勒放”的痛苦经历娓娓道来：

> 昔时之缠足女子身受痛苦，固矣。不知现在之缠足女子，于遭受缠足之惨毒以外，还须身受放足之痛苦。……奈母亲将余双足缠束过纤，已至断头难续之地步，虽尝一度解放，终因种种阻碍而再缠。讵料以兹四尺之帛，数年前几使天地之大无所容我之身焉。
>
> 数年前，随外子寓居开封时，值当局以缠足带考成县长之际（即责成县长每月至少须缴若干付旧缠足带，以表示放足成绩。当时有县长购买新带向民间易旧带，以应功令之笑话），一班警察先生奉了检查缠足的风流差使，便极高兴地努力执行。一天在街行走，竟受当街勒放的大辱。次日避地鲁东某市叔父处，相安无事，约有一载。讵料又有某处某地禁止缠足妇女通过之文告，而逼放之风声且日紧一日，惊弓之鸟，闻弦胆落。其时适外子就事首都，余又再度避地上海安静地住到现在。上海的女子天足者约占千分之九九九以上，虽仍有尚未死尽的小脚妇女，然并不为人所注意。[4]

这段描述再次呼应了“干麻花”幽默新闻中暗指放足“暴力的再现”，

---

[3] Bhabha, Homi K. “Signs Taken for Wonders: Questions of Ambivalence and Authority under a Tree Outside Delhi, May 1817.” The Location of Culture. London: Routledge, 1994. pp.102-122.

[4] 觉非生《莲钩痛语》，《采菲录》，第79页。

却也同时展现了缠足女子的逃逸路线（你捉我逃、你放我缠），并成功地运用了城市匿名性在上海大都会中安全存活。而在犀利批判与血泪控诉之后，她更提出了非常实际的建议，要缠足妇女不要“装大脚”。“倘御大而无当之鞋袜，更似腾云驾雾，扭扭捏捏，东倒西歪，转不如缠时紧凑有劲。”然而最后在功能面、时效面、执行面等面面俱到的分析之后，这名缠足女子乃十分自信、十分斗胆地回到缠足的美学性：“天足高跟，诚属时代之美，我辈因为习俗所摧残，毕生难偿此愿。然而跛者不忘履，不得不就此一对落伍之足加以修饰，使跻比较美观之地位。小脚解放，其结果常使足背隆起，肉体痴肥，如驼峰，如猪蹄，一只倒来一只歪。天足之大方既不可改，毋宁略事缠束，以玲珑俏利见长，犹不失旧式之美。”[1]

受尽屈辱却不丧志、饱尝辛酸却依旧爱美，这名投书女子的慷慨陈言，不下于那对缠足姑嫂的机智“谲谏”，而她身上那双玲珑俏丽、历经逃逸路线的小脚，更呼应了那名“不甘服旧，饰为摩登”的老媪、那些日弛夜缠的女学生，或是那个定制皮三寸金莲到舞池跳舞的上海时髦小姐，都是在晚清到民国“缠足即残足”的国族 / 国足论述暴力下，以践履现代性、一步一脚印走出来的女人“不残足运动”。

“跛者不忘履”，在她们的日常生活践履行动中，缠足不是“视觉空间化”下的认识论客体，因“创伤固结”而充满了“鬼魅杂种性”的威胁，缠足是“介于其间”上有政策、下有对策的存活策略，缠足更是因地制宜、与时俱变的时尚生活实践。

作为国族 / 国足“象征”的缠足，原地踏步、裹足不前，被彻底摒弃于现代性的定义之外（当然也吊诡地隐身于现代性之中，成为界定传统 / 现代差别的必要元素），但作为践履行动“符号”的缠足，却除旧布新、多声复异 / 易 / 译，在每一个重复的日常生活实践中，以不断分裂与双重的动态过程，重复且改写国族 / 国足论述。

也唯有在她们所处这种生活唯物细节的“衍异”中，在她们厕身这种

[1] 觉非生《莲钩痛语》，《采菲录》，第 79 页。

历史时间流变的间隙里，我们才能发现原本被视为罪孽深重、故步自封的缠足总算已经先一步走入了现代性。

本章最后将以一段引言为结，此段引言亦是本章发展“不残足运动”的最初启发与感动。张爱玲的母亲黄逸梵（又名黄素琼），出身官宦世家，自幼缠足，20世纪20年代远渡重洋，成为中国第一代“出走的娜拉”，以一双金莲走遍世界。而张爱玲在《对照记》里这样描写她大胆勇敢的母亲：

> 民初妇女大都是半大脚，裹过又放了的。我母亲比我姑姑大不了几岁。家中同样守旧，我姑姑就已经是天足了，她却是从小缠足。……踏着这双三寸金莲横跨两个时代，她在瑞士阿尔卑斯山滑雪至少比我姑姑滑得好。

19世纪和20世纪的小脚，何止是在上海的舞池里翩翩起舞，何止是上女学堂“纤足负笈”，尚且还能在瑞士阿尔卑斯山上滑雪自娱呢。

5

时装美人现代性

在清末民初的图像媒介文化中，大量出现的“时装美人”乃其最为显著的人物表征。《点石斋画报》吴友如笔下出现了栩栩如生的时装仕女图，19世纪90年代其另立门户创办的《飞影阁画报》，更以“闺艳汇编，新妆仕女”为号召，“着意刻画仕女人物，新闻则止于一般社会现象”[1]。1909年包天笑的《小说时报》采用封面美人图，而后其主编的《妇女时报》更进一步将封面美人图彩色化，引来《女子世界》《中华妇女界》《妇女杂志》等争相效仿。而民初十年鸳鸯蝴蝶派小说鼎盛之时，更让时装美人图的封面达到高峰，包括《小说丛报》《礼拜六》《眉语》等。而后将此时期的“时装美人”封面和插画集结出书的，又以吴友如的《海上百艳图》、丁悚的《上海时装百美图咏》为代表。[2]

---

[1] 阿英《晚清文艺报刊述略》，上海：古典文学出版社，1958年，第93页。

[2] “鸳鸯蝴蝶派”一词，多用来指称“清末民初半封建半殖民地的十里洋场的产物，主要以迎合有闲阶级、小市民的口味和趣味为目的的都市文学”（范伯群《礼拜六的蝴蝶梦》，北京：人民文学出版社，1989年，第11页），又称为“民初旧派文学”或“礼拜六派”。而吴友如的《海上百艳图》现收录于《吴友如画宝》第一卷，丁悚的《上海时装百美图咏》于1968年由台北广文书局重新出版时，改为《上海时装图咏》。

然清末民初的“时装美人”图之所以和传统仕女画有所区别，重点不在于“美人”，而在于“时装”，而“时装”的出现，也让“美人”的再现方式产生了彻底的改变。诚如张爱玲在《更衣记》中所言，“我们不大能够想象过去的世界，这么迂缓，宁静，齐整——在满清三百年的统治下，女人竟没有什么时装可言！一代又一代的人穿着同样的衣服而不觉得厌烦”。然而清末民初的时代变动中，“时装”的概念与生活实践脱颖而出，彻底改变了原本“迂缓，宁静，齐整”的传统服饰格局，“女人的衣服往常是和珠宝一般，没有年纪的，随时可以变卖，然而在民国的当铺里不复受欢迎了，因为过了时就一文不值”。故“时装美人”的重点不在“美人”而在“时装”，而“时装”的重点不在“装”而在“时”，“过了时就一文不值”。“时装美人”作为清末民初媒介文化的图像表征，不仅在于如何让女人的再现形象大量进入公领域，摇摆在新闻化、资讯化、商品化、情色化与各种新兴力量的颉颃之中，更在于“时装美人”所能给出的新“时间感性”，在迂缓停滞之中，创造了速度变化，而此速度变化还可更进一步区分为“线性”与“非线性”的不同时间感性表达，带出时间本身的差异微分。

一　时间的“微绉折”

故在本章的一开头，就先让我们以一则刊登在《图画日报》上的插画为例，来展开本章对“时装美人”的历史考察与时间理论化之起点：“时装美人”所给出的时间感性，为何能打破线性时间的套式？过去、现在、未来的进步时间观，如何有可能翻转成时间作为绉折运动、时间作为“复杂叠层”（complication）的表达？如何有可能将“时装美人”理论化为一种时间的“微绉折”？那就先让我们来看看这则出现在宣统年间《图画日报》上的“时装美人”插画。

若就一般“图像符号学”（pictorial semiotics）的分析着手，此插画的“语言信息”（linguistic message）明确，最右边直书的“新智识之杂货店”，清楚标示其栏目，亦表呈其欲以最贴近日常生活食衣住行的方式（“杂货店”）

开启民智（“新智识”）。而中间上方直书的“寓意画”，点明乃非写实的社会新闻事件，而是以图像作为譬喻之方式寓教于画。而左上方自右到左横书的“女界之过去现在将来”，则为此插画之标题，用于提纲挈领。若就其“图像信息”（iconic message）观之，则右方偏上在帘幕之后的盘髻女子，着宽衣大袖的衫袄，领缘袖缘皆有镶滚，中间乘坐在人力车上的女子素颜垂辫，着细长合身的衫裤，前方车夫上衣下裤，垂小辫戴西洋帽。左方戴帽女子与戴帽男子边走边谈，戴金丝眼镜，着大荷叶翻领上衣配深色渐层长裤。此插画“语言信息”与“图像信息”的搭配“衣”目了然，右方宽衣大袖的女子寓过去，中间窄衣窄裤的乘车女子寓现在，左方戴帽行走的长裤女子寓将来。

这样以生动的服装形式来“寓意”过去、现在、将来的时代变迁与隐含的性别进步意识，相当程度反映出《图画日报》增长智识，开通风气之

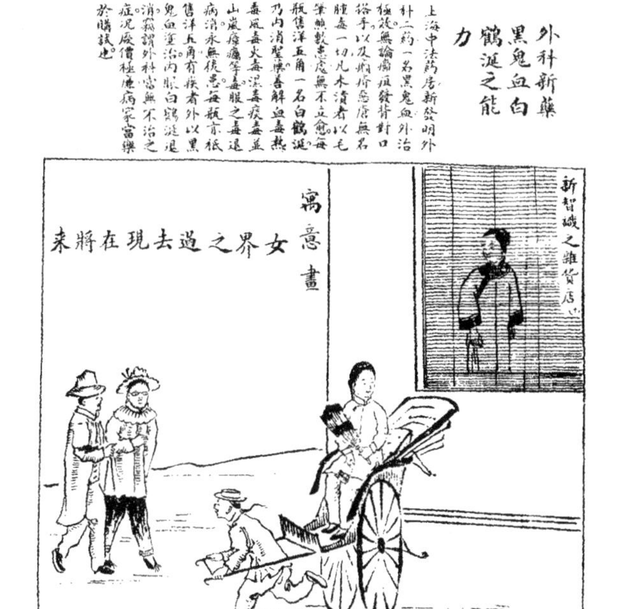

◆《女界之过去现在将来》(《图画日报》)

创刊意图。诚如林怡伶所言：“‘新智识杂货店’内容聚焦在女性，有《女界之过去现在将来》，这图可谓巧妙，除了说明此图为女界之过去现在将来，运用三个画面来显示，一有女子在窗内，二有女子搭人力车，三有一对男女在街上对谈，意味着女子走出家门。”[1]虽然以图论图，《图画日报》曾被批评为“图绘很劣”，但此插画除了以女界服装作为双层“譬喻”——服装作为社会变动之譬喻，女界作为全体人士之譬喻——的企图，还带出女子由私领域迈向公领域之寓（预）言，自有其可取之处。[2]然而若就“时间感性”而言，此插画明显出现“时间空间化（画）”的问题。按照彼时自右至左的横写顺序，“时间”依次变成“空间”的分配与排列，右边对应到过去，中间对应到现在，左边对应到将来。此“时间空间化（画）”乃《图画日报》“新智识之杂货店”之惯用手法，如《婚礼之变迁》，《对外之变迁》等插画，亦是自右至左依序排列过去现在将来之变迁方式，而其中的《女界风尚之变迁》更与本章此处的分析重点《女界之过去现在将来》相互呼应，以三组双女为结构方式，右方一女子告诫另一女子缠足之害，中间两名女子坐在长椅上交谈议论，左方两名女子扛枪操练，从性别意识的开明联结到从戎救国的民族大义。

然此“时间空间化（画）”的最大问题，乃是将进步性别与国族意识成功镶嵌在过去、现在、将来的“线性进步史观”之中。时间被切割并“可视化”成三个空间断裂的“点”，并在单一画面上“右、中、左”并置，而“寓意”时间有如箭矢般由过去奔向未来的单一行进方向。而此被“空间化”“可视化”的时间，让时间之为时间的“变化”本身消失，点与点之间没有交集叠合的可能（就算再紧密排列如念珠），点与点之间没有转换变化的可能（此乃几何点，而非绉折点）。换言之，前所尝试演练的“图像符号学”分析，乃是建立在此“时间空间化”“时间视觉化”的架构之上，其局

[1] 林怡伶《图像智识传播：以新智识杂货店为考察》，《中极学刊》，2004 年 12 月。

[2] 阿英在其《中国画报发展之经过——为〈良友〉一百五十期纪念号作》中指出，《图画日报》“图绘很劣，然内容却很丰富”。可参见《阿英全集》第 6 册，第 316 页。

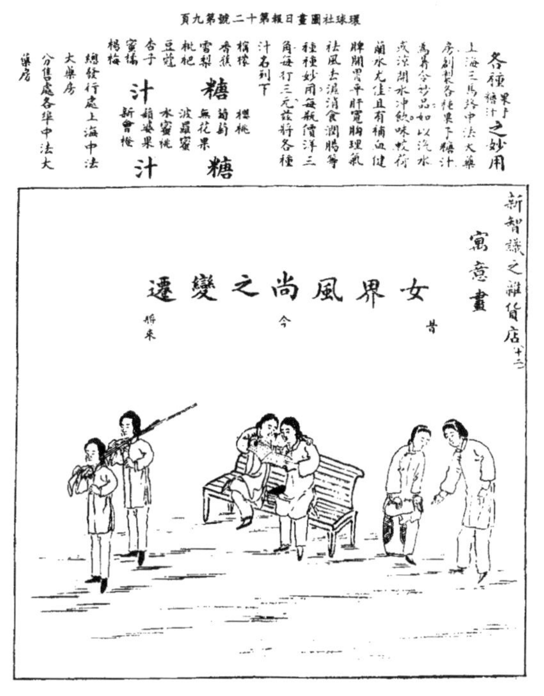

◆女界风尚之变迁（《图画日报》）

限性正在于“见其所见”（在可视化为可见的图像形式上去分析，或纯就符号差异辨之，或以此再现图像链接社会文化的相关指涉），而无法“见其所不见”，只看得到空间化与可视化的线性时间，而看不到时间之为时间、时间之为连续变化、时间之为绉折运动的可能。换言之，此奠基于线性时间观的“图像符号学”分析，不是见树不见林，而是见树不见阳光、空气、水之为物质配置，之为解畛域化的流变之力。

那此《女界之过去现在将来》的插画还可以怎样“见其所不见”？插画上的“时装美人”还可以给出怎样的“非线性”时间感性？故以下我们将跳脱“图像符号学”的阅读套式，跳脱线性时间与进步史观，尝试从历史作为绉折运动的角度，重新来概念化此插画作为“微绉折”的可能。首先，我们需要探问三个相互环绕的问题。第一，何种“合折行势”给出了这个插画的“开折形式”（包括其物质面与再现面）？第二，如何在插画的

“开折形式”中，看到历史的“合折行势”？第三，历史的“合折，开折，再合折”如何有可能改写“过去、现在、将来”的线性时间观？就第一个问题而言，出现在宣统年间的《图画日报》，创刊于1909年8月16日，结束于1910年8月，共出刊404期，其媒体传播形式乃为“近代中国唯一的画报形式的日报”[1]。证诸晚清末年革命能量的山雨欲来，《图画日报》不仅具现1908年前后新政时期所开放出来的出版自由[2]，更直接参与清末民初的报刊大潮。[3]

《图画日报》每日出刊，分成12个栏目，皆以图文插画来表达改革与进步诉求，其中包括我们所聚焦的“新智识之杂货店”专栏。而就其物质复印技术而言，《图画日报》“开本25厘米 ×105厘米，每期12页，单面有光纸石印，经折装，封面双色”[4]，亦为清末出版“石印热”（结合印刷技术与商品经济）的一部分，见证了石版印刷（lithography）的简便易行，如何让清末民初图像化信息的大量复制成为可能。[5]然而在传播形式与复印技术之外，此《女界之过去现在将来》插画亦有“再现”层面上的合折与开折，画中的“时装美人”乃是传统仕女图的“解畛域化”，亦即仕女图的“流变—画报”“流变—杂志封面”。传统仕女图，又名美人图，用笔工细，设色匀净，乃为中国人物画的重要分支，然其多以古代贤妇、宫廷贵妇或神话仙女为主要描摹对象，在其发展初期尚较为强调“时样”，凸显服饰、发式、妆容的时代特色，但发展至明清时期则渐趋规格化（古代内容与题材）与程序化（衣裙妆饰造型固定）。而“时装美人”插画显然带动了仕女

[1] 叶再生《中国近代现代出版通史》第一册，北京：华文出版社，2002年，第909页。

[2] 陈建华《演讲实录一：民国初期消闲杂志与女性话语的转型》，《中正汉学研究》22辑，2013年12月，第359页。

[3] 根据统计资料，辛亥革命以前出刊的画报不下70种，而其中又以上海出版的画报为最，高达三十余种，可参见马光仁主编《上海新闻史》，第374页。

[4] 叶再生《中国近代现代出版通史》第一册，第909页。

[5] 鲁迅在《北平笺谱序》中曾言，石印术的引进，简化了插画图书，让“全像之书，颇复腾踊”。有关石版印刷术于19世纪70年代传入中国的历史，以及其所带动的图像机械复制技术的相关讨论，可参见吴方正《晚清四十年上海视觉文化的几个面向：以申报数据为主看图像的机械复制》一文。

画两种相互环扣的“时间化”可能：“时事化”与“时尚化”。就“时事化”而言，传统仕女图被带入清末民初以图为主、以文为辅的报刊大潮，成为无所不在的“时装美人”，借以叙述时事新知、城市景观、市井风尚。昔日文人雅士寄情托寓的理想仕女原型，今日则挟新媒介之姿，强力介入日常生活领域，成为新闻画报—图像叙事的托寓。诚如陈平原对《点石斋画报》之总结：“以图像的方式连续报道新闻，以‘能肖为上’的西画标准改造中画，借传播新知与表现时事介入当下的文化创造，三者共同构成了《点石斋画报》在晚清的特殊意义。”而“时装美人”不便是以“时装”的细节临摹，让明清规格化与程序化而无时代感的传统仕女图，产生“能肖为上”的破格画风。而此“时装”的细节临摹，不仅具现在吴友如《点石斋画报》的“时装仕女”及其后创办《飞影阁画报》的“新妆仕女”，更在月份牌融合中画与西画的广告画风中发扬光大，终而成为民初十年鸳鸯蝴蝶派小说杂志封面独领风骚的“时装美人”。

而就第二个问题而言，此插画作为历史“合折行势”所给出的一种“开折形式”，又可在其形式之中看到另一种开折与合折的可能：“一分为三”与“三合为一”。“一分为三”乃是前所尝试“图像符号学”的时间逻辑，三种女人三种服饰，表征三种时间形式（过去、现在、将来），女人服饰装扮的差异，正是线性时间借由空间的分隔断裂所能给出的进步想象。而“三合为一”则是将“时装”视为历史“翻新行势”所给出的“开折形式”，在貌似单一的“开折形式”（历史客体）之“内”，就能看见“翻新行势”作为特异点的力量布置。换言之，乘车女子的“窄衣窄裤”就已经是一个时间的“微绉折”。但与其说“窄衣窄裤”就已经贴挤着“宽衣大袖”与“翻领长裤”，不如说“窄衣窄裤”贴挤着“前历史”与“后历史”，其“前历史”不是“过去”（不曾真正消失），也未必是宽衣大袖（无线性时间上必然的先后与因果），而其“后历史”亦非此处线性时间观所投射出特定服装形式的臆想，而是指向“翻新行势”作为“虚拟威力”的无限开放性，可期待给出并不断给出新的“开折形式”。

故相对于线性时间清楚的排序与方向（由过去到现在到将来），这里没有绝对的“前”与“后”，“窄衣窄裤”作为时间的“微绉折”可以是“穿历史”（trans-historical）与“穿文化”（trans-cultural）的变动不居，而非钉死在单一中国服饰“发展”史过去、现在、将来的线性时间架构之中。故“图像符号学”的分析“见其所见”，乃是在单一的开折形式上，去进行符号或修辞的分析，再由此进行分类归纳或差异比较，或由此拉出社会文化的意识形态批判。而“时间绉折”的分析则是“见其所不见”，企图跳脱阳物视觉理体中心的掌控，在历史客体之“内”看到“翻新行势”，看到看不到的“虚拟威力”。前者的“一”乃是单独分离的独立个体（几何学的点），而后者的“一”即多折（拓扑学的绉折点或时间节点），乃“前历史”与“后历史”的折折相贯穿，而也唯有在这个意义上，我们才能真正了解“微绉折”之“微”作为具体而微的“变化”，与“绉折”作为特异点系列的力量布置本身及其所能给出的开折形式。“微绉折”之“见其所不见”，正是看见“形式”作为虚拟“行势”的折曲。

最后就第三个问题而言，插画《女界之过去现在将来》所奠基的“线性时间观”，指向由点到点、“区别且分离”的三种不同时装形式，而“时间绉折”的概念化，则是将此“时装美人”的插画形式或“窄衣窄裤”的时装形式，都当成“区别且连续”的“时间节点”，不只是过去与未来都折叠进了现在，而是现在成为“当下”，爆破建立在线性时间之上作为虚假连续体的历史主义。正如本书第一章通过本雅明与德勒兹所铺展的历史“折”学，以绉折运动的角度重新看待“连续”与“断裂”：爆破历史主义建立在线性时间的虚假连续性，给出历史作为“合折，开折，再合折”的连续变化。[1]

此亦是本书第三章在谈论缠足女性“不残足运动”时所尝试区分的“创伤现代性”与“践履现代性”：男性知识精英的“断裂时间感”与女性日常生活实践的“连续时间感”之差异。而本章正是循此“断裂/

[1] 此处的“爆破”乃本雅明惯用的字词，用以表达“解畛域化”的强大革命动能，而非纯粹负面性的摧毁破坏。

延续”“创伤/践履”的差异区分继续往下推，将“时装美人”所凸显的“时”，视为连续变化、重复践履的“合折，开折，再合折”，以爆破“现在、过去、将来”的线性进步观，并进一步将时装美人的“时”，与第二章“翻译绉折”中开展出“阴性摩登”的时间感性与性别差异相联结。相对于“阳性现代”所展示的古今、旧新的二元对立与古代、现代在线性时间想象上的断裂，“阴性摩登”则是企图打破清晰的时间对立与线性默认，在时尚、大众消费与都会生活的文化想象与实践中产生古今相生、新旧交叠的连续变化。换言之，本章所欲凸显“时装美人”的“时间绉折”，乃是与历史“折”学的概念相勾连，与“践履现代性”的概念相勾连，与“阴性摩登”的概念相勾连。

然鉴于本章以下主要分析讨论的“时装美人”图像文本，集中于1910—1919年，而“摩登”一词的普遍流行要到20世纪20年代中下与30年代，而在1910—1919年与“摩登”相对应的流行话语乃是“时髦”（清末的“时髦”原本专指时装时尚化，而后才逐渐泛指所有新奇流行的事物；“摩登”则是原本泛指所有新式现代的事物，而后才逐渐时装时尚化）。故本章以下将同样“阴性摩登”的概念，表呈为“阴性时髦”，以呼应彼时用语。而本章以下就“时装美人”作为“时间绉折”理论概念的发展，将具体围绕在一个明确的历史数据与系列女性图像中展开：《眉语》杂志封面的“时装美人”。此创刊于民国初年、由女性编辑、以女性为主要读者的鸳鸯蝴蝶派小说杂志，其封面多采用当时流行的上海月份牌时装美人画，创刊号更以大胆的裸女封面问世，引起一阵骚动“封”潮。而以下章节将通过《眉语》杂志封面与其先后或同时代其他重要杂志封面，进行分析比较，以凸显中国现代性在视觉图像上“阳性现代”与“阴性时髦”所建构出的不同文化位阶、国族想象与性别政治。第二节将先以1915年9月《眉语》第十二期封面的时装美女图开场，并置分析讨论同年同月出版《青年杂志》（后易名为《新青年》）封面上的实业大亨照，企图在惯常传统/现代、落伍/进步的修辞对比中，拉出一条思索“阴性时髦”的另类时间感性，如何有别于“阳性现代”所凸显的线性进步历史观。在此理论分析架构下，

第三节将回到历史爬梳晚清四大小说杂志封面与民初五大小说杂志封面，追溯“时装美人”在上个世纪之交浮现的历史情境与物质文化脉络，以及其如何有别于后来登场的封面“摩登女郎”。本章最后将再回到《眉语》杂志的封面分析，主要从第1期“清白女儿身”的裸女封面出发，一直联结到最后第18期“惊鸿一瞥”的女子驾车封面，探讨潜藏其中的“时尚—现代性”“裸体—现代性”“速度—现代性”的联结，并进一步建构民初女学生、“文明新装”与“新罗曼史”的历史性别空间。

二 封面上的男人与女人

《眉语》杂志创刊于1914年10月，结束于1916年3月，每月月初发行，共计出刊18期，主编为高剑华女士，由上海新学会社印行，每本售价大洋四角。[1]

此在清末民初报刊大潮中短暂出现的杂志，不论就其鸳鸯蝴蝶派的“小说杂志”定位，或是由女性编辑、以女性为主要读者的“女性杂志”定位而言，都被史家归类为次要且边缘。[2]

---

[1] 然而有关《眉语》创刊所涉及的政治脉络亦不容忽视，亦即鸳蝴派杂志背后的南社背景，包括《眉语》主编高剑华之夫，亦为主要题字人与撰稿人的许啸天，也是南社社员。南社作为一个清末民初庞大而混杂的文学团体，最初支持反满革命，民国建立后面对诸多政治困境而分裂，许多成员转而办起杂志。诚如学者陈建华清楚地指出，南社社员办杂志乃是以“‘发扬旧道德’‘灌输新智识’为宗旨，这是南社文人办报的特殊性，普遍抱持着新旧兼备的方针，从理论上来说，这种主张，也代表他们与五四新文化是不同的文化取向”。参见陈建华《演讲实录一：民国初期消闲杂志与女性话语的转型》，《中正汉学研究》第22辑，第363页。而该刊创刊不久即被停刊，乃是遭教育部通俗小说研究会，以不良小说、猥亵图画之由禁止发行，据说此禁令乃与鲁迅有关，或可见其停刊的真正打击，不是鲁迅文中所指的《新青年》进步刊物之威胁或取而代之，而是未能逃过彼时查禁制度的打压。

[2] 1896年6月清光绪皇帝下令实施变法，开放报禁，允许官民自由办报，中国知识分子开始大量介入新兴的报刊事业。而随着兴女学、不缠足运动的推广，办女报的风潮亦起，鼓吹革命救国与男女平权。1898年第一份女报《女学报》在上海创刊，后有《女报》《女子世界》《中国女报》《神州女报》《妇女时报》的相继创立，多数以“提倡女学”“开通女智”“争取女权”为主旨，而其中又以秋瑾创办的《中国女报》影响最大。

而其最为人知的历史显影，乃是鲁迅发表在1931年《上海文艺之一瞥》中一段极尽批评的文字：

> 这时新的才子＋佳人小说便又流行起来，但佳人已是良家女子了，和才子相悦相恋，分拆不开，柳荫花下，像一对蝴蝶、一双鸳鸯一样，但有时因为严亲，或者因为薄命，也竟至于偶见悲剧的结局，不再都成神仙了——这实在不能不说是一个大进步。到了近来是在制造兼可擦脸的牙粉了的天虚我生先生所编的月刊杂志《眉语》出现的时候，是这鸳鸯蝴蝶式文学的极盛时期。后来《眉语》虽遭禁止，势力却并不消退，直待《新青年》盛行起来，这才受了打击。

鲁迅在此以相当嘲讽的口吻，评论才子佳人式的旧言情小说，如何“进步”到鸳鸯蝴蝶派的新哀情小说，而《眉语》月刊杂志正是鸳蝴派文学风行鼎盛时期的代表。

虽然鲁迅此处的发言，犯了历史考证上的错误，将《眉语》的主编张冠李戴，由女性的高剑华“变性”为男性的天虚我生，但其将《眉语》与《新青年》相提并论，以凸显鸳蝴旧文学与“五四”新文学此起彼落、此消彼长的方式，却意外带来一个可能的历史分析视角：若将《眉语》与《新青年》并置观察，《眉语》究竟有多旧？《新青年》究竟有多新？在这两份杂志相互重叠的出版年代（1915年9月到1916年3月），究竟呈现了何种市场的消长或文化典范的更替？为何创刊于1914年风行一时的《眉语》被归类为“近代”期刊而逐步淡出历史、乏人闻问，而创刊于1915年的《新青年》却被界定为“现代”期刊的分水岭，标示着新文化运动与中国现代文学的起点？若想尝试回答这一连串的历史提问，就让我们先从一个有趣的动作开始：比较分析同时出刊于1915年9月的第12期《眉语》杂志封面与《青年杂志》创刊号封面（自第2卷第1号起改为《新青年》）。第12期《眉语》杂志的封面，上方为刊名“眉语”二大字自右到左（其他期或由上而下）的书法题字，署名啸天（许啸天，主编高剑华之夫，该杂志之襄理与主要撰稿人之一），下方有“乙卯九月”四个小字，标示出刊日期，版面的正中央则为穿着凤仙高领背心、七分窄袖合身上衣、戴单串珍珠项链、双手交叠置放胸前的女子上半身立像，整体线条优雅素净，而额头上所留的，正是民初女子所风行“前刘海”发式中的“燕尾式”。[1]

而创刊号《青年杂志》的封面则分为上、中、下三区块，封面最上方为简易版画图案，一长列穿着学生服的男学生坐在长桌前，桌缘线由左下到右上，带出三度空间感，桌下方有五线谱加麦穗的西洋装饰图样，而学生头顶上方由左向右排列出 LA JEUNESSE 两个红色法文大写词，标示该杂志的法文名称；封面最下方则有一长条简易美术框线中填有“群益学社”“上海印行”等字，标示发行商与出版地；而封面正中则为美国实业家卡内基（Andrew Carnegie，1835-1919）的半身侧面摄影照一张，剪成圆形，并在圆框外加西洋装饰图案的花边，下标示“卡内基”三小字，而摄影照的右方为由上而下的“青年杂志”四个红色美术体大字，左方为“第一卷”“第一号”的六个红色毛笔小字。[2]

对于许多惯于在线性进步史观中思考的人而言，一旦将这两个杂志封面并置观察，其所涉及新旧、雅俗、高低的对比当下立判：传统旧式的《眉语》与进步新式的《青年杂志》。首先就两杂志封面所呈现的时间意识而言，《眉语》的时间感性似乎仍停留在中国传统编年的“乙卯”，而《青年杂志》则采公历纪元，俨然已堂堂进入统一时间度量的

[1] 前额刘海又名“海发”或“齐眉穗”，“早在光绪庚子以后，妇女不分老少，皆以留前额发为尚，甚至女学堂都规定教师和女学生的发式，额前一定剪有刘海”。参见吴昊《中国妇女服饰与身体革命（1911—1935）》，第 110 页。故封面女子的前刘海，不仅带出其发式之时髦，也带出其多为知识女性的联想。而前刘海作为清末民初的时髦发式，也跨越性别，如本书第三章第一节所示《人镜画报》中因前刘海而遭讥讽的时髦男子。

[2] 诚如边靖在《中国近代期刊装帧艺术概览》中所言：“几乎所有的期刊都将封面刊名作为主要装帧元素，通过汉字的形态突出民族精神的方正、庄严。”但各报刊汉字刊名的表现方式，亦即中式书法的各种体例或西式印刷的各种美术字体，都在不同之历史时段表呈不同的文化意涵与进步想象，正如此处《眉语》汉字书法刊名与《青年杂志》中法美术体刊名的比较。

◆《眉语》第 12 期封面（1915 年 9 月出刊）

◆《青年杂志》创刊号封面（1915 年 9 月出刊）

世界潮流。[1] 而《眉语》时间感性的“旧”，除了显性的“乙卯”外，更有隐性的“月眉”：“眉语”之为“眉语”，不仅是以“眉”提喻女性，传达出中国诗词传统中以眉作态、表情达意的典雅委婉，更是以月之“眉”（上弦）对应到每月一号的出刊日期，故为时间想象上的双重阴性。

其次《眉语》刊名采传统中国书法，而《青年杂志》刊名则采新式的西洋美术字体，更以中法双语的方式，将法文刊名标示于上，凸显其参与全球知识体系的进步性与世界观。而更引人瞩目者，《眉语》封面采用的乃是上海月份牌画家但望旦所绘的“红窗闲倚”图，不论就其绘画的主题或画风而言，仿佛在新式时装美人画中，仍有挥之不去的旧式仕女画阴影，

---

[1] 然此报刊的公历纪元乃行之经年。诚如李欧梵在《上海摩登》一书中清楚指出，清末报刊最早采用西历的，乃是由西人创办的《申报》，1872 年即开始在头版并列农历与公历。但公历作为一种“时间意识”的转变，则主要见于梁启超 1899 年采公历的旅美日记，以及此公历标注如何让其由一个“乡人”变成“世界人”。

反观《青年杂志》的封面采西方实业家的摄影肖像，以呼应内文的《艰苦力行之成功者卡内基传》，而其上方的木刻版画，更直接呼应后起报刊书籍装帧美术的“新木刻运动”。故就线性进步史观而言，“月眉”时分出刊、以“月份牌”美女为号召的《眉语》封面，当然不敌中法双语、进步版画与世界实业家摄影肖像照的《青年杂志》封面。

但《眉语》真的这么“旧”吗？而《眉语》的“旧”真的这么万劫不复吗？我们可以针对上述立基于“线性进步史观”的分析模式，提出“新旧矛盾”的质疑，像被折叠进“旧”乙卯中的“新”西式月份想象（包括出刊的阳历月份，也包括月份牌所标示的阳历月份），像“月眉”的“旧”想象中却又有以刊名标示出版日期的“新”杂志命名方式（虽美其名曰“月眉”，但实以阳历的月初取代阴历的上弦），或是像被贴挤进“旧”仕女画中的跨国公司商品营销、西洋绘画技巧与最新的服饰时尚。然这些“新旧杂陈”“新旧交叠”的文化变动过程，为何都被化约成一清二楚的“新旧对立”、一刀两断的“新旧断裂”之二元对立思考呢？当中国近现代报刊发展史皆倾向以“线性进步史观”为出发，将《青年杂志》(《新青年》) 视为现代期刊的分水岭，一再凸显其封面“与旧文化决裂”的强烈意向[1]，那我们是否就更该质疑此处的“旧文化”是如何被“就地正法”，成为封存在过去、不再具有时间的流变之力？而新 / 旧作为一种“断裂时间感”的叙述模式，究竟是如何被史家所建构，一刀两断为过去 / 现在、古代 / 现代的楚河汉界。诚如史书美在《现代的诱惑》一书中犀利指出，奉“线性进步史观”为圭臬的“五四”启蒙话语，乃成功创造了“传统”以及“中国传统”/“西方现代”之间的断裂不连续性：“传统（中国的和特殊的）与现代性（西方的和普遍的）被看成是两相分歧的、不连续的和截然对立的两个范畴。换句话说，为了将传统视作是古老和过时之物而予以否弃，为了在‘现代性’与传统之间制造断裂和不连续性，为了创造出一种以现在和

[1] 谢其章《“五四”文化运动战斗的一翼：新文化期刊》,《五四光影：近代文学期刊展》，台北：旧香居，2009 年，第 8 页。

未来为先的新的主体性，线性时间的意识形态创造出了‘传统’。”

那就让我们回到前所述的具体杂志封面案例，看一看《眉语》是如何被建构成“古老和过时之物而予以否弃”，以凸显《青年杂志》作为“以现在和未来为先的新的主体性”之“现代”起点。首先当然是以《青年杂志》(《新青年》) 编辑作者群陈独秀、李大钊、钱玄同、胡适、鲁迅、周作人、刘半农等知识精英所发起的新文化与新文学运动，不遗余力地批判攻讦“旧式文人”的鸳鸯蝴蝶派小说，以及刊载这些小说的《礼拜六》《眉语》等鸳蝴派杂志。早自 1916 年李大钊便在《〈晨钟〉之使命》一文中暗示鸳蝴文学之自甘堕落于男女情欲，“以视吾之文坛，堕落于男女兽欲之鬼窟，而罔克自拔，柔靡艳丽，驱青年于妇人醇酒之中者，盖有人兽之殊，天渊之别矣”。紧接着是原本在鸳蝴派杂志发表大量文言小说与翻译、后转进新文学阵营的刘半农，也在 1917 年 5 月 3 卷 2 号的《新青年》杂志上发表《我之文学改良观》，坦言今是昨非：“余赞成小说为文学之大主脑，而不认今日红男绿女之小说为文学。”其后郑振铎亦以“西谛”为笔名，发表《新旧文学果可调和么？》，直指鸳蝴旧文学耽溺于“雍容尔雅”“吟风啸月”，乃是“以靡靡之音，花月之词，消磨青年的意志”，更直斥鸳蝴派作家为“文娼”“文丐”。在这些新文学知识精英的眼中，旧式文人的旧式小说乃封建余孽，其“红男绿女”的题材、“柔靡艳丽”的文体，都被阴性化为“妇人醇酒”“文娼”的批判修辞，势必难登反封建救中国、新时代新文学的殿堂。

而“五四”新文化新文学论述对鸳蝴派小说之深恶痛绝，更具体反映到其对这些小说最早发表之杂志刊物封面之大肆攻讦。站在进步刊物与革命文学的立场看鸳蝴派小说杂志，闻一多直言“那些美人怪物的封面，不要说好看，实在一文不值”[1]，此时“美人醇酒”的鸳蝴派小说内容，直接呼应“美人怪物”的鸳蝴派杂志封面。而陈独秀也在《新青年》6 卷 1 号

[1] 谢其章《“五四”文化运动战斗的一翼：新文化期刊》，《五四光影：近代文学期刊展》，第 8 页。

发表《美术革命》一文，将上海流行的仕女画、男女拆白党演的新剧与不懂西文的桐城派翻译之新小说，视为“一母所生的三个怪物”而痛加斥责。换言之，鸳蝴派杂志封面之为“怪物”，正在于其多采用彼时上海流行月份牌广告画的“美人”，不是美人“与”怪物，而是美人“即”怪物。诚如鲁迅 1930 年在上海中华艺术大学的演讲“谈美与不美，真假艺术的区别”，直言若将米勒的油画《拾穗者》来对比英美烟草公司等发行的商业月份牌广告，自可当下立判何者为朴实动人的真艺术，何者为庸俗匠气的假艺术。对鲁迅而言，上海的月份牌画不仅技巧粗糙、内容恶劣，月份牌上的女性更是庸俗病态。“画的是上海的时髦女郎，很精细，连一根根的发丝都画得一清二楚，他画的虽然是美人，但一点也不美，他不是什么艺术品，而是一幅庸俗的商业广告。”[1]此处鲁迅当然没忘记再度发挥其高超的嘲讽手段，谓此柔靡艳丽、病态纤弱的月份牌广告时髦美女乃“中国五千年文化的结晶”。对这些忧国忧民、一心想要反封建的“五四”知识精英而言，惯用上海月份牌广告画美女图为封面的鸳蝴派杂志，自是幼稚低俗、不堪入目，不加挞伐不足以彰显新文化新文学之进步改革。

至于有关《新青年》作为“现代”期刊的起始点，如何有效集结进步话语、如何成功反封建改革旧伦理，或胡适发表在《新青年》的《文学改良刍议》如何开启白话文运动，鲁迅发表在《新青年》的小说《狂人日记》如何标示中国现代文学的滥觞等，相关论述早已汗牛充栋，不拟在此重复。但与《新青年》此消彼长的《眉语》，其出现与消失所凸显的文学版图变动，其封面美女所表征的历史图像流变，反倒提供了我们重新思考中国现代性论述中“推陈出新”的建构方式。对奠基于线性进步史观的“五四”“现代”话语而言，其“推陈出新”的方式，乃是建立在推挤同时代之部分其他文化再现（如鸳蝴小说或鸳蝴小说杂志封面）为“陈”（落伍、陈旧、迂腐），以打开“新”的倡议空间与文化实践。如上述分析所示，五四“现代”话语之建立，乃是在一连串旧式文人/现代知识分子、

---

[1] 李榷《试谈美育》,《上海师范大学学报（哲学社会科学版）》，网络，2014 年 6 月 30 日。

传统刊物 / 进步刊物、通俗 / 精英的二元对立系统中，“推陈”前者（例如“推陈”《眉语》，把《眉语》推成落伍陈旧），以便“出新”后者（例如“出新”《新青年》），而前者作为“传统”的标定、命名与创造，正是后者作为“现代”的出现与出线。因而本章此节以《眉语》杂志重新出发，并不仅仅只是要从通俗言情文学或都会市民文学的角度，尝试为这本鸳蝴派小说杂志翻案，也不仅仅只是要为这本由女性编辑、以女性读者为主体的“民初女性杂志”翻案。[1]

更重要的是，《眉语》从封面到内容所具体展现的“阴性时髦”，截然不同于“五四”“阳性现代”的论述模式与此论述模式所筑基的线性时间进步观。《眉语》不是“前现代性”，《眉语》也不是“被压抑的现代性”，而是可“基进”质疑“现代性”在时间感性、历史想象与美学概念上的基本预设。而其所展示截然不同于“阳性现代”的另类“推陈出新”模式，势将更有效凸显“现代性”时间概念的繁复内在差异，也更有效展现“现代”与“时髦”“摩登”在文化翻译上的性别美学政治。

三　时装美人的“封面革命”

如同彼时多数鸳鸯蝴蝶派杂志一样，《眉语》从创刊起便采用民初著名上海月份牌画家的手绘时装美人图为封面，此被“五四”知识精英斥为“美人怪物”的封面，却开启了民国初年报刊的“封面革命”：“新文化运动的前夜，已经萌芽了封面革命的骚动，只不过这种骚动最初却是由‘鸳鸯蝴蝶派’文人搞起来的，他们最早地颠覆了一成不变的素面朝天的古书书衣的样式，他们将才子佳人搬上了封面。”[2] 而这些搬上了封面的“才子佳

[1] 聚焦《眉语》杂志所涉及女性小说创作主体的相关研究，可参考黄锦珠《女性主体的掩映：〈眉语〉女作家小说的情爱书写》与沈燕《20 世纪初女性小说杂志〈眉语〉及其女性小说作者》等论文。

[2] 谢其章《“五四”文化运动战斗的一翼：新文化期刊》，《五四光影：近代文学期刊展》，第 7 页。

◆《新小说》创刊号封面

◆《绣像小说》创刊号封面

人”，除了以图像“佳人”对应到新哀情小说的文字“佳人”外，除了反映民初摄影技术尚未普及、仍以手绘封面画为主流的印刷物质条件外，究竟还蕴含了何种历史“折”学的“时间节点”与“时装美人”作为“时间绉折”的理论化可能，便是本节所欲探究的重点。

首先，让我们回到清末民初杂志封面的发展历史，看看中国报刊第一批“时装美人”的出现，如何改写了20世纪上半期中国现代性的视觉图像语汇。创刊于1902年的《新小说》、1903年的《绣像小说》、1906年的《月月小说》、1907年的《小说林》，号称“晚清四大小说杂志”，这些清末小说杂志的封面，多采“花卉”图案或纯文本无图的设计，构图简单素朴。例如由梁启超主编、最早1902年在日本横滨出版的《新小说》，乃晚清最具民族主义变革与图强大义之文学期刊，具体实践梁启超“欲新一国之民，不可不先新一国之小说”的“新民”信念。就其创刊号封面观之，右侧为由上往下垂坠的紫藤花，深蓝与浅蓝两色套印，左侧为由上而下的魏碑体刊名，优雅而有书卷气。

或如由李伯元主编、上海商务印书馆发行的《绣像小说》，其创刊号的封面画乃一株盛开的白描牡丹，花枝由封面的右下方往上延展，左上方为由上而下的书法刊名，左下方为装饰于中国古典框线中的期数，整体构图秀丽典雅，如实展现其回归明清小说“逐回绣像”的插画体例。

或是由上海群乐书局创刊、号称鸳鸯蝴蝶派滥觞的《月月小说》，封面无图，仅以魏碑体刊名的四个大字置于封面中央，最上方以英文标示刊名，最下方则为中文期数、发行次数与英文的发行所地址，开启彼时“中西合璧”双刊名的封面之先。

或者是由黄摩西主编、以文学理论与翻译小说为主的《小说林》，其第五期封面乃以枝叶茂密的垂丝海棠为主构图，由右上方循顺时针方向往左下方延展，花叶中央夹带出滚动条框内的魏碑体刊名，下方则为期数，封面边缘则为中国古典装饰回纹。整体而言，这些清末小说杂志的封面，虽乃应运“小说界革命”的文学思潮而生，但却无任何“封面革命”的创举，仅在传统素面朝天的书衣之上，加上了花卉与框线的简单构图设计或双语刊名，整体中式风格，典雅素朴。[1]

此时“佳人”还没有搬上封面，虽然在《新小说》第十号（光绪三十年七月）的内页插图里，已可见“泰西美人”的照片，或在晚清《飞影阁画报》的封面，已标示“逢期附赠时装仕女三帧”等字样[2]，但这些泰西美女照片或时装仕女画像，皆尚未正式在晚清小说杂志的封面之上公开抛头露面。

接着我们可以将历史的焦点，转到号称“民初五大小说杂志”的封面一探究竟，这些民初小说杂志的封面设计，成功开展出多元活泼的面貌，各种仕女画、水墨画、生肖画、工笔、漫画、速写、半中半西式笔法层出不穷，彻底打破晚清小说杂志“花卉封面”或“纯文本双语封面”的格局。根据《20世纪中国文学图志》的说法：“王蕴章、恽铁樵编的《小说月

[1] 因为这些封面花卉图案所带来“幽雅秀气”之感与“阴性化”的联想，让后来许多批评家刻意强调其内文文字救亡图存之民族大义，“字里行间都荡漾着政治文学的英雄主义气息”，“不是阴柔之美，而是阳刚之美”。参见杨义等《20世纪中国文学图志》上册，第12—13页。

[2] 赵孝萱《“鸳鸯蝴蝶派”新论》，兰州：兰州大学出版社，2003年，第101页。

报》，王钝根、周瘦鹃编的《礼拜六》周刊，徐枕亚编的《小说丛报》，李定夷编的《小说新报》，以及包天笑编的《小说大观》，堪称民国初年‘五大小说杂志’。其中又以《礼拜六》和《小说丛报》最能领导当时时髦的哀情潮流。”[1]而这些著名的民初小说杂志，最初皆以刊载彼时最为流行的鸳鸯蝴蝶派小说为主，并以上海都会为编辑与发行中心，采用16开或32开平装铅印。就其物质生产条件而言，上世纪一二十年代的鸳蝴派期刊大都是请名画家专门画封面画、不用现成的照片充封面，在摄影技术还没有大普及之前，手工绘画仍是装帧最主要的技术手段。[2]

而这些用来标示“杂志的宗旨与意趣”[3]之手工绘画封面，乃大量采用彼时渐臻成熟的上海商业月份牌美女画，呼应上海都会市民消费文化的兴起，“时装美人”遂成为民初刊物封面的主要特色。

若以与《眉语》同时创刊于1914年、“民初五大小说杂志”之一的《礼拜六》为例，前后出刊共两百期，由上海中华图书馆发行。该刊仿美国《礼拜六晚邮报》之模式，将周刊定名为《礼拜六》，不仅成功模仿以出刊日为刊名的洋式作风（《眉语》乃是拐个弯仿效），体现“既通俗又先锋”的市民文学风格，更见证了阳历的“星期”已潜移默化、约定俗成为民国初年都会生活的新时间周期概念。[4]《礼拜六》的封面有人物画、漫画（最为人所津津乐道的封面创意，乃是第42、47、48期的三幅相互关联的滑稽封面连环画）、山水画、风景画、剧照和照片封面等，其中以仕女图为最大宗，仕女图中又以画家丁悚的时装仕女图为代表，亦包括张光宇、杨清磬等人的画作。[5]

---

[1] 杨义、张中良、中井政喜《20世纪中国文学图志》上册，台北：明田出版社，第73页。

[2] 谢其章《蠹鱼篇》，台北：秀威资讯，2009年，第192页。

[3] 魏绍昌《我看鸳鸯蝴蝶派》，台北：商务印书馆，1992年，第221页。

[4] 刘铁群《现代都市未成型时期的市民文学：〈礼拜六〉杂志研究》，北京：中国社会科学出版社，2008年。

[5] 丁悚的毛笔画仕女图风格较为写意，相对而言，其“时装”细节部分较不精准，不像当时以郑曼陀、杭穉英为首的美女月份牌画中清晰可辨的服饰风格。其手绘仕女图曾结集出书，可参见出版于1915年的《上海时装百美图咏》。

◆《礼拜六》创刊号封面

前百期的封面女郎多穿传统中式服装、典雅含蓄，后百期的封面女郎多着西式洋装与高跟鞋，活泼大方。[1]而其创刊号上的仕女图乃被后世公认为最具创意与话题性的大胆之作，图中两名时装美人，其中一名亲吻另一名的脸颊，两人皆呈闭眼陶醉状。

由服饰装扮观之，此二人乃是穿着文明新装的女学生或知识女性，不再只是传统温柔婉约、娇弱纤细的“仕女”，而是清末民初兴女学运动下会读书会写字有见地的“识女”，与其说此身体亲昵暗示或鼓吹了某种女女情欲的可能，不如说此亲吻之举乃突破社会禁忌以表达开明先进，并以此开明先进作为杂志促销的商业卖点来得更为准确。

而二三十年代之后，民初的“时装美人”遂逐步登堂入室为大众文化更形普及下的“封面女郎”，而女学生形象也逐渐让位给成熟都会摩登女子与后来陆续出现的女明星与社交名媛。像1922年由“哀情巨子”周瘦鹃创刊的《紫兰花片》袖珍月刊，杂志封面还多所保留20世纪10年代温柔婉约的“时装美人”形象，甚至还一度回归古装美女的形象。“第一年是直式64开本，封面用三色版精印中西时装仕女图，仕女或擎伞游春，或倚花看书，或在紫罗兰丛中谈月琴，或在雅社里整理花篮。第二年换作横式64

[1] 刘铁群《现代都市未成型时期的市民文学：〈礼拜六〉杂志研究》。

开本，封面精印古装仕女图，古树绿竹，小桥绣阁，带点《红楼梦》的趣味。”[1]但同样是周瘦鹃在1925年创办的《紫罗兰》半月刊，其封面则转向重彩月份牌画，仿照相摄影，凸显头部特写，让脂粉味偏重、肉体感增强的“紫罗兰娘”形象取代清纯飘逸的女学生形象而蔚为风行。而后在30年代独领风骚《万岁》杂志的“万岁女郎”，则又有造型与画风上的不同变化：“迥然异于《紫罗兰》封面女郎满是脂粉味的肖像风格，通过漫画家丁悚（1891—1972）绘制《万岁》杂志封面则是呈显出当代人物情炽骚动而幽默的另一面。若说出自深院香闺的‘紫罗兰娘’作为一位温文尔雅顾盼自怜，甚至无视于外界读者窥看的橱窗美人，那么带着一丝夸张式俏皮与诡谲微笑的‘万岁女郎’，就像是几乎要从画面里跳出来回望盯梢读者眼神的玲珑主角：短发、樱桃嘴、隆直的鼻梁，还有那一双不易受惊吓的眼睛，展露出城市时髦女子特有的神气与招摇。”[2]而更重要的是，20世纪20年代中后、30年代的“封面女郎”已大规模进入摄影照片的年代，以创刊于1926年的大型综合性刊物《良友画报》的创刊号封面为例，乃采用女明星胡蝶的套色照片，手持鲜花，笑脸盈盈，清楚标示出由手绘到摄影、由女学生到女明星、由“时装美人”到“封面女郎”的历史变动轨迹。

而30年代以降，左翼文学亦风起云涌，对关心底层人民生活的革命文学运动者而言，原本代表中产阶级摩登男女消费生活方式与审美情趣的“封面女郎”，乃被视为上海都会作为罪恶渊薮的表征而遭唾弃，转向标举“平实朴拙如《人间世》《中国作家》《文学月报》，期刊封面趋向现实主义而借以展现农民劳动形象的木刻版画”[3]。而后木刻版画的写实主义，更进一步成功结合未来主义形式构图，甚至超现实主义艺术风格，也顺利建构出新一波“封面女郎”/“劳动人民”、资产阶级/普罗阶级，进步革新/保

[1] 杨义等《20世纪中国文学图志》上册，第78页。
[2] 李志铭《30年代中国“漂亮的书”来自上海》，《五四光影：近代文学期刊展》，第12页。
[3] 同上。

守颓废的二元对立论述模式，展开另一回合“阳性现代”的“推陈出新”运作模式。

然而在此历史文献数据的爬梳中，我们必须特别注意三个相互环扣的问题。第一个是如何突破现有“时装美人”的“符号阅读”与“再现阅读”模式，而不落入“见其所见”形式分析的局限。第二个是如何讲述 20 世纪 10 年代、20 年代、30 年代、40 年代由“时装美女”到“封面女郎”的时代差异，第三个是如何看待围绕在“时装美人”消费图像之中的性别主体。就现有的批评文献而言，“时装美女”封面的“现代性”，多被圈限在反映上海西化流行时尚的“符号”与上海都会西化生活的“再现”。[1]

这种“符号阅读”或“再现阅读”的模式，也常常扩及“封面女郎”在“女性形象”上的光谱以及其跨越各种阶层的生活图景。[2]

而更常见的则是彻底压缩 1910—1949 年从“时装美女”到“封面女郎”的细致差异与历史演变。

昔日因各色人种云集而一度被西方冒险家称作“东方巴黎”的上海，堪称十里洋场风华璀璨，出版界在线装古籍版刻书写与西式装帧文字设计（typography）彼此尴尬碰撞下，意欲摆脱封建传统桎梏的画家们自是百无

[1] 例如：“以《礼拜六》封面女郎的扮相正可嗅出当时上海流行时尚的趋势，也可察知民初市民逐渐接受西洋风尚、思潮与生活方式的种种轨迹。而更值得注意的是，这些女子所持的多是带有西方文化‘符号’的物品，其中的钢笔、眼镜、猎犬、怀表、钢琴、小提琴等，多代表了西方中产阶级为追求文化品位与文化教养的象征性意义，甚至可以引发出一种‘近代化’的‘文明’联想。这些封面女郎的服饰举止透露了当时人对于‘西化’生活方式的向往。”参见赵孝萱《“鸳鸯蝴蝶派”新论》，第 101 页。

[2] 例如：“丁悚为《礼拜六》封面所画的仕女图雅静俊美、色彩清丽，比起今天众多通俗读物的封面女郎似乎更少造作之气。而且丁悚的可贵之处还在于他超越了古代仕女图仅画仕女、佳人的题材局限，将描绘的对象扩大到现实生活的各个层面，上至太太、小姐、女学生，下至村姑、女佣，都在他的画中得到表现。丁悚的封面画在某种程度上再现了民国初年社会生活中各阶层女性的生活图景。”（刘铁群《现代都市未成型时期的市民文学：〈礼拜六〉杂志研究》，第 19 页）或是以创刊于 1924 年、前身为《红杂志》的《红玫瑰》为例，列举第六卷的 36 幅封面画，铺陈下层社会人物生活百态，囊括各种从阔少奶奶、姨太太、舞女到女堂倌、女佣、女工、厨娘的女性形象，更谓画家朱凤竹在世间百态、民俗风情的生动展现，乃师法《点石斋画报》民俗画派的吴友如，成功开创了“市井风物画”的表现手法（谢其章《蠹鱼篇》，第 191—197 页）。

禁忌地进行着书籍设计的各种探索。伴随着大都会消费流行文化的兴盛发展，大众时尚文艺刊物为强调普罗性格，封面画题多汲取自上海女星杂糅而成时装美女为号召。所谓“封面女郎”（cover girl）遂由此创生，并与上海摩登生活互为隐喻。[1]

此段论述文字成功指出中国报纸杂志“封面女郎”的出现，环环相扣于上海大都会流行消费文化的兴起繁盛，但论述文字中对大众时尚文艺的普罗性格、上海女明星与摩登生活的刻意凸显，又似乎较为贴合杂志“封面女郎”早已蔚为风潮、上海月份牌美女画早已熟极而烂的三四十年代，而非一二十年代“时装美女”初露头角、初试啼声的新鲜变动期。而更让人担忧的，则是这些评论在探讨“时装美女”所预设的标的读者群或消费者时，往往循“异性相吸”的模式，倾向凸显“以女性为商品的包装背后隐含的仍是男性的消费欲望”[2]，而让女性作为观看主体与消费主体的可能论述空间彻底消失。故如何在“符号阅读”与“再现阅读”的批评架构之外另辟蹊径，如何在“宏观”的历史时段区分中析剔出时间感性的“微分”差异，以及如何在“时装美女”的女性图像中找出时尚—现代性的联结方式，将是本章接下来重新回到《眉语》封面的主要重点所在。

四　阴性时髦的“微绉折”

如果在“阳性现代”的线性进步史观中，民初鸳鸯蝴蝶派的小说杂志封面乃“美人怪物”而遭受贬抑与排挤，而当代以通俗文化、市民文学、女性图像与时尚消费重新出发、肯定“时装美人”乃民初“封面革命”的相关批评文献，却又往往囿限于“图像符号学”与“视觉再现”的分析架构，那本章的最后一节就是要重回《眉语》“时装美人”的封面，将其当成

---

［1］李志铭《30年代中国“漂亮的书”来自上海》，《五四光影：近代文学期刊展》，第12页。

［2］赵孝萱《“鸳鸯蝴蝶派”新论》，第101页。

时间的“微绉折”，企图在“见其所见”（时装形式）的同时，也能“见其所不见”（翻新行势），以凸显“阴性时髦”所启动之时间感性，如何有别于“阳性现代”。那就让我们来看看在《眉语》封面上所启动的“折叠”以及“阴性时髦”所揭露的时间感性。《眉语》共计 18 期的封面，皆为清雅秀丽的女子，多数穿着彼时流行的“文明新装”，加上凤仙高领、燕尾刘海等时尚细节，少数以纱縠轻掩裸体。其封面画标题可归纳如下，括号中为可考之封面创作者或该期在刊物封面上特别强调的照相印刷技术：

第一期：清白女儿身（郑曼陀）
第二期：人面花光（张般若）
第三期：玉雪争辉（蓝天）
第四期：凭栏寄相思（张般若）
第五期：缥缈仙子（张公威）
第六期：兰汤浴倦图（张公威）
第七期：望郎归（蓝天）
第八期：迎风玉立（但望旦）
第九期：佳人进果（但望旦）
第十期：人面花光相映红（但望旦）
第十一期：惜花春起早（但望旦）
第十二期：红窗闲倚（但望旦）
第十三期：拈花微笑（珂罗版）
第十四期：回头却顾兰汤笑（珂罗版）
第十五期：支颐沉思图（宗琬）
第十六期：玉砌迎凉图
第十七期：停针忆远人
第十八期：惊鸿一瞥（胡伯翔）

然而这些充满传统仕女图联想的古典标题，对应的却非一成不变、静态被动的女性图像。在《眉语》小说杂志封面上出现的“时装美女”，充分凸显出“时尚—现代性”（la mode 与 la modernitè）的联结（时尚早已折进了现代性之中，现代性总已是时尚现代性），让《眉语》的“时间感性”出现在以“月眉”为题的新旧折叠之中，乃是以出刊日为刊名的“新”杂志命名方式（阳历每月月初出刊），绕个弯折叠“旧”的“双眉”：阴历“上弦月”与女性面容之提喻。如前所分析，与《青年杂志》创刊号同年同月发行的第十二期《眉语》，乃是以出刊日期“乙卯九月”的阳历—阴历折叠，搭配封面上时装美人的“服装—发式—身体姿态”关系配置（另一种时间的绉折）。诚如魏绍昌在《我看鸳鸯蝴蝶派》中的细致观察：

> 因为一二十年代彩色图版尚未普及，杂志封面的题名与底版，虽已有套色，图片基本上还是单色，而且绘画多于照片，画的大多是当时的时装妇女。如果将20世纪10年代出版的《小说时报》《眉语》和20年代出版的《半月》《社会之花》的封面相比对照，就能区别出十年之隔，妇女的发式、服装有着明显不同的变化。

杂志封面的“十年之隔”，不仅隔出了不同的服装发式，也隔出了绘画与照片、“时装美人”与“摩登女郎”。若是我们把“隔”当成“区（曲）别且连续”的变化而非“区别且分离”的断裂，那我们是否可以把当代相关研究过多投注于“摩登女郎”的焦点，暂时转到往前“十年之隔”的“时装美人”，看这些《凭栏寄相思》《人面花光相映红》的“老旧”鸳蝴派杂志封面，如何有可能给出“时尚现代性”的绉折运动。以下我们将从《眉语》最具争议性的创刊裸体封面《清白女儿身》出发，以相互比较、相互折叠的方式带到最后一期女子驾车的《惊鸿一瞥》，来探讨“时装美人”封面作为“微绉折”的可能阅读方式。

《眉语》创刊号的一鸣惊人、引领“封”潮，当首拜封面上的裸体美人之赐。

虽说早在1910年《小说时报》就已大剌剌地将意大利美术馆裸体美

人名画收录其中，但《眉语》创刊号将美人裸体画直接放在封面，确实更为明目张胆。诚如学者孙丽莹所言："民初，女性裸体图像开始频繁出现在印刷媒体上，使得各阶层读者有机会接触到。至20世纪10年代末期，裸体画已得以陈列展览会所，虽彼时仍遭到正统势力的打压，但毕竟原先属于私人视域的女性裸体从前所未有的规模进入公共视域，在公众的凝视（gaze）下被广泛讨论。"[1]

然此女性裸体与公共视域的联结，如何才能跳脱出泛道德（裸体情色、裸体猥亵）或泛政治（裸体民主、裸体前卫）的"广泛讨论"框架呢？首先就"见其所见"言之，此女性裸体封面让"赤身/裸体"（nakedness/nude）的区分本身，增加了"穿文化"的面向。在当代艺术研究的定义之中，"赤身"指的是没穿衣服的赤裸身体，"裸体"指的是没穿实体之衣但穿着文化或艺术之衣的绘画表现形式，故画中的美女可以赤裸身体，但其身体四肢摆放的姿态、其眼神妆容、其房间摆饰乃至于光影、肉色，都有不同时代、不同文化的艺术传承作为看不见的衣饰。故在当代艺术史家的眼中，西方没有"赤身"的"裸体画"，所有的"裸体画"都穿了艺术形式的"衣饰"。

若以此"赤身/裸体"的观点看《眉语》创刊号的裸体美人封面，其乃是同时穿着了中西文化与艺术表现的双重"衣饰"。就第一个层次而言，此立姿裸女与西方古典裸体画的横卧裸女较为不同，而与19世纪照相技术所开发的立姿裸女摄影较为贴近，而此摄影美学形式乃同时贴挤了希腊罗马时

---

[1] 孙丽莹的论文《1920年代上海的画家、知识分子与裸体视觉文化：以张竞生〈裸体研究〉为中心》，针对当代艺术研究中"赤身/裸体"议题与"视觉转向"（the pictorial turn），做了相当全面的书目爬梳，中英文相关著作与论文皆齐备，可为参考，本章不再赘述。该论文的探讨重心为20世纪20年代的裸体视觉文化，此研究领域的相关著作丰富精彩，包括吴方正、安雅兰（Julia Andrews）、梁庄爱伦（Johnston Laing）、叶凯蒂（Catherine Yeh）等，而本章则是尝试往前寻"十年之隔"，聚焦于20世纪10年代的裸体美人封面。就历史的绉折运动而言，其或许也可被视为20年代裸体艺术争议与社会裸体运动的某种"前历史"或"前折"，然非因果关系，而是历史作为"翻新行势"所给出的上一个"裸体形式"，而"前折""后折"的折折联动，也不在于仿效或复制，而在于重复出现中的变化莫测，牵动不一样的关系配置，给出不一样"裸"的感觉团块。

期裸女雕塑（此亦有评者称此《眉语》封面乃“希腊雕像”之由），故此裸体绘画之不只为绘画，乃在于摄影与雕塑之“穿历史”贴挤。就第二个层次而言，此中国裸女绘画之“中国”，不仅在于画中女子的面貌发色，更在于画面本身的“气韵生动”，从裸女的身体姿势线条（从手肘、身躯到发梢）观之，再加上透明纱巾流动飘逸的方向，基本上此“气韵生动”乃是由上往下的逆时针方向流动，无光源点，无物体阴影，却有西方绘画传统所无的气流轨道。若以此创刊号的中国裸女绘画封面与《眉语》第二期的西方裸女（仅裸肩背）侧面摄影封面相比较，当更可清晰辨别其在人体写实度上的巨大差异，一个二度空间的飘飘欲仙，如梦如幻，头部、身体与手肘手掌尺寸比例略显突兀，一个三度空间的肉感真实，触手可及，身体尺寸比例完美。

这种差异对比似乎又再一次验证艺术史家最爱谈的中国“气—身体”或“消散身体”（the dispersing body），不会被彻底物质化为客观存在的真实实体[1]，而是将人体融入自然，体现气在宇宙间的运行，或是当代哲学家最爱谈的中国裸体画之缺无，正在于无抽象形式的本质思考[2]。

而在此“身体—文化”形式的分析之中，画家郑曼陀的美女月份牌画风亦不容忽视。被视为月份牌广告画鼻祖的郑曼陀，以擦笔水彩法闻名于世，专擅“时装美人”，打破传统仕女图“千人一面”的弯眉细目、樱桃小嘴，也打破传统仕女图的工笔画法，而能以细腻传神的擦笔水彩，“写真”女子面貌身容与都会时尚细节，有如照相式人像。而“曼陀风”的美女月份牌，又以清纯书卷气的女学生为尚。[3]然郑曼陀画穿衣服的“时装美人”，

---

[1] Hay, John. “The Body Invisible in Chinese Art.*Body, Subject, and Power in China.* Eds. Angela Zito and Tani E. Barlow. Ithaca: Cornell University Press, 1994. p.52.

[2] Jullien, Francois. *The Imposible Nude: Chinese Art and Western Aesthetics.* Chicago: University of Chicago Press. 2007.

[3] 蒋英《月份牌广告画中女性形象演变之分析》,《南京艺术学院学报（美术与设计）》2003年第1期 。郑曼陀的“擦笔淡彩”乃是先用定精粉擦出图像的明暗变化，再用西洋水彩层层渲染，以造成透明湿润、肌肤白里透红的效果（《眉语》创刊号单色，非典型郑曼陀的“擦笔淡彩”）。而后月份牌的表现手法，逐渐转以杭穉英为代表人物的“擦笔重彩”，原本的清纯女学生，也被穿着紧身旗袍、高跟鞋，烫卷发的艳丽摩登都会女郎所取代。

也画不穿衣服的“裸女”。发行于1914年10月的裸体封面，比郑曼陀另一幅为中法药房绘制、号称开启月份牌裸体画的《贵妃出浴图》(1915)，还早上几个月。故评者多谓“郑氏生前手绘《眉语》创刊号犹如希腊雕像的裸女封面画也就更难得见了。有趣的是，画中这位出浴女子的肢体动作虽趋近于西方雕塑艺术讲究的健美形象，但其面容体态却呈现出传统东方女性的特有韵味”[1]。或许我们并不完全同意此处东方面容体态/西方健美肢体的对比方式，毕竟《清白女儿身》的清雅飘逸，乃是以“清”的洁净无瑕亦无邪，带出“轻”的无实体感、无重力感(仿佛能被气流所卷走)，较无法体现如《眉语》第二期封面所表现的“西方健美肢体”。而更重要的是，这些面容体态与肢体动作所筑基的水墨笔法，乃是一种具有创新能量的“新旧折叠”，带出的乃是“擦笔水彩画”作为中国炭精擦笔法与西洋水彩画的折叠，亦是“上海月份牌画”作为“年画—广告”的折叠。

但这样的阅读方式，仍是将“清白女儿身”的裸体封面，同时读成没有穿实质衣服的裸女与穿了文化衣服(中国“气—身体”与清末民初美女月份牌画风)的裸女，然有没有可能更进一步将此封面读成“时装美人”的裸体画呢？但明明是“裸体”，如何有可能谈“时装”呢？诚如艺术史服饰研究学者侯兰德(Anne Hollander)在《穿透服饰》(*Seeing through Clothes*)中的精彩阐释与图例说明，西方裸体画中没有穿衣服的女人，乃是用其肉体在穿衣服，彼时的时尚流行已不再是直接以面料与剪裁的物质形式出现，而是间接化成肉体的形式再现，尚细腰时尚的时代，裸女腰部纤细，尚丰胸时尚的时代，裸女胸部丰满，尚翘臀时尚的时代，裸女则臀部丰美。那回到《眉语》的创刊号封面端详，其乃同时给出看得见的“时妆”与看不见的“时装”。看得见的“时妆”当然是指此长发女子头上明显可见的“前刘海”，已被拨向右边，而留下左边清晰的发线。而其看不见的“时装”，则又是双重的看不见：看不见“文明新装”，也看不见“文明新

[1] 李志铭《30年代中国“漂亮的书”来自上海》，《五四光影：近代文学期刊展》，第11页。

◆《眉语》第一期封面《清白女儿身》

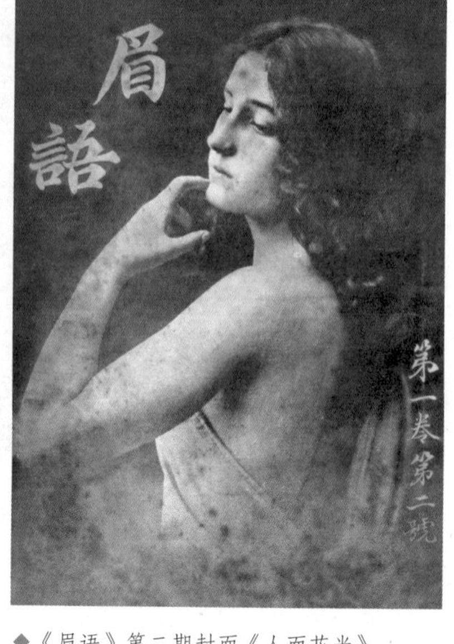

◆《眉语》第二期封面《人面花光》

装”里面用来压平胸部的“小马甲”。[1]

《眉语》封面上小胸部的裸女，指向的不是古代仕女图在层层衣饰之下的“平胸美学”，也不是裸体写生的可能写实呈现（概率甚微），而是民初窄衣窄裙“文明新装”的内衣“小马甲”之时髦流行。我们可以进一步拿此创刊号封面与《眉语》第六期的裸体封面相比较，后者显然比前者更气韵生动，更飘飘欲仙，连薄纱丝缕的尾端都呈卷云状，气海氤氲如飞天仙女，然两者作为“时装美人裸体画”的表达却十分一致，在其裸露的平坦胸部之上，折叠着文明新装小马甲的时尚美学，即便后者的发式已从“燕尾式前刘海”改为“卷帘式前刘海”。

而更有趣的比较，则出现在《眉语》第六期裸体封面与《眉语》最后一期的女子驾车封面。此两封面的女子发式，都是当时最时髦流行的“卷帘式前刘海”，然前者通过飘飞薄纱所带出的气韵生动，已全然转换成后者

[1] 有关民初“小马甲”的相关讨论，可参见第六章第三节。

◆《眉语》第六期封面《兰汤浴倦图》

◆《眉语》第十八期封面《惊鸿一瞥》

经由机械车辆所造成的移动速度。虽然驾车女子的脖子上亦围有飘飞的薄纱围巾一条，然此薄纱围巾已非《眉语》第一期与第六期裸体封面上用来营造美学氛围的薄纱围巾（既呼应神话飞天仙女的衣袂飘飘，亦呼应彼时西方女性裸体摄影的欲遮还羞），而是民初女学生在粉颈上系围巾的时髦打扮[1]，一如当时的讽刺诗所言："两肩一幅白绫拖，体态何人像最多。摇曳风前来缓缓，太真返自马嵬坡。"（谷夫）而飘飞的薄纱围巾，其动势乃同时指向车子的行径风速与大自然的风向（由中景大树的枝丫走势带出），让自然与机械、气韵与速度相互折叠。这幅由民初另一位知名的月份牌画家胡伯翔所绘制的"时装美人"，虽采"平光"的"无影绘法"，却已成功运用前、中、后三景与笔墨的浓淡深浅，拉出空间深度与焦点透视感。[2]

---

[1] 黄强《中国服饰画史》，天津：百花文艺出版社，2007 年，第 177 页。吴昊《中国妇女服饰与身体革命（1911—1935）》，香港：三联书店，2006 年，第 47 页。

[2] "平光"本摄影用语，用于此处乃十分贴切画家胡伯翔的摄影渊源，其不仅在创作月份牌美女画时，擅采照相构图，更于 1914 年开始摄影，20 世纪 20 年代与郎静山等人共同组织中华摄影学会，并于 30 年代创办《中华摄影杂志》。

而驾车女子作为飘逸灵秀的“时装美人”，其“微绉折”之“微”不仅在于时髦刘海，不仅在于时髦围巾，更在于其所具现的“裤子革命”。《眉语》封面的“时装美人”，或上衣下裙的“文明新装”，或更显年轻的上衣下裤。“文明新装”作为一种民初的新旧折叠，乃是在既有汉族妇女上衣下裳的形制中“去装饰化”：身上不戴簪、钏、耳环、戒指等首饰，衣饰不带花边绣纹，以窄而修长的高领衫袄和黑色长裙为主。故“文明新装”之为“时装”，正在于以“去装饰”废除一切象征贵族传统、封建制度的奢华繁复，正在于以“去装饰”呼应清末兴女学的素朴知性装扮与民国新建的改革气象。而此朴素简便的“新身体—服饰”作为“文明”的新界定和新时代、新思潮的表征，亦是受到日本现代女装的影响，故“文明新装”亦可说是某种程度的中日（翻译）绉折。而清楚露出年轻女子腿部线条的“裤子革命”，则更是“时装美人”的大跃进。辛亥革命推翻帝制，“民初风气开化，上衣下裙和上衣下裤成为女子的时兴装束，裤装大受女性青睐，裤装外穿不分阶级，大家闺秀也乐意穿裤装，以便自己行动轻便，合乎潮流”[1]。我们已经尝试从第一期不穿衣的“时装美人”谈到了最后一期穿衣的“时装美人”，但《眉语》“时装美人”作为“时间微绉折”的概念发展，最后还是要回到“杂志”之“杂”的本身，如何杂糅新与旧，如何贴挤女学生、妓女与裸女。在此我们必须面对处理的，乃是“杂志”之“杂”的政治与美学。不论是“杂志”在最初欧美语境里作为“仓库”，或“杂志”在最初中文语境里作为趣闻、逸事、掌故之笔记汇集，其“杂”在理论上的“基进性”，不在于内容的庞杂丰富（以空间并置的方式出现），而在于“杂”与“杂种性”的联结，亦即作为时间“带有变动可能的重复”、作为

[1] 黄强《中国服饰画史》，第176页。按照吴昊的研究观察，民初女子裤装的三大来源：粤式女装、女学堂操衣、女子北伐队装。其一，“妇女把长裤着在外面，是清末‘粤式’女装开风气之先”。其二，“着裤风气，女子学堂亦开先例”，而操衣样式上装为短袄，袄外束腰带，下配长裤，裤脚以带绑束。其三，1916年10月孙中山以广东省为二次革命的大本营，决定出师北伐，参与北伐队伍的妇女“穿着上衣下裤，武气赳赳地上阵”，以裤装的行动力来象征革命、进步、救中国。

“践履现代性”的联结。[1]

故就“时间微绉折”而言，《眉语》杂志不是将女学生、妓女与裸女混为一谈，而是让我们看到民初的“翻新行势”是如何让这些貌似不相连属、“区别且分离”的女人，成为连续变化、“曲别且连续”的“流变—女人”（不是流变成某一种女人，而是让女人作为身份认同、作为男女二元对立界定方式的本身产生流变），此亦即《眉语》杂志真正“微阴性”之所在。

就让我们以本章前面所聚焦讨论、与《青年杂志》创刊号同年同月出版的《眉语》第12期为例，其目次依例分为图画与文字两大部分，文字部分包括短篇小说、长篇小说、文苑与杂撰，而图画部分则是以时装美人画、裸体美人画、爱情画与名妓合影为主，一如此期在1915年11月19日《申报》所刊登之广告所示：

> “玉池清水白莲花”之半身裸体美人画，“持将灯影照郎归”之时装美人画，“罗衫才褪恼郎窥，解裙量度小腰围”之裸体美人图，“口脂羞度（吐兰依玉）花下戏侬”之爱情画。此外尚有中国各省名妓合影全图共一百另二人，南脂北粉，莺媚燕俏，实不可多得之物，亦诸君不可多得之眼福也。再凡在本埠直接向总发行所现购本号《眉语》一册者，奉赠精美明信片画三张，香艳美丽，幸勿交臂失之，每册大洋四角，全年十二册大洋四元。总发行所棋盘街交通路新学会社。[2]

过去评者对此雅俗交杂、以裸体为宣传诉求或赠品的做法，多以市场商业考虑一言以蔽之，“而只是在卷首铜版精印了许多西洋妇女的袒胸露

---

[1] “杂志”的英文magazine，源自法语magasin，即“仓库”之意，后更引申为市集或商店、百货公司，以不断更新的文章、信息与商品视觉展示，来强烈吸引消费者／读者的目光，可参见Ohmann, R. M. *Selling Culture: Magazines, Markets and the Class at the Turn of the Century*. New York: Verso,1998.

[2] 《眉语》第13期与第15期，还特别刊登预告，凡预定杂志半年者，赠送香艳精美的大幅裸体美人月份牌，长二尺、宽尺余。

乳的照片，以做招徕之用”[1]，但我们却是希望在《眉语》杂志之杂糅“爱情—时装—裸体—妓女—女学生”的配置关系中，看到“前历史”与“后历史”、前折与后折的折折联动，亦即时间微绉折的力量与流变。这种力量与流变所造成的张力、冲突、联结、翻转，或亦未必全能以“共和”即“民主”“民主”即“平权”的方式一言以蔽之：不分穿衣裸体，不分贫富贵贱皆一律平等的“共和”精神。[2]

那如何以绉折运动的观点，看待《眉语》杂志之“杂种性”呢？当前有关清末民初上海妓女的相关研究，已成功凸显女性“身体—商品—现代性”的联结，而时髦倌人作为“时装美人”“前历史”的可能，一如“摩登女郎”作为“时装美人”“后历史”的可能。晚清的“时髦倌人”带动的乃是整个社会的“贫学富，富学娼”，而进入民国之后，则是让位给“新潮女学生”，“早期的时装美女就是女学生。但是女学生的时代，月份牌还没有达到轰轰烈烈的地步”[3]。

而《眉语》所凸显学堂打扮的新潮女学生之为“时装美人”，正在于其从思想到行为、从前刘海到裤装，均具现历史折折联动的力量与流变。故《眉语》中的妓女小照，对“五四”进步知识分子而言，乃是旧式文人、青楼文化的封建遗绪，乃是新旧断裂之中不去不快的“旧”。但对《眉语》杂志的女性编辑群而言，妓女小照既有女权革命一视同仁的平等意识，亦有时尚加摄影的新潮联想，更有时髦流行的推广效应，乃是新旧交叠中无法切割无法斩断的绉折。

---

[1] 范伯群《礼拜六的蝴蝶梦》，第34页。

[2] 黄锦珠《晚清小说中的新女性研究》以女权的视角，成功链接废缠足、兴女学与“男女平权”“自由结婚”，在排满的“种族革命”中析剔出女权的“家庭革命”，共同给出“共和”的特定意含与新能量。而陈建华的《演讲实录一：民国初期消闲杂志与女性话语的转型》，则是通过对民初消闲杂志的图像分析，将中国的“共和”概念与西方的“民主”概念相勾连，点出这些杂志主编多为反对袁世凯专制的南社文人，故极力倡导“言论自由”与“男女平权”。而沈燕则是盛赞《眉语》的视野广阔，不论是描写异国风情或平等自由新思想，皆能巧妙运用细腻语言，揭露父权、夫权的压迫体制，并勇敢追求浪漫爱情。

[3] 素素《前世今生》，海口：南海出版公司，2003年，第137页。

而“女学生—妓女”的绉折（名为绉折，便在于强调其相互解畛域化的可能，而非从A到B，或从B到A的线性发展或前后因果），亦可以帮助我们概念化“裸体—文明新装”的绉折，不再是裸体 vs. 服饰，而是裸体与服饰皆为“时”装，皆展现特定历史时空的文化想象。让我们以《眉语》主编高剑华所撰的《裸体美人语》短篇小说为例，该小说描述一位赤诚纯真的“奇美人”，在山洞之中奇遇裸体美人，而裸体美人对其的开导乃是：

> 脂粉污人，衣饰拘礼，世间万恶莫大于饰，伪君子以伪道德为饰，淫荡儿以衣履为饰，饰则失其本性，重于客气，而机械心盛，返真无日矣。吾悲世人之险诈欺饰也，吾避之唯恐不速，吾居此留吾天然之皎洁，养吾天性之浑朴，无取乎繁华文饰，而吾心神之美趣浓郁，当无上于此者矣。[1]

裸体美人的教诲重点，乃是建立在双重的“去装饰”，去除伪道德机心的险诈欺饰，亦去除脂粉衣履的繁华文饰，而裸体之皎洁浑朴，正是此双重“去装饰”的身体力行。这段文字当然可以被视为《眉语》主编本人，为其刊物的裸女封面与裸女画所提出的激进立场说明，然这段为裸体而辩的小说文字，不也同时可与文明新装“去装饰”的“身体—服饰”实践穿凿附会一番，让不穿衣服的“裸体”可被视为民初女子素朴实践的“文明身体”，一如穿衣服的“文明新装”亦可被视为民初女子去装饰的一种“裸装”，皆以“归真返璞”作为新时代、新身体、新服饰的表征。

而“爱情—时装”的绉折，则更是贯穿“女学生—妓女”“裸体—文明新装”的折折联动。《眉语》所呈现的鸳鸯蝴蝶派爱情小说，已然改写传统章回小说才子佳人的套式，然其“大进步”并非如鲁迅以嘲讽的口吻所言的佳人变成良家女子（非妓女）“和才子相悦相恋”，而在于“浪漫爱”作

[1] 陈建华《演讲实录一：民国初期消闲杂志与女性话语的转型》，《中正汉学研究》第22辑，第379页。

为新旧、中西交叠的话语，如何在民初发酵，并以女学生为阅读主体的壮大，以自由恋爱、婚姻自主为理想投射，直接撼动“父母之命，媒妁之言”的传统婚姻制度。[1]

故民初鸳蝴派“浪漫爱”所带动的，乃是闺阁中的“德先生”，私领域的民主化，企图创造“浪漫爱”作为现代性在情感秩序上的革命创新可能。[2]

而学者周蕾对鸳蝴派所给出“浪漫爱”全球格局的分析，最是深刻：

> 被盲目崇拜的或商品化的正是爱情的“客观性”或公众透明性，爱情一方面成为有些过时而逐渐变得不透明的儒家文化的“沟通”方式，另一方面成为由于是异国的而变得具威胁性、不透明的西方科技世界的沟通渠道。这样，我们就能理解为何在20世纪最初20年间，一种明显地在退化的古文可以如此轻易地参与，触发爱情，触发“自然的”“革命性”的感觉，达到普遍的文化发泄目标。……当爱情被物化为全球性流通货币的时候，其影响程度，其实依赖“外来的”范例能够被翻译成为适合当时中国的规范的成功程度。在具有普遍性的名义下能够与西方“兑换”的“爱情”，却似乎顽强地依附在我们“纯粹本土”的鸳蝴故事中熟悉的叙述模式上。[3]

---

[1] 一般而言，“鸳鸯蝴蝶派文学”作为总称，可以包括各种细部分类，如“言情小说”“社会小说”“武侠小说”“侦探小说”“滑稽小说”“历史小说”“宫闱小说”“民间小说”与“公案小说”等（魏绍昌《我看鸳鸯蝴蝶派》，第156—193页）。而本章集中探讨的乃是以男女爱情故事为主轴的“言情小说”类别中在民初蔚为风行的“哀情小说”。

[2] 正如吉登斯（Anthony Giddens）在《亲密关系的转变：现代社会的性、爱、欲》（*The Transformation of Intimacy: Sexuality, Love & Eroticism in Modern Societies*）中所言，“浪漫爱是纯粹关系的先驱”，“亲密关系指的是人际关系领域的全面民主化，与公领域的民主并无二致，而且还有其他的蕴含，因此亲密关系的转变对整个现代制度都可能有颠覆性的影响”。

[3] 周蕾《妇女与中国现代性：东西之间阅读汇》，台北：麦田出版社，1992年，第134—135页。

鸳蝴哀情小说的成功，正是将外来 / 本土，中国 / 西方的“区别”转换为“曲别”，让“儒家道德—文言文—言情小说—西方科技”产生新的配置关系。而《眉语》的发行，不仅提供此新配置关系下庞大阅读市场的消费渠道，更是给曾是女学生的主编群一个创作鸳蝴小说、编辑鸳蝴小说的大好机会：“女性不仅是言情小说的消费者，还是言情小说的制造者，1914 年创刊的《眉语》杂志，就是由女性自己主编的，其撰稿人也多为女性。”[1]

由此观之，《眉语》所表达的鸳蝴“浪漫爱”与其所奠基的新生产消费配置，让爱情也成为一种“时装”，不仅要看穿着时髦的女学生谈着时髦的爱情，也是要以消费（甚至撰写、编辑）小说杂志的方式参与新都会生活的时髦流行。

于是在“五四”进步知识分子眼中有如“文丐”“文妓”的鸳蝴作家、有如“美人怪物”般的鸳蝴小说杂志，却可以是新旧杂陈、中西交织的“时间微绉折”，杂糅贴挤着时装、浪漫爱、妓女、女学生与裸体。“五四”进步知识分子的“阳性现代”，乃是一刀两断地斩断过去、投向未来，而鸳蝴小说杂志的“阴性时髦”，则是创新与复古、变动与重复的绉折运动，不干不净的中间物与永远的“介于其间”（绉折接着绉折的折折联动）。“阳性现代”的“推陈出新”，乃是推挤同时代之相异文化为“陈”（陈旧落伍），以打开己身“新”之为新的论述空间，而“阴性时髦”的“推陈出新”，则有如地壳变动、地层推挤般将“陈”（已形成、已存在或已“沉”在下面），推挤出来而变成了“新”。此处新 / 旧不再对立，新 / 旧不再断裂，“新”乃成为旧与旧穿历史、穿文化的折叠与贴挤。而也唯有在这样“新 / 旧对立”与“新—旧折叠”的不同时间感性之中，我们才能再次了解为何《眉语》不是前现代，为何《眉语》也不是被压抑的现代，《眉语》乃是现代性的内在性别区辨，亦即“阳性现代”与“阴性时髦”作为现代性的分裂与双重。

（本章所采用之杂志封面图像，由旧香居提供，在此致谢。）

[1] 素素《前世今生》，第 68 页。《眉语》的编辑群，除了女性编辑主任高剑华之外，尚有女性编辑员顾纫茝、马嗣梅、梁桂琴三名，男性襄理许啸天、吴剑鹿两名。

6

现代性的曲线

如果时尚现代性可以被想象成一种线条的话，那它是直线还是曲线？是由直线变成的曲线，还是由曲线变成的直线？而什么又是“线性时间—进步意识”的大历史与服饰身体线条的小历史之间可能的想象联结？本章将继续从“同音译字”的翻译绉折出发，在“shame 代性”“羡代性”之外，探讨“线代性”的概念化可能，不仅要在看到听到现代性时，也同时看到听到时尚（字源的折入），也要在看到听到现代性时，也同时看到听到“线代性”（译字的折入）。但此“线”究竟为何“线”，直线还是曲线，实线还是虚线，线性还是非线性？若直线也只是一条曲率为零的曲线，那直线与曲线如何有可能概念化为不同的时间感性与历史意识？如果“shame 代性”与“羡代性”的并置，给出 shame 与羡之间的一体两面，那“线代性”是否也可同时给出直线与曲线之间的张力与翻转可能呢？ 先让我们来看看“殖民现代性”最常被批判的“线性史观”，其构筑于以“直线”为想象的“线性时间”，由过去、现在到未来，并依此直线想象去进行历史分期、去开展单线的历史因果论，甚至去建构民族国家叙事的历史目的论。本书第四章对“创伤现代性”的反思，第五章对“阳性现代”的批判，都是某种程度想要凸显其“线代性”所内涵于中的“直线线性史观”，如何强化今 / 昔、现代 / 传统的断裂分隔与优胜劣败。而在当前的时尚研究中，亦不乏以此直线发展的进步史观所建构的“中西服饰史”。第一步乃是先将“中国”与“西方”当成两个端点，以进行对立比较：中国服饰直线轮廓，西方服饰曲线轮廓；中国服饰平面剪裁，西方服饰立体剪裁；中国服饰宽衣系统，西方服饰窄衣系统。第二步则是将此两个端点连成一线，由中到西，以直线发展的进步史观来“线性化”原本的二元对立比较：中国服饰的“现代化”乃是由原本的“直线”进化到西方的“曲线”，由原本的“平面”进化到西方的“立体”，由原本的“宽衣”进化到西方的“窄衣”。[1]故此以“线性进步史观”所建立的中西服饰史，不仅强化两个端点的固定不变（中是中，西是西，彼此之间的距离与位置清晰可辨），更是以两点所连成一线的固定向量（由中到西，由传统到现代，由落伍到文明）为最终依归，即使出现号称所谓具有民族主义特色的服饰（如旗袍、中山装），依旧是遵循此直线到曲线、平面到立体、宽衣到窄衣的“线性进步史观”去做推断论定。

而本章正是要尝试在“身体—服饰”的“曲直”之中谈“曲线”，以便能“基进”质疑“直线进步史观”的“由直到曲”。但本章的“曲线”有两种，一种是作为“身体—时装”的曲线，一种是作为“历史—绉折”的曲线。第一种曲线较易掌握，不论是以时装跟随身体的“自然”曲线，或是以时装创造身体的“人工”曲线，或是以直线线条改变身体的轮廓，其中的自然 / 人工皆属建构，而直 / 曲乃为光谱位置、层次或比例差异而非严格的二元对立。而第二种曲线较为抽象，乃是紧贴当代的绉折理论。

如本书在第一章所言，德勒兹《褶子》所聚焦的莱布尼兹，视物质的最小单位为不可分割的“绉折”，而非可以分割的“点”，故巴洛克世界乃是遵循“曲率法则”（the law of the curvature），一个由“绉折”运动所形成

[1] 此种“宽衣 / 窄衣”跨文化服饰比较研究的论述方式相当普遍，可参见张竞琼、蔡毅主编的《中外服装史对览》、臧迎春编著的《中西方女装造型比较》等书。

"连续变化"的世界，一个不是刚性颗粒或沙砾所堆积而成（点的区别分离），而是由有如"丘尼卡衫"柔软织品服饰所翻转层叠而出的世界，绉折接着绉折，折折相连。故巴洛克的世界乃是弯曲的，由无限的曲线与曲面所构成，而所有的直线与平面皆是更大的曲线与曲面的局部，没有平直方正的网格线秩序，只有充满弯曲转折的动势，一切都是绉折。而此"曲率法则"（法则而非决定论）更可拉回德勒兹在《差异与重复》（*Differenceand Repetition*）一书中所论及罗马哲学家卢克莱修（Lucretius）的"微偏"（clinamen）[1]，其指原子运动非直线，而是不可预期地随机产生转向、偏倚、倾斜或弯曲。故"微偏"可被视为一种脱离均衡对称的初曲率[2]，让原子运动得以脱离单调被决定的固定直线轨迹，而产生碰撞，创造联结，形成"多样—多折"的关系，给出随机偶然与生成流变的可能。故由"微偏"所形成的世界乃是弯曲的，物质本身即为无穷变易的曲线或旋涡力量，以"物—流"（things-flows）的方式分布于开放的"平滑空间"（smooth space），随时扰乱、曲折、纠结、溢出、重新部署由线性坚实物体所占据封闭的"条纹空间"（striated space）[3]。

故由"曲率法则"与"微偏"概念所带出的"曲线"，就不再是传统几何学所界定曲率大于零的曲线（相对于曲率等于零的直线），此"曲线"指的是运动与力量、速度与强度，充满不可预期的生成变化，不是由固定不动的点相加而成，也不能由两点所连成的一线来预先决定。此"曲线"在德勒兹的理论中又称"抽象线""绉折线""逃逸线"，而本章将以"绉折曲

[1] 此处 *clinamen* 的中文翻译，乃参照朱元鸿在《微偏：笔记的一个秘密联结》中所做的精彩演绎，强调"中译'微偏'的理解不能静止于二维平面或三维空间所呈现的偏向，而必须也包括运动与时间上最小瞬间的'微动'"。该文亦提及德勒兹对"微偏"概念之援引，不在以原子作为最小的分隔独立单位，而在"微偏"作为一种"微分"可能的概念发展。

[2] Serres. Michel. *Conversations on Science, Culture, and Time*. Ann Arbor: The U of Michigan P, 1995, p.46.

[3] Deleuze, Gilles and Felix Guattari. *A thousand Plateaus: Capitalism and Schizophrenia. 1980.* Trans. Brian Massumi. Minneapolis: University of Minnesota Press, 1987, p.361.

线”称之，以同时呼应全书绉折理论的架构以及本章所欲聚焦的“身体曲线”。如果“绉折曲线”的折学概念，足以扰乱弯折所有由几何点、线、面所构筑而成的网格状秩序（“条纹空间”），那本章正是要借由此“绉折曲线”的思考强度，来打散、脱轨、扭曲“直线进步史观”所建构的中西服饰史，以及此史观所给出对立比较的统合系统与线性因果决定论。

以下我们便将进入时尚研究的相关史料，以开展“绉折曲线”作为“翻新行势”与“身体曲线”作为“时尚形式”之间的“合折，开折，再合折”。

一　女装的“直线形”与“曲线形”

由上海商务印书馆发行的《妇女杂志》在1921年举办了一次“女子服装的改良”全国有奖征文活动，并于该年9月号刊出征文活动前七名的文章，赠予现金十元到书券五角不等的奖金。[1]入选的文章作者，有男有女，皆不约而同地强力抨击民国以来“乱世乱穿衣”的各种服饰怪现象，皆异口同声地反装饰、反奢华，而一致主张以朴素、简单、健康、卫生为女子服装设计上的首要考虑。香港的罴士从国民卫生的角度，强调女子衣饰宽大端整之重要：“衣所以护上身者，必须宽大，乃近日吾国女子，多尚短窄，裾仅及腹，袖不掩肘，或更模仿西装，虽冬衣亦坦其胸，且紧窄异常，几碍呼吸，每至肺痿之疾。”贵阳的纫茝女士则是从妇女解放的角度，极力反对当时物化女性的艳服盛装：“衣服所以章身也，不必艳服盛装，然后始可保持健康，发生美感。近年以来，我国中诸姑姊妹，不于教育上求智能之发展，于经济上树独立之根基，于社会上发挥本能，作种种有益人群之事业；乃独于装饰一道，则穷奢极侈，踵事增华，费有用之金钱，为奇异

[1] 1915年1月《妇女杂志》创刊于上海，由商务印书馆印行，至1931年12月停刊，连续出刊17年，为中国妇女报刊史上第一份历史最久的刊物。其发行面极广，以上海商务为总发行所，分售处有北京、天津、奉天、云南、澳门、香港等28个城市。

之装束，亦何怪男子视妇女为玩物哉？”而成都的鞠式中女士，更从爱国主义的角度，主张女子服饰在形制与面料选用上，皆应回归中国：“吾以为女子衣服，皆宜用本国之棉织物或麻之物，其形式仍采中国旧制，盖西式虽佳，然束缚腰际，甚不合于卫生，襟长以膝为准，袖长以手脉为度。”

这些夹杂了“国族论述”“性别论述”与“道德论述”的女子服装改良刍议，整体而言乃相当传统保守，在反奢华、反艳装、反装饰、反时髦、反物化、反舶来品的同时，尤其反对西化影响下女子服装“紧窄”的趋势，认为此流行既不卫生（阻碍血液流通、肺部呼吸），又不美观（露胸、露腰、露肘、露胫）。然而获得征文首选的作者庄开伯，却不像其他文章作者专注于“宽衣/窄衣”的辩证，虽然他也认为过宽过窄的衣服对身体健康皆不宜，但他之所以可以拔得头筹的原因，或许正在于他在“宽衣/窄衣”之外，一针见血地点出“直线/曲线”的问题：“我国女子的衣服，向来是重直线的形体，不像西洋女子的衣服，是重曲线形的。”对他而言，女子服装的真正改良，不在服装的表面装饰，也不在服装的宽窄长短，而在服装的基本“人体”结构。

> 讲衣之先，须讲身体。人的身体，如第一图，A B是胸，C D是腰，平均计算，胸围比腰围大，所以衣的尺寸，胸部应比腰部大。我国的衣，向来只知量“挂肩”“腰身”和“衣裾”（如第二图），而且“襟缝”“背缝”都是直的，所以穿在身上，不能服帖，并且不卫生。现在改良的计划，就是（一）“襟缝”“背缝”改为曲线形。（二）原有的“挂肩”改名为“挂腋”。（三）原有的“腰身”改名“胸围”。（四）在胸围的下面，称为腰围。（五）“衣裾”仍名“衣裾”（如第三图）。

一反其他文章中充满道德训诫口吻的老生常谈，首选作者以简单、务实和精准的文字，直接指出服装应依循人体结构的方式剪裁。也许没有人会不知道胸部应该比腰部大，但当作者点明裁衣时胸围要比腰围大时，却仿佛成为中国“平面直裁”服饰传统中振聋发聩的一件大事，仿佛千年以

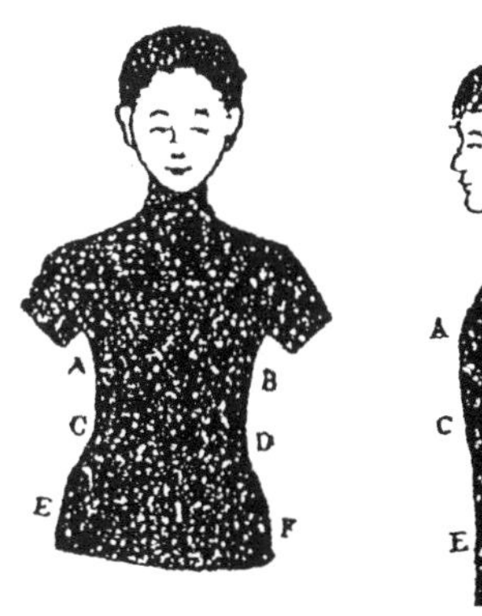

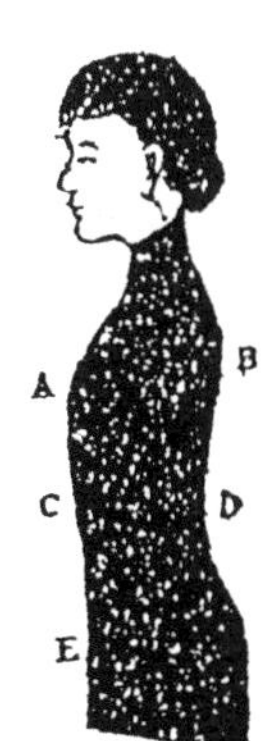

◆“女子服装的改良”征文首选的第一个附图。
出处:《妇女杂志》第七卷第九号(1921年9月),第40页[1]

来强调“宽衣博带”的中国传统服饰，一直到了20世纪才终于出现了胸围、腰围与臀围的曲线概念。[1]而这篇首选征文除了文字之外，还附有三张图说。在第一个附图中，首选作者以英文字母标示出胸围、腰围与臀围的位置，并将左手边“正面”的纸绘人模，旋转90度，成为右手边“侧面”的纸绘人模，而左右两边人模的身体轮廓都是有曲线的。

通过这样的旋转人体，让AB、CD与EF两点之间的距离测量，不再是“平面”上的“直线”，而是“立体”的圆弧线。

在第二个附图中，作者画出传统中国服饰的量身与剪裁方式，平面对折，左右对称，前襟中央的“襟缝”、后背中央的“背缝”与“领花”到“袖口”的(连袖)肩线，皆是一直线到底，只在袖侧、腰侧与衣裾处有微微的曲度。

而第三个改良式“曲线形”的附图，则是将“襟缝”与“背缝”由直线变为曲线，并加大袖侧、腰侧的曲度。他将原本单一的“腰身”一分为

[1] 就传统中国服饰发展史的研究而言，常会举例受“胡服骑射”等影响下较为“窄身合体”的朝代服装(如唐朝)或直接由边疆少数民族所建立的皇朝(如元、清)统治下之服饰，但这些相对于“宽衣博带”传统下较为“窄身合体”的服饰本身，并无相对于现代身体概念的胸围、腰围与臀围，亦主要是以“平面剪裁”为主体，并未发展出西方立体剪裁以及用“省”“死褶”来塑造“身体—服饰”相应的曲线变化。以清朝满族妇女的旗袍为例，其在对比之下，显然要比清朝汉族妇女的宽衣大袖来得“窄身合体”，但仍是直筒无腰身曲线的“平面剪裁”。

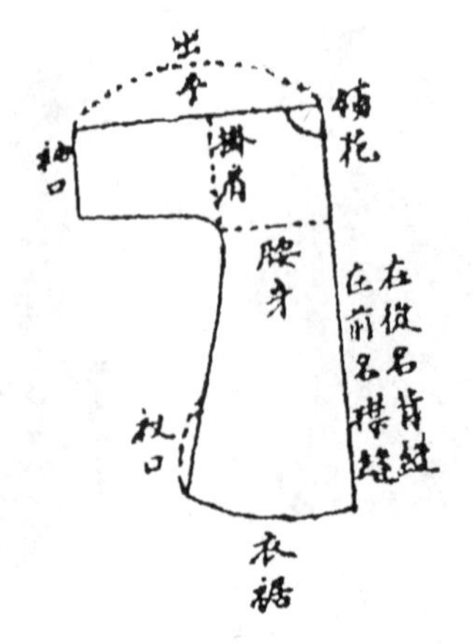

◆“女子服装的改良”征文首选的第二个附图。出处：《妇女杂志》第七卷第九号（1921年9月），第40页

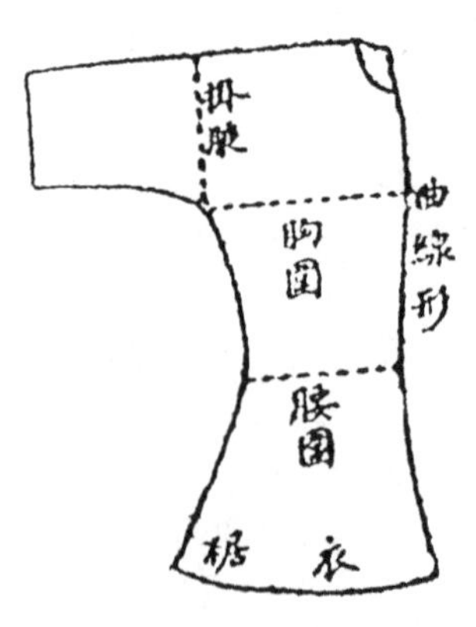

◆“女子服装的改良”征文首选的第三个附图。出处：《妇女杂志》第七卷第九号（1921年9月），第40页

二，以准确的“胸围”与“腰围”命名之。对征文首选作者而言，直线女装改良为曲线女装的重大关键，就在于“腰围”的出现。

虽然以当代的后见之明，我们可以轻易指出此“曲线形”改良女装的重大盲点：此曲线仍是以“平面剪裁”的方式达成。其中出现了两大矛盾。其一是首选作者注意到了“襟缝”与“背缝”的“直线”而加以改良，却忽略了传统中式服装的另一条直线，即领花到袖口的连袖直线，改良前的图二与改良后的图三，都保留了相同的连袖直线剪裁。其二是“立体”与“平面”的矛盾，图一通过90度的旋转，提示出人体的正面与侧面，但图二与图三所呈现服装的上衣裁片，却仍是左右对称的平面对折。首选作者虽处心积虑地想以人体结构改良女装，而提出了三围的构想，但其思考模式本身却依旧囿限于中国传统的平面剪裁，三围的出现只产生了“平面曲线”的修正可能，而非“立体曲线”的创造可能。

如本书第一章“楔子”所言，晚清钦差大臣林则徐号称中国近代“睁眼看世界的第一人”，然其睁眼所看到的英军军裤却是腿足裹缠、结束严密、屈伸皆所不便。林则徐用中国传统平面剪裁的思维，去理解西方现代立体剪裁的合身西裤，其“文化误识 / 误事”之处，便落在紧窄不能屈膝作为可攻击弱点而误判军情。而 1921 年首奖的杂志征文，依旧是以中国传统平面剪裁的思维，去改革现代女子服饰，完全不识西方立体剪裁的“省”或“死褶”之作用，不用衣服裁片去组合，不用胸省、腰省、臀省去折叠，而径自以为将“襟缝”“背缝”改为曲线形（由原本的直线缝合改为曲线缝合），便可达到立体曲线的效果。1921 年首奖作者的剪裁与缝纫常识，难不成与鸦片战争时钦差大臣的西服常识一般，五十步笑百步？但若我们将此论述与图示中不自觉的内在矛盾，放回 20 世纪 20 年代初期西式立体剪裁不甚发达的中国，或许可以部分理解征文首选作者力有未逮之处，而其能够在一片传统保守的女装改良声浪中，独排众议而点出中西服饰在“直线”与“曲线”上的结构差异，亦不无可取之处。但更重要的是，其由“直线形”女装到“曲线形”女装的改良刍议，完全呼应了彼时文化潜意识里的女子身体—时装“由直到曲”的直线进化与进步观点。本章便是要以此《妇女杂志》首选征文的“直线形 / 曲线形”女装之议为出发案例，以便一探中国时尚“线代性”的历史变迁与身体—时装—性别意识的形构，以 19 世纪末到 20 世纪前半叶中国现代女性“身体曲线”的变化，带出“绉折曲线”的生成流变，以松动传统中西跨文化服饰身体研究中所预设的“宽衣 / 窄衣”“直线 / 曲线”“平面 / 立体”等二元对立系统，以及更进一步彻底瓦解此整合系统所默认由宽衣到窄衣、由直线到曲线、由平面到立体的“线性进步观”。

二　时装的文化易界—译介—易介

多宽才叫宽，多紧才叫窄，多直才叫直，多弯才叫曲？“曲直宽窄”可以是一种量化形式的比较标准，并以此比较标准来谈论“身体曲线”的出现与消失：曲与窄对“身体曲线”的凸显，对比于直与宽对“身体曲线”的遮蔽。但“曲直宽窄”也可以是一种非量化、非实体、非线性的“绉折曲线”，牵动着“身体曲线”的盈亏变化，无法永远固定在曲直、宽窄的定点比较与对立之中。故“曲直宽窄”作为“绉折曲线”所开启的，不是

◆换装前：醇亲王福晋与外国驻华官员夫人的合影。出处：王东霞编著：《长袍马褂到西装革履》，第 52 页

◆换装后：醇亲王福晋与外国驻华官员夫人的合影。出处：王东霞编著，《长袍马褂到西装革履》，第 52 页

比较的问题，而是无法比较的问题，不是辨识的问题，而是无法辨识的问题，因为一切皆在变化生成之中，一切皆无法归类整合为条理清晰的网格线（网格）秩序。

那就让我们来看看两张有趣的清末民初照片。一张是醇亲王载沣的福晋与某外国驻华官员夫人的合影。另一张是换上“洋装”的福晋与换上“旗装”的外国驻华官员夫人之合影。

两张照片并列观之，呈现了十分微妙的异同之处。换装前的照片，后有雕梁画栋与彩绘屏风，前有立于两人中间的小王爷，而换装后的照片则无。若就摄影机的角度与距离而言，前后两张照片也出现了细微的改动。若就服饰细节的相互对照而言，前张的“洋装”似乎是直接换穿到福晋身上（袖身过长而上拉起皱），但前张的“旗装”却并未直接换穿到驻华官员夫人身上（官员夫人的衣服换了，似乎连人也换了），而前后两张照片中的头饰也不尽相同。但在这些细微的差异之外，最让我们觉得好奇与惊讶的，却是照片中“洋装”与“旗装”在“曲直宽窄”上的高度相似性，似乎都是以“直筒”线条的方式，达到服饰身体在视觉呈现与整体造型上的一致性。

若根据前面《妇女杂志》征文首选作者的说法，中国“传统”女装的“直线”有别于西方女装的“曲线”，而中国女装的“现代化”即是“曲线化”的过程，那这两张照片中并置的“洋装”与“旗装”，似乎并不符合征文首选作者的说法，因为两者都“微偏”“直筒”而无曲线。那我们可以问“洋装”的曲线跑到哪里去了？纯粹是因为正面摄影而看不见侧面的曲线吗？还是因为“洋装”外面的直筒长外套，遮盖了里面服装在胸、腰、臀之间可能的曲线变化呢？如果“直线”代表传统，而“曲线”代表现代的话，那照片中的矛盾便是：“传统”的旗装似乎还是很“传统”，但“现代”的“洋装”却似乎很不“现代”。如果“宽衣”代表传统，而“窄衣”代表现代的话，那照片中的矛盾便成为：“旗装”似乎并不比“洋装”宽，“洋装”也似乎并不比“旗装”窄。在这两张“文化换装”（cultural cross-dressing）的照片里，我们看不到“直线 / 曲线”的对比，也看不到“宽衣 / 窄衣”的对比，甚至也看不到“平面 / 立体”的对比。如果说在当前的中西服饰比较研究中，惯于将西方近代“立体曲线剪裁的窄衣文化”与中国近代“平面直线剪裁的宽衣文化”并置讨论的话，那这两张照片的“有图为证”，不正是直接挑战了此僵固服饰史论述的二元对立系统？这两张并置照片之所以新奇有趣，正因为其点出的并不是“文化换装”之前与之后的“差异性”，反而是之前与之后的“相似性”，而此“相似性”更让原先建立于“殖民现代性”的二元对立系统（中 / 西、直线 / 曲线、宽衣 / 窄衣、平面 / 立体），以及此系统所默认的“线性进步观”（中国女装由传统的直线进化到西方的曲线，由古代的宽衣进化到近现代的窄衣，由平面装饰进化到立体造型），都变得自相矛盾、暧昧不明。

然而若此矛盾得以“绉折曲线”的概念解构“殖民线代性”，那“绉折曲线”的盈亏变化，也不会只停留在这两张照片所呈现的“时尚形式”之上。如果我们将福晋身上的“旗装”与外国驻华官员夫人身上的“洋装”，各自放回其所在的“身体—服饰”的“力史”流变中观察，就更可以体悟其相互“微偏”、卷入彼此的“翻新行势”。

首先，让我们来看看这件“洋装”可能的流变生成。就其服装样式与时代氛围，照片中的“洋装”基本上有两种可能：一是流行于19世纪末20世纪初的S形女装，二是紧追其后的直线形女装，两者皆被视为西方女装的现代雏形。[1]S形女装据称受到新艺术（*Art Nouveau*）流动曲线造型样式之影响，摆脱了累赘的巴赛尔（bustle）臀垫，使用紧身胸衣（corset）让前胸平整、小腹收缩并使后臀上翘，使得身体侧面形成纤细、流畅、优美的S形而得名。而S形女装虽然展现了蕾丝高领、羊腿袖、裆布多片裙等细节设计，但仍是以紧身胸衣作为雕塑服饰身体的基形，但和早期造型繁复、人工僵硬曲线的西方女装相比，却已具备相当简洁流畅的现代感。因而其所谓的S形曲线（S-bend），并非前（胸部）凸后（臀部）翘的夸张曲线，而是“那时妇女时兴戴假发，假发之外再戴上很大的帽子。帽子以前额伸出，如鸡冠一般，再加上帽子上装饰的鸵鸟羽毛、玫瑰花球等，使得女性头部更加向前突出，就像字母S的头部。衣服紧贴在紧身胸衣外面，因腹部紧束，故腰部下的前摆平直下垂而臀部后翘，拖长及地的后裾就成了字母S的尾部”[2]。

而直线形女装的出现，则被认为与20世纪法国设计师波烈（Paul Poiret，1879-1944）的“东方主义”美学息息相关。[3]波烈于1906年发表“鞘式”女装（“sheath” dress），以垂直管状的外型，放弃束腰造型与紧身内

[1] 就外套形式而言，照片中的“洋装”可能是1900至1910年间西方女性外出时惯于穿着的“淑女外套套装”（Lady Coat Suit），包括上衣下裙与盖过臀部的长外套。而我们此处的分析，则是希望能穿透长外套，看到外套里面的“身体—服饰”线条。

[2] 郑巨欣《世界服装史》，杭州：浙江摄影出版社，2001年，第158页。

[3] 波烈的“东方服饰风格”涵盖面极广，包括阿拉伯、土耳其、俄国、中国、印度与日本。他的作品里出现红、绿、紫、橙、蓝等大量的东方式华丽色彩，采用日本纹样和新艺术纹样的面料，并将波斯织锦、金银线绣、俄罗斯民间刺绣、印度佛珠等运用在服饰设计之上，其“东方服饰风格”的代表作品，包括中国袍服式风格的女性外套“孔子”与1913年创作的一系列“穆斯林风”服装。参见郑巨欣《世界服装史》，第162页。

衣，回归身体的“自然”曲线，不再让“不健康”的“束腰”将女人身体截断为看似相连又像分离的上、下两个部分，而改以肩部为垂挂衣服的身体支点（而非胸部、腰部或臀部的框束），号称乃是让女人身体的胸、腰、臀重新还原为有机整体。在服饰史学者眼中，此直线形女装的出现，更成功响应了西方从 19 世纪末的服饰改革运动到 20 世纪初的美学服饰运动中对“身体解放”的诉求重点[1]。虽然其在视觉造型上，呈现类似高腰身、细长形的古希腊罗马“丘尼卡衫”风格，却因呼应 1795—1799 年法国革命督政府时代对紧身胸衣的扬弃，因而又名“督政府风格”（Directoire Line）。此处的吊诡正是本雅明所言的“新即衣旧”，时尚既是“现代性”线性时间的最佳展现（当下此刻的稍纵即逝，推陈出新），又是“虎跃过往”非线性的影像辩证，此处 20 世纪直线形女装与古希腊罗马“丘尼卡衫”风格、法国革命督政府风格之间的叠映，乃是将其从可能的线性次序（先 S 形女装，而后直线形女装，再 20 年代现代女装）爆破而出，产生穿历史的非线性贴挤。而直线形女装的出现，重新改变了西方女装惯以紧身胸衣、裙撑、臀垫所框塑出的人工轮廓曲线，以更简单朴素的造型、更具功能性与移动力的结构，呼应 20 世纪新潮女性开始大量参与户外活动的社会趋势。

看完了照片中的“洋装”，让我们再来看看照片中的“旗装”。“旗装”为上下连体的袍服，更常用的名称为“旗袍”，乃是清代满族的传统服饰。根据服饰史所载，满族原为东北关外的游牧民族，为利于骑射，而采窄身合体的袍服形式。入主中原后，原先男女无别的“旗袍”开始出现性别差异，女子“旗袍”在衣襟、领子、袖口添加了花边装饰，并由四面开衩改为左右开衩。而清统治时期在其服饰制度上的“男降女不降”（汉族男子改穿旗装，而汉族

[1] Wilson, Elizabeth and Lou Taylor. *Through the Looking Glass*. London: BBC Books, 1989, p. 66. 对波烈而言，此处的“身体解放”更具体确切的说法乃是“腰部解放”，不束腰，不以腰部为支点，而波烈后来的一些服装设计，反倒出现了与“身体解放”改革理念背道而驰的现象，像是“霍布裙”（hobble skirt，又名“蹒跚裙”）的推出，就被嘲笑为有碍行动、束缚女性腿部的倒退作风。

女子仍维持明朝服饰），也造成了满汉妇女在服饰上的差异：满族女子采用上下连体、线条流畅的旗袍，因合体而隐约显现腰身，而汉族女子则采用上下分体、宽衣大袖的服装形制，没有腰身，没有线条。换言之，照片中的外国驻华官员夫人，若不是与醇亲王福晋而是与另一名晚清汉族妇女“文化换装”的话，那直线流畅的“洋装”势必与上下分体、宽衣大袖的“汉装”出现“曲直宽窄”的明显视觉差异。而照片中的“旗袍”也已经与“清初”的旗袍大不相同。清初原本瘦长紧窄的满族女子“旗袍”，百年来在与汉族女子宽衣大袖服饰形制的相互交融中（另一种穿种族的“微偏”），旗装已变得较为宽博，而汉装则变得较为合体，照片中福晋身上的“旗袍”乃属清末民初的满族妇女服饰，“衣身较为宽博，造型线条平直硬朗，衣长至脚踝”[1]。

于是变“宽”了的“旗装”遇见了变“直”了的“洋装”，若由几何坐标平面观之，“旗装”与“洋装”从各自服饰差异演变的历时轴，并置于20世纪初文化换装的顺时轴，便出现了令人讶异的“相似性”，彻底打乱了中西服饰比较研究中原本默认的二元对立系统。然而照片中的“洋装”与“旗装”，其服装直筒“造型”上的“相似性”，并不足以掩盖其在服装“剪裁”上的“相异性”：驻华官员夫人身上的“洋装”乃立体剪裁，而福晋夫人身上的“旗装”却是平面剪裁。换言之，“洋装”脱了下来还是某种程度的“直筒”（衣片分离的曲线剪裁，裁片上乃有胸缝、腰缝与肩缝等缝道），“旗装”脱了下来却是完全的平面，可以平整折叠，“旗装”的貌似“直筒”乃是因为衣服里身体的撑托，而非服装结构本身的立体。换言之，照片中的“旗装”采中国传统剪裁，其平面设计的概念乃为“将衣片分为前后两个部分，不考虑服装的三围尺度、侧面变化以及上下起伏的变化，服装的形成是由前后两衣片缝合而成，而且多为直线缝合”[2]。照片中的“洋装”则是西方近代立体剪裁的产物，其原则为多片剪裁并“用收省的方法以前、后、侧三个方向来去掉胸腰之间的多余的量，使服装有了

[1] 包铭新、马黎等《中国旗袍》，上海：上海文化出版社，1998年，第3页。
[2] 张竞琼、蔡毅编著《中外服装史对览》，上海：中国纺织大学出版社，2000年，第78页。

侧面的造型”[1]。因而照片中“旗袍”的“直筒”是平面的直裁直缝，照片中“洋装”的“直筒”却是立体的收省缝合。[2]但我们也不要忘记，“旗装”的“曲直宽窄”会盈亏变化，“旗装”的直裁直缝也一样不会原地踏步。照片中“洋装”“旗装”的“相似性”与“相异性”，带出的不仅是“中间相遇”（meet in the middle）的问题（西方的S形女装或直线形女装，遇见了中国的满族旗袍），也是“介于其间”（in-between）的区辨问题：直线形女装的“曲直宽窄”往前与S形女装或19世纪末“巴赛尔”女装进行区辨，往后与20世纪20年代管状直筒形女装进行区辨；清末民初满族旗袍的“曲直宽窄”往前与清初叶与中叶满族旗袍的区辨，往后与二三十年代旗袍进行区辨。而若以“绉折曲线”的角度观之，这些动态“区辨”的本身也都是一种给出变化速度与强度的“曲变”，让所有的“介于其间”都可以是绉折接着绉折的折折相连。而“介于其间”的穿文化贴挤，更让我们看到直线形女装与东方服饰风格的折曲、满族旗袍与汉装的折曲，此处之所以用“折曲”而不用具有因果、先后、尊卑的“影响”，正是要凸显时尚“线代性”作为折折相连、弯曲转折的动势，彻底有别于点线面所构成的几何坐标与网格线秩序，没有固定不动的点，也没有两点一线地设定移动方向。

故照片中并置的“洋装”与“旗装”，让我们看到“绉折曲线”在“身

[1] 张竞琼、蔡毅编著《中外服装史对览》，第78页。第一章“楔子”的“林则徐的裤子”已就“省道缝褶”的相关界定进行说明。而包括“省道缝褶”在内的整体“立体剪裁”技巧，不仅让19世纪的英国男性展现修长合身的线条，更在西方女装服饰史中扮演举足轻重的角色，朝向紧身收腰的人工雕塑造型发展，不同历史时段有不同的强化重点，或用紧身胸衣来塑造上半身形体，或用裙撑、臀垫或衬裙来扩大下半身形体。

[2] 有关平面剪裁与立体剪裁之间的差异，有助于我们理解清末服饰西化时的一些“怪现象”。“到了晚清，帝国主义侵入以后，袍衫又改成紧腰窄袖的式样，因其窄几缠身，长可覆足，袖仅容臂，偶然蹲下，即至破裂。所以《京华竹枝词》载：‘新式衣裳夸有根，极长极窄太难伦。洋人着服图灵便，几见缠躬不可蹲。’”（朱睿根《穿戴风华：古代服饰》，台北：万卷楼图书，2000年，第200页）这正说明了为何穿着紧腰窄袖“西装”的洋人可以行动灵便，而穿着紧腰窄袖“袍衫”的中国人，却连弯腰屈膝都困难重重。其中潜在的矛盾，恐怕还是得回到平面剪裁与立体剪裁在衣饰结构上的差异，比较平面的“窄”与立体的“窄”在服饰身体活动能力上的大不同。

体曲线”上所给出穿文化的运动与力量，也让我们看到“时尚”作为“现代性”方法论的积极性：其所展现的不仅是时间意识（现代）、空间意识（城市）、身体意识（身体的性别、身体的速度、身体的线条），更是历史作为“力史”的绉折运动与无穷变化。这两张“文化换装”的照片，给出了“文化易界—译介—易介”（cultural transnation-translation-transition）的动态图标，其激进性不在于换装、变装或混搭，而在于穿在醇亲王福晋身上的“旗装”是“文化易界—译介—易介”的折曲变易，而穿在外国驻华官员夫人身上的“洋装”也是“文化易界—译介—易介”的介于其间。在“异—译—易”文化的绉折运动中，不是A变成了B，或B变成了A，也不是A加上B成了C（强化A、B、C作为固定封闭的单点认识论主体），而是A“微偏”B、B“微偏”C的变化生成，让A不再是原地踏步的A，让B不再是一成不变的B，一切皆在关系中流变生成。由此跨文化“折曲”的动态角度观之，中国时尚“线代性”身体—时装的联结，就不会是单点单向的“西化”影响，而是“物—流”开放的“平滑空间”，充满不可预期的生成变化，虽然此生成变化也将被“条纹空间”的权力与资本结构加以编码。而以下两节将分别以“五四”前后的“文明新装”与二三十年代的“旗袍”为例，谈上衣下裙、两截穿衣的汉族女装与上下连体、一截穿衣的满族旗袍，如何在服装形制的“重复引述”中，展开流行时尚“重新表意”的可能，以及如何在直线直裁的传统中，“绉折”出现代性的“身体曲线”。

三　见腰不见胸的文明新装

多素朴才叫“文明”？多紧窄才叫“新装”？本节将以民初“文明新装”所给出的可疑“身体曲线”，以及其所引发的性别身体焦虑与社会规训为出发，来铺展所谓的女性“现代/时髦”身体曲线的可疑、可议、可虑，如何对应到身体的不同部位，如何重新界定身体—时装的暴露与遮蔽、前卫与保守。“文明新装”的出现，多被视为汉族妇女上衣下裳形制的“现代化”转变，以上下分体、两截穿衣的“重复表述”，开展身体线条意识的“重新表意”。如前所述，对“文明新装”的定义，众说纷纭。狭义来说，“文明新装”即白运动帽、白布衫、黑布裙的女学生装：“这种服饰，首由京、沪等地大中学校的女学生倡导，逐渐蔓延到家庭妇女和有工作的知识女性。到‘五四’时期，简洁的白运动帽，宽松短袖的白布衫，庄重典雅的黑布裙，成了女学生的流行服装，不少大中学校还把它定为女生校服。”[1]广义来说，不戴簪、钏、耳环、戒指等首饰，上穿朴素衣衫，下穿不带花边绣纹的黑色长裙，即是“文明新装”：“民国初年，由于留日学生甚多，服装式样受到很大影响，多穿窄而修长的高领衫袄和黑色长裙，不施质纹，不戴簪钗、手镯、耳环、戒指等饰物，以区别20年代以前的清代服装而被称之为‘文明新装’。”[2]

但不论是狭义或广义的解释，“文明新装”的第一个特点乃是第五章结尾已强调的“去装饰”，不仅去掉身体上的首饰，也去掉衣服上的纹饰，以“素朴”作为“文明”的新界定，让中国时尚现代性与西方时尚现代性有如异曲同工，都强调以“去装饰”作为新时代、新思潮的表征，废除一切象征贵族传统、封建制度的奢华繁复，创造朴素简便的新服饰身体。正如张爱玲在她那篇脍炙人口的《更衣记》中所言：“古中国的时装设计家似乎不知道，一个女人到底不是大观园。太多的堆砌使兴趣不能集中。我们的时装的历史，一言以蔽之，就是这些点缀品的逐渐减去。”

而下面这段引文，则更是把此狭义与广义定义之间的差异加以历史脉络化，并对“文明新装”的形制变化，做了更为详尽细致的描绘：

> 到了20年代，日本女式改良服装在上海流行起来，上衣多为腰身

[1] 王东霞编著《从长袍马褂到西装革履》，成都：四川人民出版社，2002年，第116页。

[2] 华梅《中国服装史》，天津：天津人民美术出版社，1989年，第91页。此处有关日本对文明新装的影响，究竟是指服饰形制部分（紧窄修长的“西化”）还是服饰精神部分（去装饰的现代化），学者并未深入探讨，而研究中国近代服装史的日籍学者山内智惠美甚至反向指出：“日本的文明新装的样子，可能是很早从中国传过来的服装的演变结果。”参见山内智惠美《20世纪汉族服饰文化研究》，西安：西北大学出版社，2001年，第83页。

> 窄小的大襟衫袄，下摆长不过臀，袖呈喇叭形，至肘下，衣摆多为弧形，或平直，或尖角，或六角，并略有纹饰，裙子为套穿式，起初多为黑色长裙，长及足踝，后又渐短至小腿上部，没有褶裥，有时还绣上简单的图纹。
>
> 这种服装是当时典型的女学生的装扮，由于它既有传统特色又有外来服饰的特点，因此尤为引人注目。[1]

这段文字清楚点出了“文明新装”的发展吊诡，原本循“国族论述”与“五四”精神发展，强调“去装饰”的现代服饰，却变得越来越“紧窄”，上衣腰身窄小，露出前肘，下裙由足踝渐短至小腿。此亦为张爱玲对20年代女装的描绘：“时装上也显出空前的天真，轻快，愉悦。‘喇叭管袖子’飘飘欲仙，露出一大截玉腕。短袄腰部极为紧小。”“文明新装”保留了上衣下裳的汉族妇女服饰形制，却由民国初年的长衣长裙，逐渐演变成20年代的短衣长裙（露肘，露腰），甚至短衣半长裙（露膝，露小腿）。

然而有趣的是，日趋“紧窄”的“文明新装”带来的身体曲线意识，却是见腰不见胸的平板直线条。此时“腰部”的出现，并不是因为胸围、腰围与臀围之间的立体剪裁或省道设计，而纯粹是因为“紧窄”的平面直裁效果。从清末到民初的各种维新与革命思潮，一直以中国传统“褒衣博带”的宽大迟缓为耻，以追求“适身合体”的西服洋装为尚。然而以立体剪裁制作的西服洋装，其“适身合体”所导引出的本是现代性所强调的移动速度与身体行动力，但平面剪裁制作的衫袄长裙，“适身合体”所导引出的却是“紧窄”的不便与束缚。于是昔日宽衣大袖的衫袄，长可及膝，没有曲线，没有三围，今日的“文明新装”却在号称现代化的“紧窄”过程中，让中国女人的腰部出现，此腰部的出现，既是视觉焦点的移转（上衣下裳的视觉交接点，由昔日的衣长过膝，逐渐往上提升到腰节处相会），也是视觉障碍的移除（不再被过长的衫袄掩盖遮蔽），而随着腰部出现的，还

[1] 陈伯海编《上海文化通史》，上海：上海文艺出版社，第185—186页。

有露在喇叭袖外的手肘与露在衣裙之下的足踝与小腿。但十分吊诡的是，“文明新装”真正最大的问题，却不在“紧窄”所暴露出来的部分（露腰、露肘、露胫），而在于“紧窄”所未能暴露出来的部分。对保守卫道之士而言，露腰、露肘、露胫当属极度不雅，但“文明新装”的不露胸，却在20年代成为国族论述与时尚论述的冲突角力场。

为何“紧窄”的“文明新装”只露腰不露胸，而变得非常不文明，甚至反文明呢？为什么看得见的“腰部”不是“文明新装”真正的争议焦点，反倒是看不见的“胸部”成为众矢之的？难道彼时的中国社会如此开放，已然要求女人尽情展现上半身的胸部曲线了吗？要回答这些问题，就必须回到搭配“文明新装”的内衣“小马甲”身上一探究竟。然何谓“小马甲”？

> 民国初年的妇女内衣，由“捆身子”演变而成。民国天笑《六十年来妆服志》：“抹胸倒也实紧随意，并不束缚双乳，自流行了小马甲……是以戕害人体天然生理。小马甲多半以丝织品为主（小家则用布），对胸有密密的纽扣，把人捆住，因以前的年轻女子，以胸前双峰高耸为羞，故百计掩护之。”[1]

昔日宽衣大袖的汉族妇女服饰，多搭配“抹胸”为内衣，“一种束于贴身的短小内服，质料夏季用纱，冬季用绉，绣以花并以锦为缘，似用纽扣或用横带束之，有夹的和棉的，围在妇女胸背部分”，松紧随意。[2]然而“文明新装”的出现，虽然符合了现代化国族论述对朴素简单“去装饰”的需求，但其“紧窄”的服饰身体流行趋势，却也同时强化了“束胸”的美学观与生活实践。

但“束胸”究竟有多罪大恶极？“我们中国的妇女，还有一种最大

[1] 周汛、高春明编著《中国衣冠服饰大辞典》，第235页。
[2] 朱睿根《穿戴风华：古代服饰》，第210页。

的恶习，就是当青春发育的时候，以乳头的突出为羞，往往穿一件紧身的马甲，或用布紧缚胸膛。这个害处，足使胸部不便舒气，肺脏就要从此衰弱。”[1]翻看20世纪20年代的报章杂志，处处可见对“束胸”的抨击：有人视其为中国传统“病态美”的苟延残喘；有人延续“五四”打倒礼教的精神，将“束胸”当成吃人礼教对女性身体的束缚；有人甚至不用“束胸”，而改用“缠胸”“缠乳”更为耸动的字眼称呼之，让小马甲的“流行时髦”，顿时产生有如“缠足”一般腐败落伍的联想，成为“创伤现代性”鬼影幢幢的“中间物”。而所有攻击的焦点，又往往集中于象征中国新希望的女学生身上，希望当时引领时尚风潮的女学生，能够以身作则，在衣着简单朴素、废除奢侈品的同时，放弃有碍身体发育、束缚肺部的“小马甲”。

然而这一波波恳求、劝谏到语带威胁恐吓的反束胸论述，正凸显出20世纪20年代束胸之普遍流行，莫之能御，就连鲁迅都忍不住要跳出来讲话：

> 今年广州在禁女学生束胸，违者罚洋五十元，报章称之曰：“天乳运动”。……我曾经也有过“杞天之虑”，以为将来中国学生出身的女性，恐怕要失去哺乳的能力，家家须雇乳娘。但仅只攻击束胸是无效的。第一，要改良社会思想，对于乳房要为大方；第二，要改良衣装，将上衣系进裙里去。旗袍和中国的短衣，都不适于乳的解放，因为其时即胸部以下掀起，不便，也不好看的。

在这篇写于1927年名为《忧“天乳”》的文章中，鲁迅语重心长地劝说女学生不要束胸，并具体提出思想改良与服装改良的两大响应方向。向来憎恶“东亚病夫”之恶名的鲁迅，曾不惜以“野蛮其体魄”来抗衡，而此篇文章中对中国女学生“乳的解放”之主张，自然仍是在强国强种的国族论

[1] 徐鹿坡《女子服装的改良（五）》，《妇女杂志》，1921年9月。

述脉络中进行。从清末的尚武精神到20世纪20年代的妇女解放，中国妇女（尤其是女学生）乃保国育儿的生力军，怎可因为束胸之恶习，而失去喂哺下一代的能力。换言之，此处“乳之解放”乃“国族健康美”的必然，所谓的“健康美”，乃以“健”为“美”，强调女子精神与身体的健康，脱离娇弱纤细为美的“病态美”传统，发展出自然健康的体格，举止活泼、体质强壮并且胸部发达。也只有在“国族健康美”的大纛之下，20世纪20年代的女子体育可以风光推广，年轻女学生可以穿着连身裙式的四角泳衣，自由自在地在泳池边展露身体曲线。

然鲁迅以“国族健康美”为出发点，要求女学生的思想改造，在义正词严的同时，却也暴露出鲁迅对女子时装的重大无知。鲁迅所建议的“服装改良”，并没有放在宽/窄、平面/立体、直线/曲线上考虑，反而将问题的核心，放到了胸部下方的困境，两截穿衣的上衣下裙与一截穿衣的旗袍都有同样的问题，都会造成“胸部以下掀起”的不雅与不便，故鲁迅天真地相信只要改良衣装，将上衣系进裙里，一切问题便能迎刃而解。显然鲁迅只看到了胸部下方掀起的至为不便，而看不到彼时流行苗条平胸的身体曲线，不在于一截或两截穿衣，也不在于上衣放在外面还是系进里面，而在于“平”即是“美”，越平越美，无有凹凸。但在这天真的背后，还是暴露出中国服饰身体直线进步史观所潜藏的困惑与矛盾：文明新装可以如此不文明，以束胸召唤出缠足的耻辱记忆；文明新装也可以如此文明反礼教，以“乳的解放”达到强国强种的健康美。此处“乳的解放”在于不压迫束缚胸部，但过于强化的胸部线条，不是一样频遭卫道之士的围剿、好色之徒的窥淫吗？此处“乳的解放”有“国族健康美”的合理化与正当化，但胸围、腰围、臀围的出现，也一样可由“国族健康美”背书吗？鲁迅的短文当然不足以回答这一连串的问题，但束胸所引发的激烈社会争议，却正是“国族健康美”与“苗条平胸”的时尚流行间之冲突所在。民国初年的束胸被卫道之士斥为“病态美”“吃人礼教”的延续，而无法面对束胸就某种程度而言乃清末民初时装演变的必然结果：外衣“紧窄”后，内衣也必然“紧窄”。而“国族健康美”的义正词严，也未能敌得过文明新装平胸美学的广泛流行。见腰不见胸的文明新装，确实让鲁迅等有心之士，只见传统“病态美”的死灰复燃，不见“平胸美学”在身体曲线上的重复引述、重复表意，小马甲不是抹胸，小马甲是民初“翻新行势”所给出的新时尚形式，不是进入了民国还沿用抹胸，而是小马甲让民国之新立成为“身体—时装”具体而微的身体曲线。

而如果说文明新装对国内人士而言，因束胸而不甚文明，那文明新装对国外人士而言，却正因束胸而显得特别时髦流行。与 20 世纪 20 年代中国小马甲遥相对应的，乃是西方 20 年代的窄奶罩（bandeau）。“20 世纪 20 年代是史上少数几波平胸风潮之一，初入社交界的女孩努力使身材平扁如纸板，好让长串珍珠项链可以完美地顺着连身长衣直直垂下。服装界顺势推出窄奶罩，将女人的乳房压缩成男孩般平板。”[1] 在小马甲与窄奶罩的排排坐中，不再是中国 / 西方对应到传统 / 现代、落伍 / 文明的必然。文明新装对上衣下裳的重复引述，启动了平胸美学的重新表意，让“时尚摩登美”与“国族健康美”之间，产生了微妙细致的内部冲突，也更进一步让进步流行的“平胸美”取代了回归传统的“病态美”。而时尚现代性的绉折曲线，乃同时给出了小马甲与窄奶罩的时尚形式，重点不在于谁先谁后、谁影响谁或谁抄袭谁，而在于彼此不期而然的“微偏”，相互弯曲包卷，不是形制意义上的相仿，而是跳脱由点线面（中国服饰史 / 西方服饰史）所决定的网格线秩序与移动方向，让小马甲作为中国内衣发展史上的“寻常点”，让窄奶罩作为西方内衣发展史上的“寻常点”，因绉折曲线而产生贴挤而弯曲包折，成为“特异点”系列的发射，成功爆破原本各自作为“寻常点”所归属的服装体制、条纹空间与线性发展。

四　流线摩登与旗袍

看过了上衣下裳、两截穿衣的文明新装之流变与争议，接下来就让

[1] 玛莉莲・亚隆《乳房的历史》，何颖怡译，台北：先觉出版社，2000 年，第 228—229 页。

我们看看上下连体、一截穿衣的旗袍在20世纪上半叶的变化易动。辛亥革命后，作为清代封建服饰的旗袍，销声匿迹了一段时间，但就在文明新装的风潮之后，旗袍却在20世纪20年代中期悄悄卷土重来，并在30年代形成全国上下的大流行。原本属于满族妇女的旗袍，为何可以败后复活，成为20世纪上半叶中国妇女的代表服饰？有人认为是因为西化服饰的强力影响，使得中国服饰失去民族特色，而旗袍的及时出现，正是结合西化服饰与民族服饰的最佳代表。有人则认为旗袍的复出江湖，乃在于旗袍的去满族化。张爱玲则认为旗袍的“出线”乃源于20世纪男女平权的进步思想：

> 五族共和之后，全国妇女突然一致采用旗袍，倒不是为了效忠于满清，提倡复辟运动，而是因为女子蓄意要模仿男子。在中国，自古以来女人的代名词是“三绺梳头，两截穿衣。”一截穿衣与两截穿衣是很细微的区别，似乎没有什么不公平之处，可是20世纪20年代的女人很容易地就多了心。她们初受西方文化的熏陶，醉心于男女平权之说，可是四周的实际情况与理想相差太远了，羞愤之下，她们排斥女性化的一切，恨不得将女人的根性斩尽杀绝。因此初兴的旗袍是严冷方正的，具有清教徒的风格。

姑且不论20世纪20年代的旗袍是否都严冷方正、呆板平直，张爱玲在此处指出的“一截穿衣”与中性化倾向，却微妙点出旗袍在20年代文化易界—译介—易介的重点之所在。旗袍之所以可以取代文明新装的关键，就在于旗袍乃一截穿衣的连身裙形制，以及此形制所隐含的中性化美感，而与20年代的流线摩登（Streamlined Moderne）产生微偏。或20年代全球微偏出的流线摩登，让旗袍的出现与“出线”成为可能。

在此就让我们来看看当时西方同样标榜一截穿衣、标榜女生男相的20世纪20年代。本章第二节所提及S形女装与直线形女装的出现，重新改变了西方传统上下身分离、前凸（或平）后翘的人工轮廓曲线造型，开始强调“身体形式的视觉整体感”（a visual unity of bodily form）[1]，而身体线条意识也由横向的夸张，转变为直向的强调，由人工的僵硬，转变为自然的流畅。到了20世纪20年代管状直筒形连身装出现，腰线更降低至臀围，平胸平臀，完全没有腰身曲线可言。而此直筒形连身装的整体搭配，还包括剪短发，戴钟形帽，穿肉色袜子等象征现代女性轻便简洁的造型。莫怪乎这种不强调三围曲线，而以平胸、松腰、束臀的中性化外观为尚的流行风潮，在当时被称为男孩相（comme des garcons）。此无胸、无臀、无腰、无紧身内衣的连身装，不再是身体曲线横向的加宽（裙撑）或凸出（臀垫），而是身体曲线循垂直轴往上往下拉长；此处的苗条不是腰的细小，而是身体的修长，而此修长流线型的服饰身体，正是时髦、活力与功能性的最佳表征。若论20世纪20年代管状直筒形连身装与男孩相的最佳代表，则非法国设计师香奈儿（Gabrielle Chanel）莫属。她所设计的黑色小礼服（the little black dress）被1926年5月号美国*Vogue*流行时尚杂志重新命名为福特，正凸显出流线摩登所标榜的速度与线条在服饰身体意识上的结合，福特汽车黑亮的流线型车体，呼应的正是20年代女子连身装所代表的苗条、年轻、自由、简洁。

故若以20年代作为身体曲线的观察坐标象限，西方时尚现代性的身体曲线乃是由曲变直。相对而言，中国时尚现代性的身体曲线，则是由宽大的直变为紧窄的直，而文明新装上衣下裳的直自然又敌不过旗袍一截穿衣的直。旗袍在20年代的重复引述，呼应的不只是西化服饰与民族服饰的内在张力，也不只是妇女解放思想与时尚潮流的互通款曲，更是旗袍作为流线摩登的重新表意。然而这种服饰身体线条的重新表意，并不会停在原地踏步，以民国旗袍的形制变化观之，以直线而雀屏中选的旗袍，接下来也变得越来越有曲线变化，而旗袍作为流线摩登的现代性进步想象，也随着

[1] Wilson, Elizabeth. *Adorned in Dreams: Fashion and Modernity*. London: Virago, 1985, p.127.

旗袍的曲线化而变得暧昧可疑。[1]但正如张爱玲在《更衣记》中所言，除了去装饰外，中国现代服饰的特色乃在“腰身的大小盈亏”。20 年代的旗袍仍与文明新装一样，强调平胸美学，但三四十年代的旗袍则随现代胸罩的研发而出现较为明显的胸部曲线，但也绝非西方四五十年代出现的夸大胸部曲线。看来旗袍的现代性与文明新装的现代性一样，皆在腰不在胸。

首先让我们来回顾旗袍的曲直宽窄在 20 世纪上半叶的变化。20 年代早期的旗袍宽大平直，下长盖脚，但随着流行的推广，旗袍在领型高低与袖型宽窄上不断出现变化，更在袖长与衣长上不断产生调整，整体而言，民国旗袍乃朝衣长缩短、腰身缩紧、曲线明显的方向逐渐转变。故旗袍在 20 世纪出现了两种减 / 剪法。第一种减法，乃是将多余的装饰品与点缀物一一除去，镶边滚边的废除，衣袖的废除，衣领变矮，袍身变短，“剩下的只有一件紧身背心，露出颈项、两臂与小腿”（张爱玲《更衣记》）。但旗袍形制更大的改头换面，则来自于另一种“剪法”。如郑嵘与张浩在《旗袍传统工艺与现代设计》中的详尽解说，早期的旗袍仍保有平面化的结构，“一种只有外缘结构线的平面，平面内空出一个领窝，开一条襟位线，结构线采用平直线条，只在袖身相接处稍有弯势”。到了 20 年代末，由于“受到欧美服饰造型和西洋裁缝技艺的影响，旗袍一改自唐朝以来延续使用的直线剪裁方法，开始强调腰身，并追随西方服饰的流行趋向，领、袖以及细节处理等方面也出现了多样的变化，比以前更为称身合体，迈出了中国服装表现立体造型的第一步”。到了 30 年代，旗袍在款式与造型变化上更趋

[1] 张爱玲在《更衣记》一文中对“旗袍”一截穿衣所展现男女性别平权意识的肯定，乃是针对 20 年代中后期宽大平直的旗袍样式而言，并非三四十年代越来越强调身体玲珑曲线的旗袍样式。因而旗袍所展现的时尚现代性，正如同文明新装所展现的时尚现代性一样，皆非单向式地凸显开明进步的新时代精神，或强化女性身体自我意识的进步，而是恒常摆荡于国族论述与性别论述的合流与分歧之间，亦即本章所一再论述的国族健康美 / 时尚摩登美、现代建国论 / 摩登亡国论之冲突矛盾。有关三四十年代旗袍身体曲线的负面表列，请参见本章结尾有关“以肉体示人”的保守反动论述。而本章开头有关《妇女杂志》征文对女子服饰越趋紧窄的强烈道德抨击（乃主要针对文明新装），亦是跨越性别分界，男性与女性评论者皆然。

成熟，“全面进入了立体造型时代。衣身有了前后分片，以间缝缝缀，衣片上出现了省道，腰部更为适身合体，并配上了西式的装袖”。此貌似客观中性的文字描绘，不仅让我们看到巨细靡遗的旗袍工艺制作过程，也让我们再次看到由直线到曲线，由宽衣到窄衣，由平面到立体的“线性进步史观”。于是在旗袍的双重减 / 剪法之下，不仅减去装饰，剪出曲线，还减出了服饰身体的线条意识，剪出了中国现代女性的主体性：“现在要紧的是人，旗袍的作用不外乎烘云托月忠实地将人体轮廓曲曲勾出。”（张爱玲《更衣记》）

然而“曲曲勾出”女性身体轮廓、展现女性主体性的旗袍，在卫道之士的眼中，依旧成为现代女性“以肉体示人”的众矢之的。如果文明新装引爆出国族论述中的内在冲突，要素朴的同时不要束胸，要简单的同时不要紧窄，那旗袍的由直而曲、由宽而窄，也同样引爆现代之为摩登、摩登之为现代的内在冲突：阳性现代是中国意图脱离丧权辱国近现代史而高高举起的理想投射，而性别化（女性化）、流行化了的阴性摩登则太容易沦为世风日下、人心不古的都会堕落。现代的旗袍，以简洁流线的一截穿衣，去除封建服饰的繁复装饰，但摩登的旗袍，却因暴露而非解放女人的身体招致非议，前者象征进步，后者象征堕落，而进步与堕落的一线之隔，便在于身体曲线的显隐方式。然而，旗袍到底有多暴露？林语堂在《裁缝的道德》短文中，以嬉笑怒骂的口吻，一语道破卫道之士将国家兴亡置于女人肘与膝的荒谬：肘露则国亡，肘藏则国兴，膝见则世衰，膝隐则世盛（不禁令人想起鲁迅类似的推论，不要再让男人的辫子负担国家兴亡的重责大任）。此处的嘲讽点出了旗袍对身体部位的暴露，原本封闭包裹在宽衣大袖里的身体部位，因旗袍领型、袖长与衣长的改变而渐次露出衣服之外。

所以旗袍的露颈、露肘、露臂、露踝、露胫、露大腿（开高衩），乃旗袍“以肉体示人”的第一项罪名。

但旗袍“以肉体示人”的第二项罪名，更形罪大恶极，此时暴露的重点不再只是身体部位而已，此时暴露的乃是女人的身体曲线。“最近流行之式样，其两腰之曲线凹入于腰里，市俗效颦，更小之如束帛。其腰与股间之曲线，乃完全裸露。是为苗条之式样，多宜于初成年女子。”[1]文明新装的腰身，多来自紧窄的短上衣，既无胸腰之间的曲线，也无腰臀之间的曲线，而剪出曲线的旗袍，则是让腰与臀之间的曲线出现，达到束腰不束胸的苗条视觉效果。

而往往旗袍的暴露，乃是双重的暴露，又露身体部位，又露身体线条：“1929年以后，妇女服装以长旗袍最为风靡一时，在提倡健康美与肉体美的声浪中，摩登女子迎合时代，衣服切合着全身的曲线，紧紧贴在身上，……穿肉色丝袜，旗袍的开衩一直到大腿。”[2]而这种双重暴露到了三四十年代更为变本加厉，原有的西方立体剪裁技术之上，又加上了斜裁（bias cut）的裁制技术，让旗袍线条更服帖流畅，而在旗袍衣料的选择上，也朝薄、露、透的研发方向前进。但我们也不要忘记，旗袍的双重暴露，乃是相对于中国千年以来宽衣大袖的服饰形制与平面直裁的传统工艺而言，以今日的观点视之，旗袍在腰不在胸或臀的“线代性”，还是相当委婉含蓄。卫道之士笔下前凸后翘的城市浪女或美女月份牌中“蝉薄之衣，紧裹肉体”的现代尤物，自有其保守的道德预设或物化女体的商业考虑隐身其后，并不足以呈现三四十年代旗袍作为女性常服的生活面向。文明新装让国族健康美与时尚摩登美时而大打出手，而旗袍则是时时摇摆在阳性现代与阴性摩登、现代建国论与摩登亡国论之间，时而跃升为新时代的象征，时而沦落成时尚的盲从。

本章以20世纪初中国女性服饰身体的线条演变为切入点，探讨性别化的身体曲线如何可以是虚拟绉折曲线所不断给出的变动形式。这两种“线代性”的曲线，一从实现化的时尚形式言之，一从虚拟化的翻新行势言之，故此两种曲线，既非对立，亦非相仿，而是一实一虚的虚实相生，其曲率法则与偶然微偏，让所有中西比较服饰史的统合整体成为不可能，让线性

[1] 寓一《一个妇女服装的适切问题》，《妇女杂志》第16卷第5期，1930年5月。

[2] 张静如《国民党统治时期中国社会之变迁》，北京：中国人民大学出版社，1993年，第275页。

因果决定论成为不可能，让直线进步史观成为不可能，也才有可能去松动传统 / 现代、落伍 / 文明的权力位阶。故不论是从醇亲王福晋身上的旗装到外国驻华官员夫人身上的洋装，还是从上衣下裳、两截穿衣的文明新装到上下连体、一截穿衣的旗袍，我们不仅看到了曲直宽窄作为身体曲线上的盈亏变化，更看到了曲直宽窄作为绉折曲线的折曲扭转动势，让所有的“介于其间”，都是绉折接着绉折的折折联动，不再是线性进步史观中 / 西、传统 / 现代、宽衣 / 窄衣、直线 / 曲线、平面 / 立体的二元对立与断裂，而是由绉折曲线所带动永不止歇的弯曲、扭转、岔离与出轨运动，给出曲直宽窄的无穷变化。

7

旗袍的微绉折

在传统的服饰研究中，“绉折”多指“服饰或布块上的翻转折叠，有无造成折叠线均可”[1]，如翻领、折边或折裙。在当代哲学思考中，“绉折”则被凸显为重新理论化历史流变与世界生成的关键操作概念。诚如本书第一章“时尚的历史折学”所做的理论会通，不论是本雅明谈论19世纪物质文化的《拱廊街计划》，或是德勒兹谈论17世纪欧洲巴洛克文化的《褶子》，皆成功展开“绉折”作为探讨历史哲学与主体化的基本概念。而本章便是循本雅明与德勒兹的绉折理论出发，再次概念化“合折行势”之差异化微分运动（微分）与“开折形式”之差异区分（差分），如何让历史成为“合折，开折，再合折”的绉折运动本身。而本章对此概念化的具体操作，将围绕在旗袍作为“微绉折”的动势，视其时尚形式的变动不居，如何在20世纪20、30与40年代，得以以“穿历史”“穿性别”“穿国族”“穿文化”之姿生成流变。

[1] 辅仁大学织品服装学系“图解服饰辞典”编委会编绘《图解服饰辞典》，台北：辅仁大学织品服装学系，1985年，第361页。

故本章论述的开展将主要分为三个部分。第一节将以20世纪40年代日据台湾《本岛妇人服的改善》计划中“旗袍绉折成洋装”之历史案例为理论思考出发点，来展开时尚的绉折分析与操作演练，企图跨越既有性别与帝国殖民主义意识形态批判的框架。第二节将进入中/西服饰史的论述脉络，爬梳20世纪20年代上海平直旗袍与巴黎直筒洋装，如何在性别现代性作为绉折之力的折曲运动中，以极大化身体速度与极小化性别差异的拓扑联结，开折出不同形制的服装几何解。第三节则将以时尚历史折学的概念，与当前的中西服饰比较史与殖民现代性研究展开对话，进行后设性的反思与批判，并尝试提出“中西合襞”的绉折概念，取代殖民现代性时尚论述中最为常见的封闭套式“中西合璧”，并提出当代时尚研究以“拓扑思考”取代“类型思考”在美学、政治与理论上的迫切必要性，以期为当前的时尚研究与殖民现代性论述带来差异分析与绉折思考的可能。

一　日据台湾的旗袍

首先让我们从一个具体的历史案例切入，看看在台湾的日据时期服装史中，旗袍如何有可能“绉折”成为洋装。在传统的服饰史研究中，旗袍广义而言乃指旗人之袍，为满族传统服饰，涵盖男女，狭义而言乃指1920年以降以上海都会为中心所发展出的中式女性连身裙，立领、斜襟、收腰、两侧开衩。而洋装广义而言，乃洋人之服装，不分男女，狭义而言，则指现代西式女性裙装，包括两件式的上衣下裙与一件式的连衣裙。故在传统的服饰史研究中，尤其是在前章所示由线性进步史观所建立的中西服饰史，旗袍与洋装从发展历史到型款外貌，皆被视为分属两个独立不相连属的服饰系统（“区别且分离”），一中一西、泾渭分明。而在以下本章所聚焦的历史案例分析中，乃是以狭义的旗袍与狭义的洋装为对象，两者皆为一件式连衣裙（one-piece dress）的基本形制。

然而在1940年由国民精神总动员台北州支部出版的《本岛妇人服的

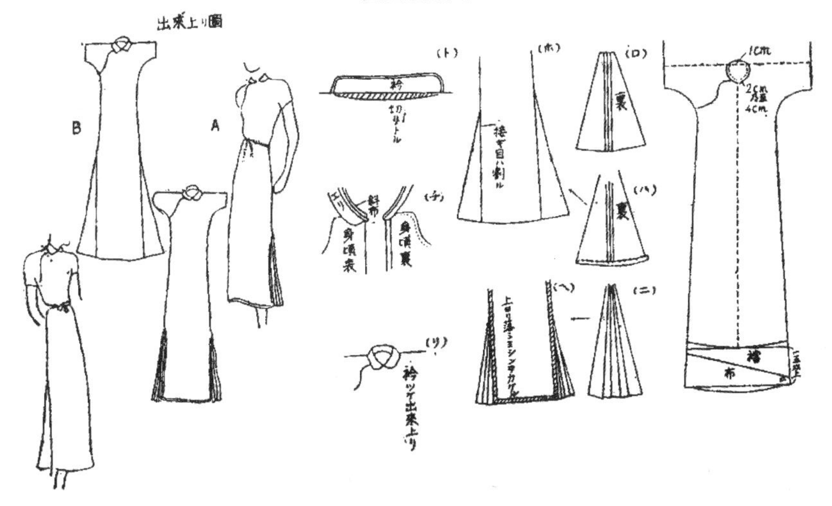

◆《本岛妇人服的改善》中的旗袍改造方案

改善》中，却以明确的图示步骤，教导日据台湾妇女如何将原本一中一西、泾渭分明的旗袍（中式女性连衣裙）改良为洋装（西式女性连衣裙）。其主要的“改装”步骤有三：1. 将原本旗袍的中式立领改为折平式的西式翻领；2. 将旗袍长度改短，并将裁下的旗袍下摆做成褶子，缝接回旗袍两侧的开衩处当作布裆，变成两侧不开衩的西式连身洋装；3. 腰部中央系上细腰带。[1]

此将旗袍“绉折”成洋装的图文解说，清楚反映了彼时日据情境与战争情境下台湾女性服饰流变的特殊历史状态。旗袍在日据时期多称长衫，20 世纪 30 年代起因受大陆时尚流行之影响，日据台湾中上层年轻女性开始穿着以上海为中心、象征摩登形象、强调女性身体曲线的新式旗袍。[2] 但其后在战争

[1] 在《本岛妇人服的改善》中亦有对短衫或短衿的改良，将宽大的衣身改成较为合体，长度改短，亦将中式竖领改为西式折平翻领，相关图文可参见该文第 44 页。

[2] 学者洪郁如在其针对战争时期台湾女性服装的精彩研究中指出，旗袍的流行不仅及于大陆与台湾，更在 1932 至 1933 年间开始流行于日本都会摩登女性之中。她并敏锐点出旗袍在战争时期的暧昧处境：“皇民化运动中呈现日本化与去中国化两个重要方向，具体实践上一方面是积极提倡和服，另一方面则对旗袍加以排除否定。”但与此同时剪裁简单的旗袍，不仅拥有节省布料的优点、利于应对战争时期的物资短缺，更在稍后改良成大东亚帝国意识形态下的兴亚服，成功结合“满洲”与“支那”服装与欧式洋装。

动员的大纛之下，旗袍顿时成为日本侵略者眼中可疑可议的视觉“服码”，一在其与中国作为国族认同的想象联结，二在其与都会摩登时尚流行的颓靡连接，皆不符彼时迫在眉睫的战争动员，但为物资节约之故（没有新的布料制作新衣），却又不宜全面禁制，遂成为亟须重新“改良”的本岛服饰重点项目。

而洋装在台湾的流行，也与日本殖民现代化的服饰政策息息相关。日据初期仅着力于放足剪辫，对台湾本岛在延续清朝男女服饰的穿着传统上，多采取绥抚放任政策，日据中期则相继展开“兼具同化及现代化双重取向的殖民施政”[1]。20 世纪 20 年代摩登女郎风行，西式洋装逐渐普及，30 年代在既有洋装之外，更开始流行旗袍，而上衣下裤或上衣下裙的传统汉服或称本岛服，则沦为中老年妇女或乡村妇女的穿着打扮。诚如服装学者苏旭珺所描绘：

> 女性服装于 1920 年后流行宽袖短上衣，下摆成圆弧状，搭配长度缩短到小腿中的西式裙；到了 20 世纪 30 年代以后，穿着传统服装的人越来越少，年轻女性逐渐穿着洋装，少数知识女性因为受到大陆影响，也开始穿长衫（旗袍），只有较传统守旧的中年妇人，仍穿着传统汉族衫、裙或衫、裤。

尔后在战争动员的催化之下，象征日本殖民现代性的洋装，遂优先取代隐含暧昧中国国族认同的旗袍，成为日据政府主导下服饰改良过程中的范式，即便洋装与旗袍同为彼时都会摩登文化的视觉“服码”，且两者皆与战争想象格格不入，但鉴于日本和服精致昂贵又不利女性劳动力的战时动员，故洋装还是能阶段性胜出（其后乃有更为符合战时国民精神与动员的妇人标准服之制定与推行）。

故这则台湾战时服装改良的历史案例，从传统服饰史研究与政治意识

---

[1] 叶立诚《台湾服装史》，台北：商鼎文化出版社，2001 年，第 67 页。

形态批判的角度观之，乃具体而微呈现出殖民权力与战争冲突下国族认同的倾轧与摩登时尚的张力（此正为当代时尚研究的重点项目之一），于是旗袍“绉折”成了洋装（中式立领绉折成西式翻领，下摆绉折成开衩处的布裆），或更精准地说，一件式中式连衣裙“绉折”成了一件式西式连衣裙（依此案例的特殊性，本章以下所讨论的洋装，基本上以一件式连衣裙为主）。然此殖民服饰改良却非表面上的主旨明确、步骤分明，而是可以导向三种不同的“绉折”思考可能：第一种“绉折”指向服饰细节的“字面意义”（literal meaning），乃是通过织品面料去实际操作折叠动作，凸显服饰细节改良的实质功效与服饰形制彼此转换互通的具体操作。第二种“绉折”则可被视为历史运动的譬喻（gurative meaning），巧妙传达殖民文化认同与战争动员在身体—服饰政治上所造成的改变。此两种“绉折”正是本章开头处所尝试提供的诠释模式，结合服饰文化研究与意识形态批判，然此诠释模式的相关发展与操作方式，已太过普及也太可预期，因而无法提出更为“基进”的差异思考。

故本章真正希冀的着力点，乃是企图理论化在既有字义与譬喻之外的第三种“绉折”：一种能凸显历史运动本身乃不同施力之间的倾轧贴挤（特异点的力量布置）、凸显旗袍—洋装的“绉折”乃力场（the eld of forces）之表达，一种能取代确定僵固的殖民、反殖民、后殖民立场与意识形态批判的“绉折”思考。前两种“绉折”所预设的，乃传统的“折衷”逻辑：旗袍与洋装作为两种不同服装形式的转化融合，让旗袍“折衷”成了洋装，一种A加B除以二的“折衷”（虽然在侵略者眼中，改良后的旗袍乃洋装，而非“折衷”的旗袍洋装）。但第三种“绉折”所预设的，乃是一种更为“基进”的“折中”：视所有形式乃绉折与绉折之间的暂时开折，而“中”成为永远的“介于其间”，成为恒常处于过程之中的进行式动量，而非旗袍所惯于表称的中国国族符号。故旗袍与洋装的“折衷”，指向两种服装形式的结合转换，旗袍与洋装的“折中”，则指向一种力量的汇集、冲突与布置（性别之力、速度之力、战争之力、殖民之力、都会之力、摩登之力等复数力量）。前者可视、可见、可辨别，甚至可拆解或重组为个别组成元素，正如《本岛妇人服的改善》之图文解说所明示，旗袍如何折衷为洋装。而后者则不仅只是化虚拟（the virtual）为实现（the actual），将不可视见、无法辨别的“行势”，转化为可识可见、可观察辨识的“形式”，更是去实现化、去畛域化，在不同形式之间创造不可区辨区，不断回到“行势”的虚拟之力。故第三种“绉折”思考所欲导向的，乃是在旗袍或洋装的“形式”之“中”（介于其间的中，进行过程的中，而非单独个体的内在空间想象或特定国族指涉），寻觅开折出旗袍形式与洋装形式的“合折行势”。

故本章以此日据台湾的历史案例为开场，却非仅仅意欲进行时尚的历史研究，而是希冀以此开展出时尚的历史折学研究。如果时尚的历史研究囿限于服饰史、殖民史或物质文化史的分析范畴，那时尚的历史折学研究则是希冀在历史史料、政治诠释、意识形态分析之外，更进一步质疑历史本身作为“折学”概念的可能。如果旗袍与洋装在传统视觉形式分析上，被视为一中一西、泾渭分明，而《本岛妇人服的改善》的图文则让我们目睹旗袍“绉折”成洋装的可能，那这个历史案例丰富精彩的特异性，不只在于绉折作为服装细节的字义，不只在于绉折作为日据政治的隐喻，而更在于指向绉折作为一种无法视见的事件，如何将旗袍“绉折”成洋装，此“绉折”事件发生在《本岛妇人服的改善》之前，亦发生在《本岛妇人服的改善》之后，此亦即本章之所以可以从“绉折”作为一种服饰细节的改造，推向“绉折”作为历史即“力”史、哲学即“折”学概念分析的关键。

二　旗袍与洋装的拓扑联结

本章第一节企图通过日据时期台湾旗袍如何绉折成洋装的历史服饰案例，来开展“力”史“折”学的概念，以便能随时灵活进出“绉折”的字意与譬喻，不再局限于以同质空洞时间所建构出的传统服饰史研究，亦不再仅仅局限于以殖民权力为主宰的政令倡导或以国族认同为立场的意识形态批判，而让如何提出新的分析概念与新的历史认识论成为可能：旗袍与洋装的“差分”（实现化后的差异区分）为何？旗袍与洋装的“微分”（虚拟连续体中的差异化运动）为何？如何在旗袍与洋装的“分折形式”中，寻觅旗袍—洋装的“合折行势”？ 在传统服饰史研究中，旗袍 / 洋装两者惯以“/”相连，用以表示彼此之间的二元对立（一中一西、泾渭分明），而本章以下将采用的“旗袍—洋装”，则尝试以作为流变（becoming）符号的“—”连接二者，以凸显二者彼此之间的创造转化、分而不离，亦即在旗袍 / 洋装的“分折形式”之中，寻觅旗袍—洋装的“合折行势”。首先就服装的视觉形式而言，旗袍 / 洋装在形制上的差异清楚可辨，两者虽皆为“一件式连衣裙”，但旗袍的立领、斜襟、两侧开衩，明显不同于洋装的多种领型、袖型变化、裙侧不开衩、可系腰带等，而前引 20 世纪 40 年代日据时期《本岛妇人服的改善》将旗袍“绉折”成洋装的图文，正能有效帮助我们可视化此两种服装形式之差异，以及如何在战争动员中产生具体转化不同服饰形制的可能施做步骤。故当我们企图开始概念化现代性绉折之力中旗袍—洋装的现代性“拓扑联结”时，必须先行打破视觉中心主义（ocularcentrism）的掌控，以及视觉中心主义强化可见“形式”而压抑不可见“行势”的倾向。

因而在正式进入旗袍——洋装的绉折分析之前，我们先来看看两组有趣的例子，一组是晶盐—泡沫，一组是兰花—胡蜂。这两组例子都以流变符号“—”联结，但流变符号的两端，皆明显在视觉形式上截然不同，晶盐的刚体度量属性（rigid metric properties）绝非泡沫，兰花也不是胡蜂。但这两组例子皆有助于我们将视觉中心主义下的旗袍 / 洋装（以对立符号相隔），翻转成以不可见“行势”取代可见“形式”的旗袍—洋装（以流变符号相连）。第一组例子出现在德兰达（Manuel Delanda）的《强度科学与虚拟哲学》（*Intensive Science & Virtual Philosophy*），他以盐结晶与肥皂泡沫来说明何谓“拓扑联结”，以便进一步阐释德勒兹哲学与当代强度科学的联结。他指出盐结晶的立方体结构与肥皂泡沫的球体结构，乃视觉形式上的大不同，但盐结晶的立方体乃是最有效极小化联结能量的结构，而肥皂泡沫的球体亦为最有效极小化表面张力的结构。换言之，盐结晶与肥皂泡沫的“拓扑联结”，不在视觉外观形式的相似，而在能量流失极小化的特异点贴挤：“一个拓扑形式（多形体中的一个特异点）导引着一个产生多种不同物质形式的过程，包括球体与立方体，每一个拥有不同的几何属性。”

故从能量流失极小化的特异点，开展出或开折出在物质属性与几何形式上截然不同的晶盐与泡沫，能量流失极小化乃晶盐—泡沫的“拓扑联结”，而晶盐与泡沫则为能量流失极小化过程中所分别开折出来的两个不同形式几何解。就“开折形式”而言，晶盐是晶盐，泡沫是泡沫，绝不相似，互不隶属，但就“合折行势”而言，晶盐—泡沫的“拓扑联结”，正在于彼此紧密贴挤出能量流失极小化的特异点。

正如德勒兹与加塔利在《千高原：资本主义与精神分裂》中所言，特异点的潜在形式乃是拓扑，而非几何，也唯有在非度量的拓扑内在性平面（non-metric，topological plane of immanence），才能谈论万事万物贴挤交织而成的“虚拟多折性”与万事万物彼此之间的“毗邻不可分辨区”（zones of proximity and indiscernibility）。而相较于德兰达的晶盐—泡沫，德勒兹与加塔利在《千高原》中最著名的例子之一，则是兰花—胡蜂的“流变三角”。他们指出自然界有某种兰花，其外形类似母蜂，常吸引公蜂前来交配达到高潮，而当公蜂飞往下一朵兰花时，便同时传递了兰花的花粉，助其达成繁殖作用。此例的重点不在兰花与母胡蜂外形上的相似，而在兰花与胡蜂作为两个不相隶属或毫无类同的点，却因“生物学绉折”（亦称曲线、流变线、抽象线、弹性线、逃逸线、绉折线），让兰花与胡蜂相互贴挤，形成特异点，形成兰花—胡蜂的“毗邻不可分辨区”，既让兰花从原本的植物系统中解畛域化，也让胡蜂从原本的昆虫系统中解畛域化，既是兰花的流变胡蜂，也是胡蜂的流变兰花，两者皆从既有认知架构下互不隶属的生殖规范系统中解放或逃逸而出，发生（非）关系、产生（拓扑）联结。德勒兹与加塔利并在该段的批注部分，提供了更为浅显易懂的图示，来说明直线 AB 与绉折 AB 的不同，下页图展示流变之线如何垂直穿过 AB（虚点）联结的中域，右图展示原本邻近却以固定距离加以清晰区隔分离的A点与B点，如何因流变之线的穿越通过，而被贴挤为特异点。正如作为植物的兰花与作为动物的胡蜂，经由流变之线（生物学绉折）而产生“拓扑联结”，形成流变团块（bloc of becoming），而“绉折”即是流变之线（域外之力）通过所折曲造成的特异点系列，“绉折”即是（产出）特异点的力量布置。

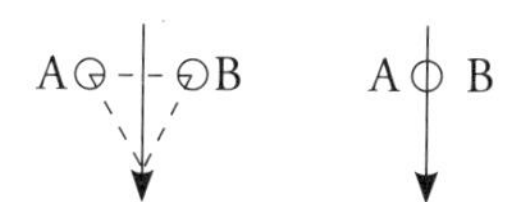

但兰花—胡蜂与晶盐—泡沫的例子，究竟将如何帮助我们概念化旗袍—洋装的“拓扑联结”呢？如何将视觉中心主义下的旗袍/洋装（以对立符号相连），翻转成以不可见“行势”取代可见“形式”的旗袍—洋装（以流变符号相连）呢？或如何更进一步以历史作为“合折，开折，再合折”的折曲运动本身，来“基进化”时尚本身作为一种流变存有论或过程存有论（ontology of becoming，ontology of process）的可能呢？首先，旗袍与洋装作为同一律主宰下固定形制的预设（旗袍永远是旗袍，洋装终究是洋装）必须被打破，一如兰花与胡蜂、晶盐与泡沫，旗袍与洋装都仅是时尚流变过程中暂时开折出的物质形式几何解，都将随不同的“行势”（曲线、流变线、抽象线、弹性线、逃逸线、绉折线）再合折成新的联结、新的布置、新的流变，也将随即再开折成新的物质形式几何解。故重点不在于由日据政权所主导的服装改良，如何要求将旗袍绉折成洋装；重点也不在于此旗袍与洋装的“折中”改良形式有何新颖或独特之处；重点在于旗袍与洋装的“绉折”已然发生，旗袍与洋装皆为此绉折运动所开折出的新物质形式几何解，旗袍与洋装皆为此创形理论（theory of morphogenesis）下的强度差异（intensive dierence）之展现。而此处所谓的强度差异，并非在几何解的物质形式上去做论断（兰花不同于胡蜂、晶盐不同于泡沫、旗袍不同于洋装的外形差异），而是在拓扑联结的过程中被表达、被展现（不在相似与否，而在如何启动动态的差异化过程）。此之所以为强度差异，正在于其无法被切割为彼此独立、相互无涉的刚体颗粒（rigid particles），正在于旗袍—洋装所形成的虚拟连续体不断发生、不断启动临界点的相变（phase transition），永远无法楚河汉界、泾渭分明。

故《本岛妇人服的改善》的关键，不单指向殖民现代性当下由日据政权所宣导的旗袍如何“绉折”成洋装，更指向殖民现代性中时尚作为虚拟多折性，如何总是将旗袍与洋装“绉折”成旗袍—洋装的虚拟连续体。如德勒兹在《差异与重复》一书中所言，万事万物的虚拟多折性，贴挤交织着微分（to be dierentiated）的力量与差分（to be dierenciated）的力量：前者的 dierentiated 指的是非度量化拓扑空间中由虚拟多折性所形构的连续体，而后者的 dierenciated 指的则是断裂分离的度量化几何空间。前者为强度差异，而后者为度量化、可视化的物质形式差异，前者合折，后者开折，而历史的流变正来自此非度量化、拓扑内在平面上的“合折，开折，再合折”，无始无终。

因此就历史流变的过程而言，旗袍与洋装一如晶盐与泡沫，都是虚拟连续体所开折出来的不同几何解，但如果晶盐—泡沫在能量流失极小化的特异点上不分彼此，那什么会是旗袍—洋装的特异点力量布置？如果兰花—胡蜂的流变来自“生物学绉折”，那什么会是旗袍—洋装的“绉折线”？在此本节必须从 20 世纪 40 年代日据台湾旗袍如何绉折成洋装的历史时空，往前推到 20 年代上海平直旗袍与巴黎直筒洋装的历史“蹦现”时刻，以说明为何旗袍与洋装总是发生历史的绉折运动，并借以凸显现代性绉折之力为何可以是本章概念化旗袍—洋装、“拓扑联结”的关键所在。根据当代英国时尚研究学者威尔逊在《梦想装饰：时尚与现代性》（*Adorned in Dreams: Fashion and Modernity*）中的陈述，西方 20 世纪现代女装之所以现代，正在于以剪裁与合身（cut and fit），取代了昔日传统女装的繁复装饰、妍丽色彩与其所隐含的静态身体景观展示性。而其中现代性所标榜的移动速度，更扮演了举足轻重的角色：“工业革命的来临，世界第一次由机器掌控，改变了所有事物。‘所有坚固的都烟消云散。’工业资本主义将土地连根拔起，‘消解所有定置、牢固、冻结的关系’，创造了一个速度、移动与变易的新骚乱世界。”[1]

而现代性作为身体—时装绉折之力所强调的“速度、移动与变易”（speed, mobility and mutability），具体而微展现在20世纪初现代女装的出现，包括20世纪20年代放弃紧身胸衣、真正进入现代的男孩相直筒洋装（tubular dress）、30年代的细长形女装与第二次世界大战期间的实用女装（utility dress）等。这些放弃紧身胸衣、除去繁复装饰而简单舒适、剪裁合身、实用便捷的现代女装，直接呼应着19世纪末所启动女性社会性别角色的大转变，不仅大规模争取妇女参政权与教育权，更积极开始参与各项运动竞技与户外活动，追求身体移动的便捷性与速度感，并于20世纪初大举进入公共领域与职场。

也只有在此时尚现代性作为“速度、移动与变易”与“极大化身体移动力”的特异点布置中，我们才可以理解为何当知名法国网球女将南格兰（Susanne Lenglen）在1922年英国温布尔登网球公开赛中，以法国设计师巴图（Jean Patou）的网球装公开亮相时会如此震惊全场。她一改往昔网球女将内穿紧身胸衣、外着裙撑长裙的笨重装扮，展现V领短袖上衣、百褶裙与白色长筒袜的现代球场穿着。

而此惊世骇俗网球装的运动表达与速度表达，更在四年后由法国设计师香奈儿在1926年5月所发表的经典黑色小礼服达到高峰。一如前章第四节所言，此一件式连衣裙不仅扬弃了紧身胸衣，扬弃了繁复装饰与妍丽色彩，更以简洁合身的直筒造型，取代了传统女装所强调的胸线、腰线与臀线，迅速被彼时的时尚杂志昵称为福特，以凸显其不仅在黑亮光滑的流线外型上呼应福特汽车，更在概念上与福特汽车相贴合，完美连接时尚现代性所强调的“速度、移动与变易”。[2]但如果20年代由巴黎都会时尚所

[1] 在《时尚与现代性》（“Fashion and Modernity”）的专文中，威尔逊虽表示“现代性”一词界定模糊，几乎无所不包，从工业革命与法国大革命至今的所有事物或心智、意识，都可囊括在“现代性”的大伞之下，但她还是特别强调，“现代性”不由“理性”来界定，而是由“速度、移动与变易”来界定。

[2] 在欧洲女装现代化的过程中，香奈儿曾扮演关键的角色，她成功将原本专属于骑马、开车、打网球、驾帆船等户外运动的运动服饰，转化为日常生活服饰，推动了所谓“男性时尚的女性化”。

带动的一件式直筒女装，以轻便简洁、移动迅速的造型，体现了“现代性绉折之力”的“速度、移动与变易”，那为何一向被当成中国现代女性国族符码的旗袍，也可以被视为“现代性绉折之力”所开折出的一种新物质形式几何解呢？旗袍与“速度、移动与变易”的关联何在？为何一件式旗袍与一件式洋装总会因现代性的绉折之力而产生了“拓扑联结”？而20年代出现的早期平直旗袍，究竟何新（翻新）之有？原本两截穿衣的上衣下裳，乃中国最传统的服装形制，而清朝汉族妇女惯穿的大襟右衽袄裙，一直延续到1911年辛亥革命后的民国时期，而1912年7月由参议院颁布的女子礼服，仍采清末袄裙样式。“上衣长与膝齐，有领。对襟式，左右及后下端开衩，周身加锦绣，下着裙子，前后中幅（即裙门，也称马面）平，左右打裥，上缘两端用带。”[1]故对许多人而言，废除帝制后女性服饰的因循守旧，完全不符创建民国新时代的进步想象。而后来的“五四”新文化运动，虽倡导男女平权，开始出现女子去长裙改穿男子长袍的呼声，但仍以两截穿衣为主，以去繁从简（废纹饰去镶滚）、由宽变窄、上衣下裙的文明新装领航（亦即前章所强调的双重“减/剪”法）。

那为何平直旗袍会在20世纪20年代的上海都会突然“蹦现”？诚如张爱玲在《更衣记》中所言，近现代的中国时装史，充满了对速度的想象与焦虑，从火车所代表的时代速度，到商港所代表的贸易速度，更具现为在内地迅速传播的时新款式速度：

> 第一个严重的变化发生在光绪三十二三年。铁路已经不那么稀罕了，火车开始在中国人的生活里占一重要位置。诸大商港的时新款式迅速地传入内地。衣裤渐渐缩小，“阑干”与阔滚条过了时，单剩下一条极窄的。扁的是“韭菜边”，圆的是“灯果边”，又称“线香滚”。在政治动乱与社会不靖的时期——譬如欧洲的文艺复兴时代——时髦的衣服永远是紧匝在身上，轻捷利落，容许剧烈的活动。

[1] 李楠《文明新装的衣裳制度与设计思考》，《服饰导刊》，2013年3月，第67—68页。

张爱玲的《更衣记》在此精准带出中国改朝换代与改头换面的速度感，其精彩处不仅在于凸显现代时尚乃点缀品作为累赘的逐渐减去，更在于成功点出服装如何变为了时装（“过了时就一文不值”）。而本段引文以时装的兴替，展现时代的感性分享，更将清末服装的轻捷利落，同时放置在火车、商港与政治变动之中观察，为现代性作为“极大化身体移动力”的思考，提供了更为繁复的历史面向。换言之，火车、商港与19世纪末中国女性的时新窄衣，皆成为速度表达作为“合折行势”下所产生的不同“开折形式”，一如本雅明笔下的19世纪末工厂、汽车与女性自行车装，皆为运动表达的不同开折形式。而《更衣记》中最为敏锐的时尚观察，更出现在以一件式旗袍的“出线”，来具体说明中国20世纪20年代一截穿衣的性别绉折之力。如前已述，民国之后传统封建社会的女性角色开始转变，女性不再安于“三绺梳头，两截穿衣”的传统装扮，而一截穿衣的旗袍脱颖而出、开始流行，正是女性决心以具体而微的时尚外观，作为表达男女平权的视觉诉求。

然而我们亦不可不察，张爱玲在此的反讽口吻甚为明显，不仅表示对“醉心于男女平权之说”者的保留，更在开头处即点出清朝统治时期女子尚有旗装 / 汉服之别，而今辛亥革命五族共和后，反倒大一统地穿起旗女长袍。虽众多服饰学者历来一再强调清朝的旗女长袍与民国旗袍之差异，但张爱玲此处的反讽，是建立在清朝旗女长袍与民国旗袍的连续滑动之上。但若以“历史折学”的概念审视之，此处的初兴旗袍或可被“基进”地视为一种时尚的“虎跃过往”，初兴旗袍以其现代女装形式所贴挤的，与其说是满人入关“后”建立清帝国的旗女长袍，不如说是数百年前满人入关“前”窄身合体利于骑射、男女皆同一截穿衣的袍服样式（入关后男女形制与装饰逐渐分立，旗女长袍更受汉服影响而日渐宽博）。但若循本雅明对时尚作为政治前瞻先导性的革命动量而言，此1920年初兴“严冷方正”平直旗袍的“虎跃过往”，更可是以“基进”的姿态，贴挤数十年前清末妇女解放思潮女着男装的革命实践，如秋瑾、张竹君等女性革命党人的换装。一如换上男子长衫的鉴湖女侠秋瑾（1875—1907）就曾清楚表明，其对男装的兴趣，乃在于中国通行着男子强女子弱的观念来压迫女性，在外形上换穿男子长袍，乃是以此锻炼心智的坚强。秋瑾作为发起中国第一个妇女反清团体共爱会，在上海创办中国公学、《中国女报》的第一人，其“女着男装”乃是将民族革命与妇女解放熔于一炉。[1]

故张爱玲此处“女子蓄意要模仿男子”“醉心于男女平权之说”的讥讽，反倒带出初兴旗袍在性别政治上的“基进性”。故若以倡议男女平权、反清革命分子的女着男装，作为20世纪20年代初兴平直旗袍一截穿衣的“前历史”（前折），正可爆破民国旗袍乃由旗女之袍演进而来的线性时间默认，视其为性别革命的质变，而非服装形制演进的量变。而即使是在初兴旗袍“蹦现”的20世纪20年代，亦不乏学者以女着男装作为消弭性别差异的具体社会实践方式。如新文学家许地山在《女子的服饰》一文中所强调，“女子断发男装不仅可以节省时间、金钱，还可以更好地胜任社会工作”，而女着男装的益处更多，“一来可以泯灭性的区别；二来可以消除等级服从的记号；三来可以节省许多无益的费用；四来可以得着许多有用的光阴”。显然对这位曾撰《近三百年来的中国女装》并在香港大学以英文开授中国服饰史的学者（曾为张爱玲的老师）而言，女着男装的进步性，不仅在于女性可省下梳妆打扮的时间与金钱，更在于消弭性别甚至阶级区分的服饰印记。而新兴旗袍正是让原本女着男装的男女之别一扫而散，让一截穿衣的长衫变成了男女共通的服饰穿着。

但更有趣的是，这些严冷方正的初兴平直旗袍，却似乎与轻佻浪漫的欧洲直筒形洋装，同样来自于时尚现代性绉折的性别之力，同样成为极小

---

[1] 现今传世的秋瑾男装照，同时包括中式长衫与西式西装，如长衫配鸭舌帽、长衫持手杖或西式西装配鸭舌帽等。然清末民初女着男装的风潮，并不局限于革命进步分子，彼时的时髦女子亦往往不喜红装喜戎装，直接穿着西式男士猎装，搭配马裤长靴与鸭舌帽，更有男装小影（女着长衫或西装）流行于戏曲名伶之间，20年代后更有女演员殷明珠、杨耐梅等，直接模仿西方好莱坞女星的西装革履。可参见李楠《现代女装之源》，北京：中国纺织出版社，2012年，第100—102页。

化男女差异的性别表达。西方20世纪20年代流行的连身女装，乃一件式宽低腰身的直筒形或管状形女装，“压平胸凸、腰节下移、臀部束紧的平直女装，呈H状廓形，直筒形女装刻意避免了胸、腰、臀的自然落差”[1]，一改往昔西方女装靠着紧身胸衣与裙撑、臀撑所夸示的丰胸、束腰、美臀，不再强调女性曲线美的外观造型。而此平胸骨感，没有腰身的直线造型，甚至被视为否定女性特征，遂被昵称为向男生看齐的男孩相。而中国20世纪20年代流行的平直旗袍乃是双重的直线，既是中国传统的平面直线剪裁（无胸省、无腰省），更是整体造型的平直，腰身宽松，袖口宽大，衣长较长，历经暖袍、马甲旗袍、倒大袖旗袍的先后出现[2]，而渐趋合身，衣长渐短，但皆不凸显任何女性身体性征。[3]如果在中国五四运动所倡导科学、民主、爱国与自由的风潮后，知识女性开始以一截穿衣的旗袍来表达追求男女平权，那在西方战后升平的爵士年代，年轻的flapper（飞女、花女郎、飞波姊儿）则是以便于活动、符合快节奏现代生活的一件式连身洋装登场亮相。故严冷方正的平直旗袍与轻佻浪漫的直筒洋装之所以可被视为区别且连续的“绉折”而非区别且分离的点，就必须在其特异点的“拓扑联结”中去探寻，而非仅在其个别的服装形式发展或社会文化脉络中去爬梳。

故对20世纪20年代现代性速度之力作为“极大化身体移动力”与现代性别之力作为“极小化性别差异”而言，平直旗袍与直筒洋装的异与同、合与分，或许就如同晶盐—泡沫、兰花—胡蜂一般，既是时尚虚拟连续体之中充满强度差异的“拓扑联结”，亦是在“合折，开折，再合折”过程中

---

[1] 李楠《现代女装之源：20世纪20年代中西女装比较》，2012年，第64页。

[2] 刘瑜《中国旗袍文化史》，上海：上海人民美术出版社，2011年，第76—80页。

[3] 然此“极小化性别差异”的直筒旗袍，却也在后续的演变中再度由“直线”变为“曲线”：20世纪30年代旗袍的全盛时期，衣袖窄小，腰身收紧，强调西式立体剪裁，前后身片的省道、装袖与肩缝等的先后出现，让旗袍更为合体性感，再搭配上烫发、透明丝袜与高跟鞋等，成为凸显而非消弭性别差异的装饰打扮，成为性别二元对立思考中“由方挺、肃穆的男性化直线状态，一变而为圆浑、柔美的女性味弧线状态”（袁杰英《中国旗袍》，北京：中国纺织出版社，2000年，第110页）。

所展现视觉物质形式的大不同。若纯粹只就“极大化身体移动力”而言，20年代的运动休闲装或长裤，可能都比直筒洋装更符合所需；若纯粹只就“极小化性别差异”而言，女着男装或女着裤装，也都可能比平直旗袍更能达成男女平权效果，故此处没有必然的因果论与决定论。而也只有在时尚现代性的“极大化身体移动力”与“极小化性别差异”作为偶然机遇与生成流变的微偏之中，我们才可以理解为何旗袍与洋装都可以是“现代性绉折之力”所“开折”出来的不同服装形式几何解，“形式”（服装形制）虽有不同，但“行势”（“速度、移动与变易”与消弭差异）却连成一气。旗袍—洋装的“拓扑联结”，正是要我们在看得见的视觉形式静态差异中，概念化那看不见、无法感知的强度差异，那给出旗袍、给出洋装的强度差异。

三　从“中西合壁”到“中西合襞”

然而在传统的服饰史诠释架构中，20世纪20年代平直旗袍与直筒洋装，虽然在服装轮廓的直线形式与上下连属的一件式形式上多有雷同，可做表面的比较或影响分析，但主要仍会被分别镶嵌在中国与欧美各自区别且分离的服装史脉络中去理解：像中式平直旗袍如何脱胎于清朝旗女之袍，西式直筒洋装如何脱胎于“S”形女装与直线形女装；像中式平直旗袍与清末女权思想和民国“五四”爱国运动的连接，西式直筒洋装与欧美争取投票权运动的连接，或其美学形式与20世纪初装饰艺术运动、现代主义设计或机械美学的连接等。这分炉冶之的中西双轨服饰史脉络，既提供了在历时轴的中西个别服装形式（区别且分离）的发展与演进，也提供了在共时轴（20世纪20年代）中西个别服装形式（区别且分离）的差异比较。

除了此区别且分离的诠释框架之外，传统服饰史研究另一个可能的限制，乃在于因果律的框限。例如视直筒洋装的轻捷便利，乃是受“一战”军装机能性的影响，由“繁复、奢华、束缚、阻碍活动的重型服饰，转换为简洁、朴素、方便、机能性强的轻型服饰”[1]。又如直筒洋装之所以放弃紧身胸衣，回溯至19世纪末的服饰改革，或20世纪初倡导取消僵硬鱼骨做支条的紧身胸衣、取消腰线的个别时尚设计师之努力，却往往无法进一步说明为何针对残害女性身体健康之紧身胸衣大加挞伐的理性服装学社（Rational Dress Society），其对女性身体解放的诉求终究无疾而终，为何法国时尚设计师波烈回归东方而放松腰身的直线形女装或西班牙设计师佛图尼（Mariano Fortuny）回归古希腊由肩部自然悬垂的平直礼服，皆未造成普遍的流行。故本章并不尝试以洋装或旗袍的源起为切入点，亦不问为何洋装或旗袍的特定形式会出现/出线（为何不直接是女着男装而是男孩相，或为何不直接是男子长衫而是女子旗袍），而问如何在直筒洋装与平直旗袍的“蹦现”或时间节点中（质变而非量变，事件而非因果，机遇而非必然），找出其区别且连续的“拓扑联结”之可能。

而此“时尚的历史折学”观点，自是与现行的服装史研究框架大相径庭。虽在传统的服饰研究中，旗袍与洋装多被处理为分属中西两个不同的服装体系，但还是有认真投入的服装史学者，企图找出两者之间在彼此服装形制发展上的历史“关联”，然此历史关联并非本章前段以现代性作为“合折行势”所尝试铺陈出旗袍—洋装的“拓扑联结”，此关联乃是建构在中西服饰比较史（先预设两套独立分离的服饰发展史，再进行比较分析）的影响研究之上，而此关联所最终导向的乃是“中西合璧”的一言以蔽之。本书上一章已经尝试从“绉折曲线”的角度，解构中西服饰史由直线到曲线、平面到立体、宽衣到窄衣的线性进步史观，以及此线性进步史观所夸大古/今、传统/现代、落伍/文明的区隔断裂与优胜劣败。而建立在“中西合璧”概念上的影响研究，好像在表面上创造出平分秋色的均衡态势，彼此相互影响、相互改写、相互创造，似无权力的倾轧或耻辱/钦羡的纠葛，但其所预设的形制区隔与文化区隔，仍是以刚性颗粒的点作为最小单位，故亦充满由点到直线的潜在危机，更让穿文化的译—异—易

[1] 李楠《现代女装之源：20世纪20年代中西女装比较》，第152页。

渐趋僵化与固着。故本章的最后一节将再就同音译字的政治美学，提出“中西合襞”的概念，以同音异字的“壁”与“襞”（衣饰上的褶子），让原本“中西合璧”的坚实刚硬，转换成“中西合襞”的柔软折叠，并以“后设思考”的方式，回顾中西服饰比较史中的影响研究模式，再次铺陈旗袍—洋装作为拓扑思考（topological thinking）与旗袍/洋装作为类型思考（typological thinking）的差异，以细致说明为何传统研究中的“中西合璧”，“总已”是历史作为绉折运动下的“中西合襞”。

先以旗袍为例。传统着重旗袍形制发展的服饰史研究，多将其形制发展框限在所谓中国服饰史的脉络中加以分析观察。最常见的模式乃是将“旗袍”上溯到清朝满族（旗人）的“衣介”长袍，原本男女同制，后分化演变为强调领袖衣襟的镶滚装饰、两侧开衩、宽大平直、衣长至足的女性旗袍。另一种则是倾向将旗袍的形制发展，更源远流长地上溯到中国古代深衣形制的袍服，强调旗袍乃“祺”袍（汉人之袍），而非“旗”袍（旗人之袍）。[1]但这两种溯源式的诠释模式，显然皆无法处理在20世纪20年代所出现现代旗袍之何以现代。故有另一批服饰学者，尝试从近现代中西文化互动的角度，将旗袍的现代相变放在西方影响的脉络下解读。他们先是观察20世纪20年代现代旗袍出现之前，中国上衣下裙（裤）形制在西方时尚影响下的改变，如何由宽大转向苗条：

> 这个时期正是中西服装互相交叉的时代，外国势力在中国建立了大批洋行，通过洋行，大批的欧美服饰倾销中国市场。中国的民族服装受到影响，西服、学生服、连衣裙等一时成为时尚，中国的上衣下裙首先受到影响。那种衣长至膝、宽衣大袖、裙长至足的款式，逐渐以衣长至

[1] 服装史学者王宇清在《国服史学钩沉》中，特别强调：“中国自服装有史，贵妇的礼服都是用‘袍’，或作‘深衣制’。如此历史承传，直到明亡，从无例外。”（下册第266页）故亦曾发起“祺袍正名运动”，将“旗袍”（满人之袍服）改为“祺袍”（中国历代承传的袍服）。

腰，裙长至膝下的款式代替，由宽松的直筒形向苗条形演变。[1]

这当然又是我们再熟悉不过的由宽变窄的线性进化论，循此观点，20世纪30年代直接穿着欧美收腰服饰与女性化服饰的中国都会摩登女性，其身体—时装线条自是变得更为修长紧身。

> 当时的上海，是上流社会名媛的乐园，她们的奢华生活和追赶时髦，在中国历史上是空前绝后的。她们热衷游泳、打高尔夫、学习飞行术、骑马，非常崇尚西式服装的合体与便利，加之30年代欧美服装流行趋向收腰和女性化，这就注定了旗袍会变得长而紧身和高衩，从而符合30年代精致玲珑、开放活泼的理想形象。以前那种女学生式的倒大袖和平直的腰身也就逐渐消失了。[2]

但在这两段文字的叙述中，显然出现了一个内在矛盾，20世纪20年代初期上衣下裳（尤指文明新装）的渐趋苗条，与三四十年代一件式旗袍的渐趋合体，都是受到来自欧美服饰的影响，但介于其间的却是比20年代初上衣下裳文明新装更宽松、比30年代后紧身旗袍更平直的初兴旗袍。而现今服装史学者一再强调旗袍的“中西合璧”，主要指的亦是在开襟、剪裁、缝制技术上“吸收西式服装造型”的三四十年代旗袍，尤其是大量采用省道（胸省、腰省）、肩缝、装袖、垫肩（美人肩）与拉链（置换原有的盘香扣或直角纽扣）的三四十年代旗袍，这些“改良”旗袍不仅“去繁就剪（西式剪裁）”，更在领型（圆领、方领、元宝领、凤仙领、V形领、荷叶领、西式翻领、开衩领等）、袖形（荷叶袖、开衩袖等）、面料（乔其纱、印花绸、丝绒、呢绒、蕾丝等）与搭配（配西式外套、大衣、绒线衫、毛线背心等）上变化多端。[3]其花

[1] 安毓英、金庚荣《中国现代服装史》，北京：中国轻工业出版社，1999年，第51页。

[2] 包铭新、马黎等《中国旗袍》，第29页。

[3] 旗袍与西式外套的混搭，最生动传神且具冲突张力的案例，莫过于张爱玲《更衣记》中的描绘：“当时欧美流行着的双排扣的军人式的外套正和中国人凄厉的心情一拍即合。然而恪遵中庸之道的中国女人在那雄赳赳的大衣底下穿着拂地的丝绒长袍，袍衩开到大腿上。”

哨活泼、性感多变的形制，截然不同于20年代中后期出现严冷方正（张爱玲语）的初兴旗袍。

在此我们必须总结区分两种不同的时尚论述取径，一种着重在形式（服装形制）的相互影响，一种则着重在“行势”的“绉折运动”，前者偏重类型思考，后者倾向拓扑思考。以“形式”为核心的时尚论述，多先以历时轴的服装形制来建立独立分离的服装发展史（如中国服装史、欧洲服装史等），再以共时轴的比较分析来凸显彼此之间的对立差异（如宽/窄，平面/立体、直/曲等）或彼此之间相互影响所造成的改变（如欧美服饰倾轧，文明新装由直筒形向苗条形演变）。若是聚焦于西式洋装对中国旗袍的影响，就像前段所提及的传统“中西合璧”时尚论述，一再凸显的重点便是现代旗袍从服装面料、裁制方式到穿着搭配上，无一不可见西式洋装的强烈影响（去政治化的研究多仅凸显形制改变的影响，而政治化的研究则扩及帝国殖民主义的权力与欲望批判）。反向而言，若是聚焦于中国旗袍对西式洋装的影响，则多强调20世纪欧洲服饰的“质变”，来自东方服饰的影响，不仅自此扬弃几世纪以来雕塑西方女性身体曲线（尤其是胸部、腰部、臀部曲线）的紧身束衣，更将东方式结构简单、线条优美的自然线形，成功融入西方女性服饰的设计，尤其喜欢以20世纪初法国设计师波烈为例，说明其服装设计乃成功吸取希腊罗马袍、日本和服、中国旗袍、印度纱丽和阿拉伯长裙等东方服饰的特点与风格。[1]莫怪学者惯于直指1915至1927年间西方女性对宽松服装线条的接受，乃是受惠于中国服装的圆领、宽袖、宽松腰线与管状轮廓。[2]故在这些中/西服饰文化的比较研究或影响研究中，往往乍看之下矛盾不解，

[1] 1909年波烈曾将中国宽大的袍衫改为直线形女性外套，并以“孔子”加以命名。可参见李楠《现代女装之源》，第134页。

[2] Kim, H. J. and M. R. Delong. “Sino-Japanism in Western Women’s Fathionable Dress in Harper’s Bazar, 1890-1927.” *Clothing and Textiles Research Tournal.* 11.1 (1992): 24-30. 在Kim和DeLong的相关研究中，尝试区分“东方异国服饰”概念下“日本”与“中国”对现代西方服饰的不同阶段影响。他们指出19世纪末期西方女性的“东方风格”服饰，多以日本和服风貌的“家居袍”（house gown）为主，而中国服装则后来居上，多以宽松罩衫（slip）形式成为西方女性的室内居家服。

为何现代中国服饰的影响来自西方，而现代西方服饰的影响又来自中国，虽然这种矛盾不解，似乎还是可以经由某种细致的历史分期的方式去阐释（例如强调西方20世纪20年代的现代直筒形女装，来自中国的影响，而中国20世纪30年代后的合身旗袍，来自西方的影响），但皆流于粗略简化或单向化，而由紧变宽、一件式连身裙当道的20年代，正是我们此处尝试从“形式”时尚研究，转向“行势”时尚研究的一个“力”史“折”学关键。

故当部分中国服饰研究学者不再墨守中国服装史的框架成规，而指出旗袍“已不是传统意义上的那种‘旗人所穿之袍’，而实际上是一种具备了西式造型特征的现代意义上的上下连体的一段式服装”[1]或直接将旗袍读为20年代“中国式的ONE PIECE DRESS”。[2]那“行势”时尚研究便是要我们从一件式连身裙的历史发生做切入，不先预设旗袍是旗袍、洋装是洋装的形制分立，而是企图找出20世纪20年代的感性分享，如何让一件式的旗袍与一件式的洋装“出线”，而非谁先谁后谁影响谁的线性思考与因果关系。如果传统服饰研究最常惯用的“中西合璧”，乃是先建立在各自分离独立的“中/西”两个服装体系，再以一加一等于二的方式来定义“合璧”：“服装款式的‘中西合璧’，即将原属中方或西方的局部的样式糅合在同一件服装上，在同一件服装上，‘参合东西’的折中方案是这种设计的最大特点”[3]，那本章所欲凸显的“中西合襞”，则是企图以“一即多折（multiple）”的方式来定义“合襞”：在现代性的历史绉折中产生拓扑联结与强度差异，由合折“行势”（一即多折）开折出不同的几何解“形式”。唯有当拓扑思考再次松动传统惯性的类型思考，我们才有可能在旗袍的“中西合璧”（洋装如何影响旗袍）与洋装的“中西合璧”（旗袍如何影响洋装）里，也同时看到旗袍—洋装的“中西合襞”，那具体展现都会现代性绉

[1] 张竞琼《西“服”东渐：20世纪中外服饰交流史》，合肥：安徽美术出版社，2001年，第6页。

[2] 包铭新《收藏旗袍》,《上海服饰》1995（4），第19页，引自张竞琼《西“服”东渐：20世纪中外服饰交流史》，第6页。

[3] 张竞琼《西“服”东渐：20世纪中外服饰交流史》，第6页。

折之力与性别身体绉折之力的“中西合璧”。

而与此同时，“时尚的历史折学”作为后设的方法论批判，亦能对当前方兴未艾的“环球摩登女郎”研究提供可能的理论化思考。此研究取径为时下时尚消费与现代性研究中一个重点项目，由跨国学术研究团队（主要以美国华盛顿大学与日本“摩登女郎与东亚殖民现代性”研究群为核心）组成，研究成果以《摩登女郎环球行》（*The Modern Girl around the World: Consumption，Modernity，and Globalization*）一书为代表。此研究取径希冀彰显的，乃是20世纪20年代与30年代短发、红唇、修长体态、入时装扮的摩登女郎，几乎同时出现在全球各地，从北京到孟买、东京到柏林、约翰内斯堡到纽约，比比皆是。虽然其在世界各地发展出不同的称谓，如英文的flappers，法文的garconnes，日文的moga（modan garu的缩写），中文的摩登小姐，印度的kalegeladki（女大学生）等，但这些散居全球各大城市的摩登女郎，不约而同分享着十分类似的穿着打扮、商品消费、浪漫爱情观与身体情欲展示。面对此摩登女郎的环球化现象，如何在众多个别不同的地理位置与文化脉络中，找出其“连接性”，便成了此跨国研究计划之重点所在。

然在当前“环球摩登女郎”研究所标示的方法论，主要乃是以摩登女郎作为探索装置（heuristic device），强调水平轴的连接比较（connective comparison），以避开垂直轴历时性研究所可能携带的线性因果默认。虽然此连接比较的方法论预设，似能有效凸显环球商品资本主义（跨国与在地企业的广告营销）的畅行，视觉科技所造成商品与影像的流通、消费与相互引述，并以此来诠释环球摩登女郎的大同小异，但整体而言仍相当自限于当前时尚现代性或消费现代性研究所可能导向的理论困境：即对普世性的犹豫，努力小心避免任何潜在的同一律诠释暴力，深恐重蹈过去主流现代性研究的覆辙，亦即一径将现代等同于西方，并以西方现代模式为尊、为中心，去分析其如何被传播到世界各地、如何被复制模仿等。然而“环球摩登女郎”研究所提出的“联结比较”，在尊重另类现代性、殖民现代性等不同现代性语境中平行、对话、相互引述可能的同时，仅仅只能或只欲凸显现代主义美学或商品经济的横向且同时（lateral and simultaneous）或多面向引述（multidirectional citation）——即相互影响，包含不对等的权力关系与交换回路，图像、商品与观念的流通，让不同地点产生类同的现象——的复杂网络。换言之，乃是企图在去中心化西方现代性论述的同时，又要再连接另类或殖民现代性。此方法论的困境，恐正在于自我囿限于“开折形式”的“联结比较”，而未能对“合折行势”所给出的拓扑联结进行理论概念化。就时尚现代性的“历史折学”与“拓扑思考”而言，巴黎街头穿着直筒洋装的花女郎，与上海街头穿着初兴旗袍的女学生，恐怕不会只是两点之间的连接比较，否则只能看到“开折形式”的差分，而看不到“合折行势”的微分。

而本章以20世纪40年代《本岛妇人服的改善》的“旗袍绉折成洋装”之历史案例为出发点，以20年代平直形旗袍与直筒形洋装的分析为结，旨在通过旗袍—洋装持续发生的拓扑联结，铺展虚拟“行势”如何流变为物质“形式”的几何解，以凸显历史哲学作为“力”史“折”学的可能，亦即概念化历史作为“合折，开折，再合折”的绉折运动本身。而本章贯穿服饰历史案例之间的思考动量，正是本雅明与德勒兹所启动的“时尚历史折学”。而循此绉折分析与拓扑思考所开展出的“行势”时尚论述，其重点就不会只是固定服装形制的差异比较、不会只是奠基于线性观与因果律的影响溯源，也不会只是裹足不前画地自限的联结比较。“行势”时尚论述所迫出的，乃是时代的“感性分享”与“一即多折”的力量，亦即时尚现代性作为绉折之力所产出的各种特异点布置，才能将“服装系统学”翻转为“时尚拓扑学”，让所有服饰史上的远亲近邻或八竿子打不着的异类他者，让巴黎的花女郎与上海的摩登小姐，都有可能形构出“毗邻不可区辨区”并再次启动“创形”过程，开折出“历史折学”繁花似锦的新物质形式几何解。

8

阴丹士林蓝

化学染料分子如何有可能改写历史?

《拿破仑的纽扣》(*Napoleon's Buttons*)是一本相当有趣、引人入胜的书，它企图在化学与历史之间勾勒出某种创造性连接的可能。作者拉古德(Penny Le Couteur)与布勒森(Jay Burreson)从19世纪初拿破仑大军军服上的纽扣切入，追溯其如何在远征俄国途中，因严寒恶劣气候造成“锡质”纽扣崩解为粉末而溃不成军，并因此牵动整个欧洲版图的消长。循此“微物/唯物”历史线索，拉古德与布勒森更积极找出了17个他们认为足以改变历史的化学“分子”案例，包括香料、维生素、葡萄糖、纤维素、尼龙、橡胶、抗生素、奎宁等，一一探究其化学结构的微小变化如何驱动世界历史的演进与地理政治的重新布局。而该书的第九章“靛青、茜素、番红花”聚焦于天然染料到合成染料的变迁过程，让我们看到此变迁如何改写了全球生产劳动力的布局，以及如何开启了现代化学科技从染料工业到军火工业的竞争局面。然而《拿破仑的纽扣》以化学分子为出发的“微物/唯物”史观，仍隐然囿限于历史的因果决定论(因锡质料纽扣崩解，而造成军服解体、军心涣散、战争败北)，即便貌似以化学分子染料的“微观”切入，其所最终回归与巩固的，仍是以资本民族国家为基础运作单元的历史地理“宏观”政治版图的权力消长。

德勒兹：质量化与分子化

而本章则是企图更具体而“微”聚焦于单一合成染料 indanthrene（中文音译为阴丹士林），探讨其如何进入中国，并成为 20 世纪 30 年代与 40 年代最具代表性流行色彩的微历史（microhistory）与微政治（micropolitics）。然此以化学染料分子具体而“微”的切入角度，不仅在于凸显“微物”与“唯物”的琐碎政治与物质文化，更在于感受“微”所启动的流变之力（而非历史的因果决定论），如何能突围宏观政治、经济、文化的编码，而能带出微观分子化运动的无限可能。此处的“微”不在于尺度的迷你袖珍，而在于能给出创造变化、“移动与非局部定位的联结”（mobile and non-localizable connection）[1]。故本章的 Indanthrene 作为染料“分子”，不再只是标明其化学元素的固定分子结构，而是希冀以更“基进”的方式联结到当代哲学的“分子化”概念。诚如德勒兹与加塔利在《千高原：资本主义与精神分裂》中所做的概念区分，质量化（the molar）与分子化（the molecular）之差异，正在于前者作为已然成型的主体形式与后者作为快慢动静与强度的关系变化：“质量化主体、客体、形式乃我们从外在知晓，经由经验、科学或习惯去确认”，而“分子化”则是“由移动与停歇关系、由速度与缓慢关系、由原子的组合、粒子的发射所界定”。[2]

故“质量体”作为实现化（actualized）过程所开展出并可由外在加以辨识的主体、客体与形式，乃来自“分子化”作为虚拟威力（the force of virtuality）在关系变化中的不断组成、联结与发射。当“质量体”之“已然”沦为固定的认同形式之时，亦同时是“分子化”之“未然”持续开展

---

[1] Deleuze, Gilles. *Foucault*. Trans. and Ed. Sean Hand. Minneapolis: University of Minnesota Press, 1988, p.74.

[2] “the molar”亦可译为“克分子化”“摩尔化”或“莫耳化”“模态化”。在德勒兹与加塔利的论著中，偏向使用形容词而非名词形式的法文 molaire 与 moleculaire 。

流变之刻。故本章的阴丹士林染料“分子”，不仅仅指向“分子”作为某种特定的化学元素与摩尔质量，如何在上个世纪之交的欧洲实验室里被发现、被定位、被复制，而开启了号称二次工业革命先导的现代化学染料工业，更同时指向“分子化”作为当代哲学概念的微运动与“解畛域化”。换言之，阴丹士林合成染料的化学“分子”结构，即使再精微细小，仍是宏观界定下的“质量体”，故化学“分子”也必须流变—分子（becoming-molecular），才能转换到历史作为“力史”的观看方式，由宏观“形式”的再现机制与权力部署，掉转到微观“行势”的动静快慢与强度的关系变化。[1]

翻新行势与时尚形式

而与此质量体（质量化之主体、客体与形式）与分子化（动静快慢与强度的关系变化）概念相交织的，则是本章在染料—面料—服饰联结过程中，所将启动之时尚与翻新在概念上的差异微分。就如同 modern 一词的两种不同翻译（翻译作为一种倍增），可以开启现代（意译）与摩登（音译）的差异微分与性别编码（阳性—现代—进步与阴性—摩登—消费），fashion 一词也将在本章继续开展出翻译作为语言倍增与概念微分的可能：一边是作为“形式”的“时尚”，一边是作为“行势”的“翻新”。在当代华文世界对 fashion 一词的中文翻译，最广为接受的乃是时尚、流行时尚的意译，而翻新则指向 fashion 一词最早进入华文世界时的一种音译，一如第二章第二节所言，刊登于 1929 年 11 月 7 日《民国日报》的《翻新小识》一文，便公开肯定此音译所传达的妥切译意。[2] 本章在 fashion 中文翻译上的一分为二，则是第一步先让时尚与

---

[1] “流变”乃德勒兹差异哲学的核心概念之一，相对于传统哲学思考所奠基的“存有”与“认同”，“流变”乃指向纯粹差异化的持续生产与变化动势。流变—分子与流变—少数、流变—强度、流变—小孩、流变—女人、流变—动物等概念相通，凸显的都是自我成为异者的“解畛域化”作用，而流变—分子更常被当成一切流变在最初微知觉（microperception）上的启动。

[2] 诚如服饰文化史学者吴昊所言，此“翻新”之译的生动传神，“正显示着无时无刻不在变化求新意，妇女对时装的概念也开始确立”，但此说仍不免还是预设了某种“质量体”（时装工业或女性主体）作为求新求变的来源，然时装工业的推陈出新，或摩登女性的追逐流行，皆非本章所企图概念化“翻新”作为非人称、非主体、非时装款式的微分子运动。

形式在概念上去作联结，而让翻新（由名词带出动词想象）与“行势”相联结；第二步则是让质量体与时尚形式相联结，而让分子化运动与“翻新行势”相联结，让宏观的质量体与微观的分子化运动得以相互转换，在质量体之中看到分子化运动，在时尚形式之中看到“翻新行势”的合折开折。

翻新的“流变—分子”

故一方面我们看到的是质量体的形式与组织（从民族国家、资本企业体到时装款式、化学合成染料分子结构皆是），其所启动的“形变”（transformation）乃是建立在“编码，解码，再编码”的过程；另一方面（指不同尺度、状态与变化而非二元对立）我们探索的则是历史作为“力史”、翻新作为“行势”的分子化运动，作为非形式、非物质的“永恒回归”，如何不断窜动涌现、翻卷折叠，其所表达的流变乃是“解畛域化，再畛域化，再解畛域化”的无限过程。此分子化运动的无人称“解畛域化”过程，虽与质量体所发动的“编码”过程有极为相似的运动态势、更时时交相折叠、难以分割，但本章仍努力凸显其在概念上做差异分别之必要：质量体的“编码”倾向阻截物质与符号的自由流动，将什么都不是（没有本质没有实体）、什么都可以编码（在新的关系组态中被说明）的物质“抽象”为商品，将符号转换为象征，以便让转换所生产的剩余价值（surplus value）得以成功回归并巩固特定质量体的权力结构与资本积累，以追求最大利益，故“译码”所最终导向的乃是能够生产剩余价值的“编码”与“重新解码再编码”。而分子化运动的解畛域化过程，则无利益与利润作为最终导向，逃逸于既有质量体的形式与组织，以“域”作为“群集合”（关系联动）与“邻域”（相互渗透影响、交叠折曲的不可区辨）的想象，来打破“码”作为符号意义生产衍异变动关系中结构系统本身的不流变，与来自特定质量体的意识形态主动操作。质量体的“编码”强调将流动的物质与符号，嵌入权力与资本体系，“解码”乃是为了让“重新编码”成为可能，让剩余价值的生产成为可能。而分子化运动的“解畛域化”则是事件与生命的随机发生，以及被质量体（尤其是本章所将凸显的资本民族国家）“再编码”时的随机再发生、再绉折、“再解畛域化”，不断给出世界作为可感变动的“翻新”。此“翻新”不再局限于分离独立的质量体本身之有限排列组合，或分离独立的时装形制本身之混搭（例如：中西合璧），也不再是抽象语言符号的多重编码，而是历史作为“力史”的“虚拟威力”，如何不断给出群集合触受关系中，动静快慢的不同强度与运动，发生在“情动力”（affect）强度被质量体阻截为个人或群体“情感结构”、编码为国家或社会“线性未来”之任何时刻，无有终始。

而此以“翻新”作为流变—分子以及情动力强度“解畛域化”的概念连接，将帮助我们重新理论化阴丹士林，让其不仅是宏观层次的运作（作为质量体的化学染料与所牵动的资本与民族国家权力部署），更有其微观层次的运作（作为身体触受关系中所展开动静快慢的微分子运动），以及宏观与微观在尺度、状态与变化转换间的复杂层叠。故本章的第一部分将先爬梳化学合成染料阴丹士林如何出现在上一个世纪之交的欧洲实验室，如何成功解畛域化染料—植物、染料—动物、染料—矿物的既有联结，而创造出染料—实验室试管—时尚感性的新流变团块，以及如何重新编码民族国家与化学工业集团的配置经营模式，让阴丹士林得以以更新更快的科学进步性与生产速度，成为享誉国际的德国靛青。第二部分与第三部分，则是在此全球历史脉络之下，进一步聚焦阴丹士林蓝如何进入中国成为20世纪30年代与40年代最具代表性流行色彩的微历史与微政治，从战争作为“惘惘的威胁”到对日抗战的爆发与结束，从抵制（日本）帝国主义商品的国货运动到身体军国化的新生活运动。一方面从宏观层次看阴丹士林染料如何进入中国，如何垄断市场，如何联结兵战与商战，如何建构现代视觉政体与国民身体，更如何成功集结出各种时尚现代性的资本与国族编码，诸如洋行—月份牌—现代性消费的编码，阴丹士林—蓝布—旗袍—爱国主义的编码，学生制服—战争时尚的编码等。另一方面从微观层次看阴丹士林染料分子如何渗透浸染棉纱棉布，如何给出鲜艳明亮的情动力强度，让惯常聚焦于时装面料（阴丹士林色布作为爱国布）与时装款式（旗袍作为国族象征）的宏观尺度（即便传统历史研究仍惯于将时尚研究视为微观，虽具体而微但微不足道），掉转为身体肤表—染色面料—视网膜—大脑皮质界面触受的变化异动，亦掉转为颜色（蓝色）在彩度（更为鲜艳）与明度（更为明亮）上的差异微分，让“翻新”不再只是资本主义时尚工业推陈出新的灵活动态（民国时期流行服饰变迁），也不再只是国族主义在建构新服制、新国民、新军民的权力布局，而能真正回到阴丹士林蓝作为分子化运动在身体触受关系中的动静快慢与强度变化，如何给出历史作为“力史”的流变动量与情动感受。

一　染料分子的“解畛域化”与“再畛域化”

阴丹士林的化学分子式（molecular formula）为 $C_{28}H_{14}N_2O_4$，摩尔质量为 442.422，乃人工合成之蒽醌类系列染料[1]，包括蓝、红、绿等多个色调，而其中最著名的阴丹士林蓝 RS，又称颜料蓝 60、还原蓝 4、蒽醌蓝、士林蓝（Indanthrene Blue RS），乃第一个人造的还原染料，于 1901 年由德国化学家雷纳·邦恩（Rene Bohn）在实验室中合成并注册专利。[2]但在此合成化学史的中性陈述里，如何有可能从阴丹士林的分子式中，释出阴丹士林分子化的联动变化，如何有可能从染料分子的战争中，读出“染料的分子战争（分子运动）”，便是本章第一部分的重点所在。我们将尝试从 19 世纪合成染料的发明切入，看其如何“解畛域化”、染料—植物、染料—动物、染料—矿物的既有联结，如何创造“染料—实验室试管”的新流变团块，如何给出合成颜色作为情动强度的新美学感受性；再带入 19 世纪下半叶到 20 世纪初欧洲化学工业兴起的“宏观”历史，看其如何重新编码合成染料“更新更快”的科学进步性与生产速度，如何重新编码合成染料颜色光泽的

[1] Gordon, Paul Francis, and Peter Gregory. *Organic Chemistry in Color*. Manchester: Springer-Verlag, 2012, p.201.

[2] Ibid., p.202.

时尚流行感，如何重新编码染料与工厂大量生产、（托拉斯）化学工业集团的配置经营模式；然后再进一步聚焦于异军突起、后来居上的德国化学染料工业，看其如何通过专利权打败英、法对手而得以垄断全球染料市场，让阴丹士林以“德国靛青”的名号享誉世界，以及如何在第二次世界大战期间，成功启动轴心国染料工业与军火工业的转换支持。

从苯胺紫到阴丹士林蓝

1856年英国年轻化学家柏金（William Henry Perkin）从工业废弃物煤焦油中，提炼出第一种化学合成染料苯胺紫（mauveine，aniline purple）。此紫色合成染料的出现纯属巧合：柏金原先的构想乃是计划从煤焦油的碳氢化合物苯与苯胺中，提炼能治疗痢疾的奎宁。煤焦油又黑又臭又有毒，乃是煤蒸馏取得煤气后所残留下的黑褐色黏稠液体，然而柏金在反复实验的过程中，一次随手将黑色沉淀物沥干后加入酒精，竟在试管底部出现鲜艳的紫色液体。他试着放入小块丝绸，此紫色液体乃紧密附着于丝绸的纤维之中，因而意外启动了“实验室—工业废弃物—染料—面料”的流变，让原本染料—植物、染料—动物、染料—矿物的联结，经由现代科学实验的物质贴挤与化学变化而出现“解畛域化”的可能契机。[1]不让英国化学染料苯胺紫专美于前，德国化学家格雷贝（Carl Graebe）与利伯曼（Carl Liebermann）随即于1868年揭示天然茜素的化学结构，并顺利在实验室中加以复制合成。1880年德国科学家拜耳（Johann Friedrich Wilhelm Adolf von Baeyer）亦在实验室中通过七种不同的化学反应，首次合成了靛蓝染料，成功攻克此号称天然染料的最后堡垒。而合成靛蓝染料的出现，更预告了阴丹士林染料的异军突起。1901年隶属于德国巴斯夫（BASF）公司的化学家邦恩，在制造靛蓝衍生物的过程中，意外发现了另一种还原染料，并成功为之命名：

[1] 有关化学家柏金生平与发现苯胺紫的经过，可参见纳根德拉帕（Nagendrappa）的介绍文章。

> 他用胺基萘醌为原料，使之与氯乙酸缩合，然后用苛性钠处理，结果得到一种蓝色染料。邦恩称之为阴丹士林（indanthrene）。这是由靛蓝（indigo）和蒽（anthracene）两个词构成的。蒽是合成这类染料的基础物质。邦恩不久发现这类染料并不是靛蓝染料的衍生物，而是蒽醌还原染料。[1]

于是从苯胺紫到阴丹士林蓝，化学染料分子的各种实验前仆后继，成就了上千种合成染料的研发，全面启动实验室与工厂取代土地与小型作坊，化学原料置换植物动物矿物，彻底改写了数千年人类文明的天然染料历史。

故若就质量体的宏观尺度观之，此化学合成染料的发明与推广，自是得力于欧洲资本主义民族国家科学发展的推波助澜。发明苯胺紫的化学家柏金，不仅立即为其发明申请专利注册，并在来年于英国亲自创立了第一家合成染料工厂（化学家—资本家的快速联结），开启了合成染料的商机，以及其后近半个世纪英、法、德等国在合成染料专利权的争夺战。而发明“阴丹士林”的邦恩，本就是德国巴斯夫公司重金投资所成立之化学实验室的一员，而继其发明后另两家德国化学公司赫市斯特（Hoechst）与拜耳（Bayer），亦随即推出一系列类似的蒽醌还原染料，此后三家德国化学公司相互结盟，统一使用最初发明者邦恩所命名的阴丹士林为注册商标名称，并采用相同的椭圆图案设计，中间红色大写的字母 I（Indanthrene 之缩写），右边云雨图案，左边太阳图案，象征不怕日晒雨淋的优良质量，让阴丹士林商标逐步顺利成为世界最著名的染料商标。[2]

亮：身体触受关系的强度变化

但如何有可能从分子运动的微观尺度，去掌握化学合成染料的“情动”强度呢？苯胺紫之所以一鸣惊人，阴丹士林之所以享誉全球，终将回到合

---

[1] 刘立《插上科技的翅膀：德国化学工业的兴起》，太原：山西教育出版社，1999 年，第 129 页。

[2] 同上书，第 3 页。

成染料最初所给出的“情动”强度，一种属于服装面料—合成颜色的新美学感受性。

合成染料的发明，一向标榜其色彩鲜艳，性能卓越，耐洗、耐磨、耐漂、耐烫，不仅是色布最初的色彩鲜艳，更是经过洗、磨、漂、烫等重复动作，加以日晒雨淋之后依旧不变的色彩鲜艳，故其着色坚固不褪色的性能卓越，乃是建立在最初色彩鲜艳的持续维护之上。但难道天然染料染出的色布，色彩就不够鲜艳吗？用天然染料染布与用合成染料染布，究竟在颜色的感受性上带来怎样的变化？天然靛蓝的蓝与合成靛蓝的蓝，蓝得如何不一样？天然茜红的红与合成茜红的红，又红得如何不一样？ 我们可用19世纪末合成靛蓝发明后一则英国《时报》上的读者投书（来自专门办理专利权申请的律师事务所）为例来说明。该文尝试以具体实验证明合成靛蓝着色、持色、不褪色的特点，乃在于能产生更纯净、美丽而明亮的染色效果。

该文分析传统天然染料的靛蓝微带浅绿（纯粹度或饱和度不够），色调显得灰蒙，而经洗涤曝晒后，则更显晦暗；而合成染料更纯净、美丽而明亮的靛蓝，则在反复洗涤曝晒后，虽明度稍降，但依旧远比天然靛蓝要来得鲜艳明亮。而此经反复洗涤曝晒后彩度稍降的瑕疵，自是在阴丹士林染料发明后得以克服。阴丹士林蓝不仅比天然靛蓝来得更为鲜艳明亮，也比一般的合成靛蓝来得更为持色坚牢、耐光持久。故同样都是靛蓝，但阴丹士林蓝却给出不一样的色彩强度，在彩度上蓝得更纯粹、更饱和、更鲜艳，不似天然靛蓝微带浅绿，色调灰蒙，且在明度上蓝得更明亮、更持久，而此彩度与明度所给出的双重强度，遂让阴丹士林蓝得以出类拔萃，风靡全中国。[1] 然此阴丹士林蓝所给出的“色彩强度”，不仅只是颜色本身的物理现象（光线强弱与不同波长的强度分布）或染料分子与面料纤维的着色速

[1] 一般而言，有机化学合成物的染料，能渗入面料纤维之中，其显色所涉及的物理原理，不在于染料本身，而在于染料的化学分子结构与可吸收光波之间的关系，不同染料的分子结构“吸收可见光谱中某些特定的波长；我们眼睛所看见的颜色，取决于未被染料吸收而反射回来的颜色波长”。参见潘妮·拉古德与杰·布勒森《拿破仑的纽扣：十七个改变历史的化学故事》，洪乃容译，台北：商周出版社，2005年，第179页。

度，而是视网膜、大脑皮质与经验世界的崭新联结，更是“物理—生理—心理—文化色域”的“解畛域化”。

以欧洲文化色域为例，在封建社会服色与阶级的联结中，不仅惯于通过各种相关法令与成规，去规范限制服色的使用范畴，更通过经济能力（天然染料的成本）去阻挡平民百姓对王孙贵族的服色模仿，而其中的关键之一，便在于服饰面料颜色的色彩强度区分：劳动阶级多深色暗沉，对比于贵族阶级的耀眼亮丽（即使16世纪欧洲尚黑，也是黑得色泽饱满亮丽）。故染料颜色的色彩强度，同时包括了彩度、明度与文化阶级的触受关系，而合成染料的大量生产，正是以更纯净、美丽而明亮的颜色，一改数千年阶级与服色的联结方式。

化学合成染料的流行色编码

我们更可以用合成染料化学史上最早出现的苯胺紫为例，来说明合成染料在色彩强度上的“情动力”，如何“翻新”面料—染料的美学感受，让人倍感新异、趋之若鹜，不仅成就了欧洲时尚流行色的出现，更被后代史家以“淡紫十年”（the Mauve Decade）来命名苯胺紫从化学实验室到万国博览会、从皇家到平民、从工厂到市场的风靡程度。[1]然而我们无法否认的，乃是苯胺紫的风靡全欧，不仅来自于其所给出的色彩强度与新美学感受性（“新”来自于既定阶级服色的“解畛域化”），更在于此新美学感受性如何立即被资本主义与民族国家体制重新“编码”（“新”作为剩余价值的再编码），成功嵌入商品交易与政治权力的结构体系之中。以下就让我们从颜色与科学进步性、颜色与民主化、颜色与生产消费速度三个面向，一探“淡紫十年”所启动的资本民族国家解码与再编码的动态过程。

首先，化学染料的实验室合成，本就已在染料的颜色中折进白色（启

---

[1] “淡紫十年”主要指向19世纪90年代前后苯胺紫在欧洲与美国的大流行，在美国作家比尔（Thomas Beer）1926年出版《淡紫十年：19世纪末的美国生活》（*The Mauve Decade: American Life at the End of the Nineteenth Century*）一书中，苯胺紫更被提升到艺术与文化生活的风格表达。

蒙、理性、纯净）科学的想象。若棉纺织工业所启动的第一次工业革命，其关键在于工业与技术（新式机器与新式能源）的新联结，那染料工业所启动的第二次工业革命，其关键便在于工业与科学的新联结。在实验室的试管里，第一次工业革命的残余物煤焦油，给出了开启第二次工业革命的苯胺紫合成染料，其点石成金的关键，便是现代科学（化学）的突飞猛进。而此白色科学的想象，更在结合工业科技文明、资本主义商品崇拜与民族国家国力展示的万国博览会中被凸显强化。1862 年伦敦世界博览会的重点之一，便是公开展示英国化学家暨企业家柏金所发明且量产的苯胺紫：展示台上布满各种色彩艳丽的丝绸与棉布，而放置在中央的则是散发出恶臭的煤焦油，以此强烈对比去凸显彼时化学工业之鬼斧神工、点石成金，如何能从工业垃圾煤焦油中，提炼出五彩缤纷、鲜艳明亮的合成染料。万国博览会的光环，结合了科学进步性与商品时尚感，将昔日充满神秘色彩的炼金术想象，重新编码为化腐朽为神奇的现代科学，更让苯胺紫的展示以最直接的视觉方式，验证彼时英国在合成染料研发上傲视全球的领先地位。[1]

而与煤焦油 / 苯胺紫同时亮相的，还有在博览会开幕典礼上以一袭木槿紫礼服出现在众人面前的英国维多利亚女王，不仅宣告合成染料时代的来临，更为时尚民主化揭开序幕[2]。但为何“淡紫十年”最足以说明合成染料的发明以及其所号称的时尚民主化呢？如前所述，在天然染料统领一切的年代，“服色”与阶级有着明显的划分，一般平民百姓不能穿（服色等第、禁奢律令）也穿不起（染料珍稀、面料昂贵）王孙贵族色彩华丽之服饰。而“苯胺紫”的发明与随即量产，彻底改变了传统的染料产业结构与服饰消费模式。

[1] 刘立《插上科技的翅膀：德国化学工业的兴起》，第 7 页。

[2] 潘妮・拉古德与杰・布勒森《拿破仑的纽扣：十七个改变历史的化学故事》，第 187—188 页。有关该礼服所采用的染料众说纷纭，有人强调其为苯胺紫合成染料的成果，有人则坚称其仍为天然染料，但因女王尊贵之故，不论礼服面料所使用的染料为天然或合成，皆已呼应且象征了彼时“淡紫色”的大流行。

在产业结构的供需调整上，合成染料工业之兴起，不仅紧密配合19世纪突飞猛进的纺织工业，彻底解决原本天然染料不足的问题，更让欧洲的时尚出现了所谓的流行色，各种合成染料的相继推陈出新、各领风骚。[1]染料产业结构的改变，亦牵动了19世纪中后期欧洲时尚工业的发展，而流行色的出现，乃是彻底打破往昔受限于珍稀天然染料所建构的阶级区隔（特定色彩的昂贵面料专属于特定尊贵阶级）。例如，昔日的泰尔紫（Tyrian purple），极为昂贵稀有，最早发源于古代腓尼基王国的地中海沿岸城市泰尔（Tyre），彼时每生产一克的泰尔紫，约需使用环地中海沿岸九千多个贝类动物（骨螺，Murex），因而自古只有帝王或皇室才得以使用此珍稀天然染料，故又多称为帝王紫（royal purple）[2]。而19世纪60年代起风行欧洲，更在19世纪90年代造成时尚大流行的苯胺紫（常美其名为充满植物与法国浪漫想象的木槿紫），则是直接在染料工厂合成并大量生产，而其更纯净、美丽而明亮的颜色，乃不断通过“万国博览会”等商品与国力展示机制，强化其科技现代感与流行性，自是让欧洲从皇室贵族到平民百姓皆因其新异而惊为天人、趋之若鹜。

虽然从质量体的宏观尺度，合成染料的生产模式成功创造了19世纪时尚工业的流行色，松动既有依阶级划分所建构的服饰色彩系统。然与此同时，我们亦不可不察此解码过程所同时启动的编码：时尚（伪）民主不是建立在阶级的彻底泯除，而是建立在重新编码染料与面料的位阶等第，其最上层与最下层仍为天然染料。最上层阶级采用劳力最密集、价值最高的天然染料，例如依旧强调特定天然染料颜色优于其合成染料颜色（珊瑚虫的红色色泽比合成茜红更浓烈），也依旧强调皇家紫的物以稀为贵（即便苯胺紫比植物靛蓝来得鲜艳明亮，但价廉物美太易取得而不显尊贵）。而最下层阶级采用劳力价值最低的天然染料，如着色持色皆差的天然靛蓝，且此

[1] 刘立《插上科技的翅膀：德国化学工业的兴起》，第11页。

[2] 潘妮·拉古德与杰·布勒森《拿破仑的纽扣：十七个改变历史的化学故事》，第177—178页。

下层位阶的天然染料亦已被重新编码为土染（充满大地、在地、老土、土气、陈旧落伍的想象）。其尊贵与卑劣之分更呈现在与染料相互贴挤的面料等第之上：最昂贵的天然染料浸染最尊贵的面料，最廉价的天然染料浸染最粗劣的面料，依旧反映经济能力上的界限森严。

化学合成染料的“速度编码”

而若从消费端回到生产端，化学合成染料所牵动的“解畛域化”与“再畛域化”的幅员亦甚为惊人。就土地使用与劳动力集结的宏观角度观之，合成染料工业的兴起，自是改写了原本的人工种植业，其所造成的产业结构递变与死亡人数，甚至不下于战争。[1]例如合成茜素的出现，重击了法国与荷兰的茜草种植业。就连马克思在《资本论》中亦以此为例，说明现代染料工业发展对传统染料种植业的巨大杀伤力：“由煤焦油提炼茜素和茜红染料的方法，利用现有的生产煤焦油染料的设备，已经可以在几周之内，得到以前需要几年才得到的结果。茜草生长需要一年，然后还需要让茜根长几年，等茜根成熟，才能制成染料。”[2]进步现代工业所象征的生产速度与机械规模，成功缩短生产时间（由数年到数周），此速度之快，遂能彻底取代传统劳力密集、耗时费工的天然染料生产模式。而合成靛蓝的出现，则更是对印度蓝草种植业的致命性打击，蓝草种植面积由1896年的158万公顷，锐减到1912年的2万公顷，造成印度100万农业劳动者因而饿死。[3]这些由化学实验室合成染料所牵动的大规模土地变更使用与大

[1] 本章此处较为着重于合成染料工业化所造成的生产模式改变，有关传统天然染料与世界贸易史之牵连，可参阅麦金利（McKinley）与格林菲尔德（Greenfield）等人的著作，尤其是麦金利在探讨天然靛蓝染料的历史时，更详尽铺陈此天然染料如何同棉花、糖、盐、黄金等原料一般，启动了近代西方帝国殖民主义下泛大西洋的贩奴血泪史。

[2] 《资本论》第三卷上，第84页。而自古天然染料业的兴盛，亦与殖民主义与人口贩卖产生联动：“几千年企业集团的演变过程：古埃及的全身发出鱼腥恶臭的漂染工人，中世纪出现的染业公会，随着北欧的羊毛业与意大利、法国蚕丝业的兴盛，也带动了染料工业的发达，奴工生产的靛青原料，乃18世纪美国南部最重要的出口作物。”参见潘妮·拉古德与杰·布勒森《拿破仑的纽扣：十七个改变历史的化学故事》，第185—186页。

[3] 刘立《插上科技的翅膀：德国化学工业的兴起》，第15页。

规模传统劳动力凋零，可以让我们看到传统 / 现代、旧 / 新、农业 / 工业模式之形变，以及此形变过程所涉及的种种权力—身体布置（包括殖民主义、城乡流动等），也可以让我们看到资本主义解码（劳动力从土地链接中释放）与再编码（被释放的劳动力重新收编到工厂）的动态过程。

故此处我们可以进一步概念化两种速度的微分差异。一种速度指向微分子运动的流变一速度，凸显的乃是分子“群”（流变团块）动静快慢关系的共变，植物—染料的动静快慢关系与试管—染料的动静快慢关系之不同（而非植物作为单一质量体与煤焦油作为单一质量体之不同，亦非单一质量体在空间中移动速度之不同），亦即天然染料与合成染料在流变—颜色上所给出情动强度的差异。而另一种速度则是凸显资本民族国家的译码与编码，其速度编码乃是以量化时间作为计量单位上的变化测量，将数年到数周所给出的时空压缩速度，重新编码为线性时间与资本积累上的加速度，而展开大规模土地与劳动力的重新编组。故资本民族国家所启动的速度编码，乃是将微分子运动所给出的新感觉团块（新的色彩强度）编码为染料商品，并循此重新编码天然染料与合成染料的新位阶，重新编码海外殖民地与欧洲工厂的流动模式，重新编码染料商品的科学进步性与时尚流行感，更强力缔结出专利申请、注册商标与集团企业体的紧密联结。

于是此资本民族国家的速度编码，乃是在色彩强度中折进量化时间的加速度时空压缩。19 世纪相继发明的合成染料，之所以能在 20 世纪初一举取代数千年来由植物、矿物、动物萃取的天然染料，不仅来自于合成染料从化学实验室到工厂的科学工业生产模式（相对于天然染料耗时费工的生产模式）与其色彩鲜丽、性能卓越、质量稳定不褪色的特质（相对于天然染料的不耐曝晒与洗涤），更来自于被折进合成染料中的现代科学与现代工业所表称的进步性，以及整体西欧现代性所表称的速度想象，由生产速度数年到数周的时空压缩，扩展到染料—面料—现代服装的速度联结。即便英国维多利亚女王在伦敦万国博览会中亮相的木槿紫礼服，在服装形制上仍属传统，但礼服面料中的木槿紫已然启动时尚现代性的化学—文化反应。故质量体染料商品的速度编码，乃是将速度抽象化为更新的科学进步性，更快的生产速度与消费速度、更多的资本获利，以贯彻资本主义与近现代民族国家所奠基的线性时间观与进步想象，而其中最独占鳌头的，非德国化学染料工业莫属。20 世纪初德国化学工业的崛起，奠基于有机化学成果转化而成的合成染料工业，成功打败最早发明合成染料的英国，以及染料技术最先进的法国。1900 年德国染料工业几乎垄断全球市场，市占率高达 80% 到 90%，1913 年占 87%，生产合成染料近 3 亿磅，价值 6000 万美元，其中 80% 出口，而同年英国合成染料的生产已锐减到世界总量的 3%，法国则不到 1%，合成染料工业遂成为“德意志帝国最伟大的工业成就”[1]。

化学合成染料的军火编码

尔后此染料分子的商战更进一步扩展到染料分子的兵战：德、日化学工业的壮大，不仅提供了政治、经济、军事扩张的国力基础，更直接以庞大的染料工业为侵略战争提供军火储备。以德国为例，垄断全球合成染料市场的三家德国化学公司巴斯夫、赫市斯特与拜耳，更于 1925 年联合成立染料工业合作企业联盟（Interessengemeinschaft Farbenindustrie Aktiengesellschaft）的超大型化学工业集团，或称 IG 法本（IG Farben）工业公司，总部设于法兰克福，总资本额超过 6 亿帝国马克。而此化学帝国最恶名昭彰之历史记录，莫过于“二战”期间直接为纳粹提供各种军事用品，参与各种战争机器之研发，并生产德国国内 95% 的毒气与 84% 的炸药。[2] 或以日本为例，其乃远东唯一的染料生产与输出国家。在“二战”前日本染料工业的生产量，居世界第四或第五位，“二战”期间推进为第二位，仅次于德国，即便当时日本染料厂的大部分机械设备及技术人员已转移到军火工业（据估计三分之一的合成染料厂转为炸药生产）。[3]

---

[1] Landes, David. S. *The Unbound Prometheus: Technological Change and Industrial Development in Western Europe from 1750 to the Present*. Cambridge: Cambridge University Press, 1969, p.276. 刘立《插上科技的翅膀：德国化学工业的兴起》，第 61、46 页。

[2] 潘妮・拉古德与杰・布勒森《拿破仑的纽扣：十七个改变历史的化学故事》，第 192 页。刘立《插上科技的翅膀：德国化学工业的兴起》，第 197 页。

[3] 曹振宇《二战前日本染料工业的发展对其侵略战争的影响》，《郑州大学学报（哲学社会科学版）》，2008 年，网络，2012 年 8 月 2 日。

故从质量商战与质量兵战的宏观角度观之，合成染料的流行色编码与速度编码，与两次世界大战期间合成染料的军火编码，皆是以资本企业体与殖民帝国主义民族国家的利益与利润为依归，尽管表面上合成染料启动了物质材料的“解畛域化”（阶级解体，劳动力重组，染料与军火的“不可分辨”），最终乃是阻截，而非开放物质与符号的自由流动。而其中自是以合成染料的军火编码最具毁灭杀伤力。

> 首先，从原料来看，制备染料的原料主要来自芳香族化合物，即苯、甲苯、二甲苯等，而凡是能制造染料的原料，也都能用来制造三硝基甲苯（T.N.T）及苦味酸；而苦味酸本身就是毛与丝的黄色染料；作为染料原料的双甲苯胺及二硝基氯苯均易制成高性能爆炸物。其次，从制造技术来看，染料与炸药几乎完全雷同。诸如硝化、磺化、氯化、水解、废酸回收等技术环节和工艺流程等，凡是制造军火用的技术工艺及设备，在染料厂也都具备。由此我们可以看出：染料与炸药、染料工业与军火工业是非常接近，甚至一致。[1]

于是德国染料工厂在战时顺利转化为军火工厂，让化学工业托拉斯集团直接参与炸药与毒气的生产。染料工业与军火工业之所以被并称为“近代有机化学的孪生子”[2]，不仅只是穷兵黩武野心家之刻意操弄，也是有机化学科技与战争之力所创造出的绉折，让染料得以顺利编码为军火，让军火得以成功编码为染料。

而此染料分子的战争论述模式，在阐释染料工业与战争（商战与兵战）的关系架构时，凸显强化的正是国家资本与国家资本彼此之间的紧张对立关系，与竞逐牟利甚至发动战争的宏观历史（即使已具体而微聚焦于合成

[1] 曹振宇《二战前日本染料工业的发展对其侵略战争的影响》，《郑州大学学报（哲学社会科学版）》。

[2] 同上。

染料），其论述的基本预设乃是质量体（国族共同体、资本企业体）与质量体之间的相互对立与合纵连横。

故染料分子的战争涉及以资本民族国家为主体的商战与兵战，即便能暂时松动既有的阶层与分类，创造出不可分辨区，让阶级编码为颜色，让颜色编码为速度，让染料工业与军火工业彼此毗邻，其最终所导向的仍是特定质量体的权力与资本结构之强化再强化，而非在其前与其后不断展开的无人称、具虚拟威力之微分子运动。

二　流变—蓝色的美学感受性

本章的第一部分回顾了近现代合成染料质量化战争与分子化运动之间的起承转合，“历史”中“力史”的“复杂层叠”，让我们看到合成染料所给出的新感觉团块，如何被进一步编码为合成染料—现代科学、合成染料—流行时尚色、合成染料—现代资本民族国家扩张的联结。接下来就让我们聚焦于单一合成染料阴丹士林，看其如何进入中国，如何勾连中国既有的物质文化色域与民国时期商战兵战的政治资本流动，看阴丹士林如何由各种颜色浓缩为阴丹士林蓝的创造性配置，并得以成为中国 20 世纪 30 年代的时尚流行色与 40 年代的爱国流行色。此部分我们将先回溯土靛在中国千年的悠久历史，再爬梳洋靛进入中国的商业历史与所涉及民族国家的权力结构，才得以细腻铺陈阴丹士林—蓝—布的新配置，如何产生身体情动触受关系的色彩强度，而此色彩强度又如何被后续的国货运动、新生活运动与抗日战争加以动员并予以编码，不仅创造出洋靛—土布作为简朴实用的爱国布，更让阴丹士林—蓝—布—旗袍的创造性配置，成为爱国时尚最终依归的国族性别象征。

土靛与洋靛

中国作为世界上最早使用天然染料之地，历史悠久，绵延千年，染料的萃取与备置甚至可回溯至公元前三千年[1]，而中国历代王朝皆设有官方的染色机构。“在周朝，掌染职之官，称为染人，汉隋时设司染署，唐宋设染院，明清设蓝靛所等”[2]，可见其重要性。但中国传统的旧式漂染方式，主要乃是采集植物的根、叶等不同部位进行萃取，其中又以来自蓝草茎叶的蓝靛染料为大宗，如明代宋应星《天工开物》所载：“凡造淀，叶与茎多者入窖，少者入桶与缸。水浸七日，其汁自来。每水浆一石，下石灰五升，搅冲数十下，淀信即结。水性定时，淀澄于底。”[3]但此以植物茎叶汁液与石灰搅拌而成的旧式蓝靛，自是耗工费时（蓝草的种植、收割、浸泡）并且工序繁复（煮洗染多次反复）。

而化学合成染料（西颜料）在19世纪末开始大量输入中国，可染各种丝质绸缎纱罗、毛质呢绒哔叽、棉质布匹，质量稳定，一次即可染成。[4]西式染坊或洋色染坊遂逐渐取代旧式染坊，漂染印整行业开始发达，专营合成染料的商号纷纷成立，其中又以外商洋行为主导。而两次世界大战更催化且复杂化合成染料在中国市场所牵动的商战与兵战。欧美资本民族国家在中国染料市场所进行的各种垄断、抵制、竞销、包销、联额、联价等竞争手法，更是层出不穷。

> 1914年第一次世界大战爆发，德商回国时将沪地存货悉数售予中国商家。战争期间，日、美商人因本国需求来沪抬价收购德国染料，染料价格狂涨十多倍，沪地染料商大发其财。1918年大战结束后，因德国居于战败国，英、美、法、日等国趁机来华倾销染料。1921年德商卷土重来，并且改变策略，于1926（1924）年由八大化工厂组成法本集团在沪建立销售机构，称“德孚洋行上海总行”。总行所属广丰化学厂专司染料拼混改装，经销狮马牌染料。以“阴丹士林”“晴雨”为

[1] 潘妮·拉古德与杰·布勒森《拿破仑的纽扣：十七个改变历史的化学故事》，第175页。
[2] 张燕风《布牌子》，台北：汉声出版社，2005年，第38页。
[3] 潘吉星《天工开物校注及研究》，成都：巴蜀书社，1989年，第343页。
[4] 张燕风《布牌子》，第39页。

商标的不褪色染料广告遍及中国城乡各地，很快占领中国市场。[1]

显见德国染料在中国市场的独大，虽曾因“一战”战败而稍受挫，但旋踵卷土重来，1924年在上海成立德孚洋行（Deutsche Farben Handelsgesellscha Waibel & Co.），总理经销德国染料，所售染料品种齐全，质量稳定，更戮力于品牌商标的经营方式，并采取德国技师指导和结算贷款等优惠方案。而其中最引人注目的，正是阴丹士林染料市场的扶摇直上：“洋行垄断进口染色颜料：如德国谦信、爱礼司、加萨勒、柏林、克立、德美、亿礼登、拜尔等名牌靛水颜染，全归德孚洋行进口。德孚洋行并垄断在中国销路最多的阴丹士林染料市场。”[2]

阴丹士林190号蓝布

故德孚洋行在“一战”前的德国靛青（德国青）摇身一变为“一战”后的阴丹士林之过程中，扮演了举足轻重的关键角色，以“在地化”的中文音译打头阵，将原本结合外文字母indigo（靛蓝）和anthracene（蒽）而成的indanthrene，翻译成既有时髦洋味（现代科学术语的直接音译），又链接到中国文化文人知识分子的优雅飘逸（阴阳的阴，丹青的丹，喻士大夫知识分子的士林），成功打响此合成染料在中国的名号。虽说上海自1850年后就陆续出现专业合成染料的外商洋行与华商经营的染料商号，但从未出现德孚洋行的垄断规模与营销手法，能一举将“阴丹士林”品牌名号与其“晴雨”注册商标推广到全中国。而在德孚洋行所垄断的阴丹士林染料市场中，又以阴丹士林190号蓝布的出现最为关键，一枝独秀，所向披靡。根据《上海纺织工业志》的记载：

民国十七年（1928），上海的仁丰染织厂选用23×21支“龙头”市

[1] 姚鹤年《解放前上海染（颜）料商业的兴衰》，《上海地方志》四，1999年。
[2] 张燕风《布牌子》，第46页。

> 布坯，在卷染机上煮漂，使用德国生产的还原染料阴丹士林蓝RSN染制本光190号士林蓝布，创牌“兰亭图”。上市后，由于服用性广，耐洗、耐晒、不褪色，成为旗袍和罩衣的特色面料，深受城乡消费者的喜爱。民国十九年，仁丰染织厂厂长许庭钰用丝光白布试染190号蓝小样，发现色泽较本光坯更艳亮，且得色深。这一发现被当时控制染料的德孚洋行所掌握，进一步用少量士林青莲2R拼色，使色泽更见鲜艳。在色卡上补上丝光190色号，并严格控制处方。民国二十年，光华机器染织厂率先用龙船牌商标生产此产品，并按德孚洋行规定贴上“阴丹士林190号蓝布”和“晴雨”标贴，以此识别产品的真伪。因其鲜艳度、光泽度优于本光190号，再配以广告宣传，产品一问世，销量迅速扩大。至民国三十四年时，丝光190号士林蓝布的生产厂有十五家左右。按当时染料月耗量推算，月产量近七十万匹。[1]

此段引文清楚告诉我们，彼时不论是“兰亭图”或“龙船牌”等国产品牌商标，其所采用的皆是德国生产的合成染料阴丹士林蓝，而在合成染料—棉布面料的联结过程中，显然丝光190号士林蓝布比本光190号士林蓝布，更受中国消费者“青”睐。而丝光与本光之差别，不仅在面料织线的细密度，更在面料染色效果的鲜艳度与光泽度：丝光士林蓝布的艳亮，自是比本光士林蓝布更胜一筹。此艳亮不仅仅来自还原染料阴丹士林蓝RS的物理特性（蓝色针状，带金属光泽的晶体）与面料抽纱细密度，更来自染料—面料与中国文化色域的联结，给出崭新“蓝”的色彩强度。

阴丹士林蓝布的色彩强度

而“艳亮”作为阴丹士林蓝布的关键词，正可帮助我们暂时脱离质量

[1]《上海纺织工业志》编纂委员会编《上海纺织工业志》，上海：上海社会科学院，1998年，第328页。1949年之后以23×21支坯布加工的190号士林蓝布，其产量仍居中国销售色布之首位，一直要到1982年后190号士林蓝布才在纺织品的替换升级中销势渐衰，可参见《上海通志》第十七卷工业（上），第四章第三节。

体宏观历史的商战与兵战，回到合成染料在微分子运动的动静快慢与强度变化。让我们先从文学文本所能带出的新美学感受性切入。在老舍《骆驼祥子》的第二回，人力车夫祥子连人带车被军阀乱兵抢走，后虽从军营仓皇逃出，然其一路念兹在兹的乃是原本身上穿着、而今被抢不可复得的那套阴丹士林蓝布夹裤褂：

> 虽然已到妙峰山开庙进香的时节，夜里的寒气可还不是一件单衫所能挡得住的。祥子的身上没有任何累赘，除了一件灰色单军服上身，和一条蓝布军裤，都被汗沤得奇臭——自从还没到他身上的时候已经如此。由这身破军衣，他想起自己原来穿着的白布小褂与那套阴丹士林蓝的夹裤褂；那是多么干净体面！是的，世界上还有许多比阴丹士林蓝更体面的东西，可是祥子知道自己混到那么干净利落已经是怎样的不容易。闻着现在身上的臭汗味，他把以前的挣扎与成功看得分外光荣，比原来的光荣放大了十倍。

蓝染棉布作为中国平民百姓最常使用的服色，自然出现在人力车夫祥子以上衣下裤作为短打的服装形式之上。但相对于祥子此时身上的灰色军服配蓝布军裤，昔日的白布小褂与阴丹士林蓝夹裤褂，便益发显得干净、体面、利落。此处的干净不仅对比于蓝色军裤的汗臭污秽，亦是对比于阴丹士林蓝布在身体情动触受关系上色彩强度的“更纯净、美丽而明亮”，以及祥子在此新美学感受性上所进一步投射的阶级攀升想望，但随着车与衣的丢失而彻底挫败幻灭。

而林海音的《蓝布褂》则是将阴丹士林蓝布推往性别与阶级的扩展，不谈上下分截的劳动阶级裤褂，而谈北京市民阶级一截穿衣的长衫、旗袍与大褂。

> 阴丹士林布出世以后，女学生更是如狂地喜爱它。阴丹士林本是人造染料的一种名称，原有各种颜色，但是人们嘴里常常说的“阴丹

士林色”多是指的青蓝色。它的颜色比其他布，更为鲜亮，穿一件阴丹士林大褂，令人觉得特别干净，平整。比深蓝浅些的“毛蓝”色，我最喜欢，夏秋或春夏之交，总是穿这个颜色的。

在林海音的眼中，蓝布本就是淳朴的北方服装特色，不分男女老少、职业或阶级，每人一年四季都有几件蓝布服装，但显然阴丹士林色蓝布的问世，改写了蓝的强度。阴丹士林蓝布不仅比传统蓝布来得“更为鲜亮”，也比其他的合成靛蓝在彩度、耐亮度与坚牢度上更胜一筹。不论是青蓝色（色深而鲜亮）或毛蓝色（色浅亦鲜亮，非传统的土染毛蓝布）的阴丹士林色布，都给出“干净平整”的新异身体—服饰感，让包括林海音在内的女学生们趋之若鹜。一如骆驼祥子对“干净体面”阴丹士林蓝布夹裤褂的依恋，女学生对“干净”“平整”“更为鲜亮”的阴丹士林蓝布褂颜色的喜爱，既是质量层级的染料商品促销与流行时尚感，也是分子层级触受关系的微观变化，给出皮肤体表—面料—染料所配置的新感觉团块，以色彩强度穿越横贯“视网膜—大脑皮质—文化色域”。[1]

资本民族国家的二元编码

但阴丹士林蓝究竟能给出怎样文化色域的动静快慢与强度变化？蓝色在中国本就是最能代表平民百姓的色彩，而旧式的传统漂染本就以蓝靛或靛青为大宗。但在民国时期土靛与洋靛的转换过程中，旧式的靛青毛蓝布与新式的阴丹士林蓝布（或简称为士林蓝布）给出了不同强度的蓝，不

[1] 本章虽然尝试用“编码”与“解畛域化”来分别对应“质量化”与“分子化”，并将前者（质量体的编码）视为剩余价值的积累与权力结构的强化，但并不尝试预设一种截然两分的先后关系，先有纯然未受品牌宣传的身体情动与触受关系（一个完全没有被象征与想象秩序浸染的阴丹士林蓝布，作为原初接触的可能），后再经特定质量体的挪用编码，而是希望凸显“编码”与“解畛域化”的相互交叠，身体情动“总已”是在经纬交错之中发生，物质符号与身体的触受并不能截然独立于象征与想象秩序所建立的再现系统，只是一旦作为非再现的强度起了变化（物质材料的“解畛域化”），便得以让再现系统持续进行解码与编码。

同染料—面料的配置，不同身体触受的关系：前者色浊暗沉，后者鲜亮干净；前者日晒皂洗褪色泛白，后者“日日如新”“年年如新”。而此蓝色文化色域的动静快慢与强度变化，随即便被资本民族国家进一步编码为城/乡、进步/落伍、洋靛/土靛的二元差异区分，并借此强化以线性时间与资本积累为主导的进步现代性。我们可以用汪曾祺的短篇小说《八千岁》为例，小说中的主人翁以八千钱（不到三块银圆）起家做米店生意，勤俭本分，但他的一身穿着打扮，却准确传达出其不识时务、不合时宜的生活方式：

> 他如果不是一年到头穿了那样一身衣裳，也许大家就不会叫他八千岁了。他这身衣裳，全城无二。无冬历夏，总是一身老蓝布。这种老蓝布是本地土织，本地的染坊用蓝靛染的。染得了，还要由一个师傅双脚分叉，站在一个U字形的石碾上，来回晃动，加以碾研，然后摊在河边空场上晒干。自从有了阴丹士林，这种老蓝布已经不再生产，乡下还有时能够见到，城里几乎没有人穿了。蓝布长衫，蓝布夹袍，蓝布棉袍，他似乎做得了这几套衣服，就没有再添置过。年复一年，老是这几套。有些地方已经洗得露了白色的经纬，而且打了许多补丁。衣服的款式也很特别，长度一律离脚面一尺。这种才能盖住膝盖的长衫，从前倒是有过，叫作“二马裾”。这些年长衫兴长，穿着拖齐脚面的铁灰洋绉时式长衫的年轻的“油儿”，看了八千岁的这身二马裾，觉得太奇怪了。八千岁有八千岁的道理，衣取蔽体，下面的一截没有用处，要那么长干什么？八千岁生得大头大脸，大鼻子大嘴，大手大脚，终年穿着二马裾，任人观看，心安理得。

此处八千岁身上的老蓝布，指的正是传统蓝靛所手工染制的土织（本地染坊、人工石碾、河边晒场的工序配置），而老蓝布的落伍与落魄，正在于阴丹士林的出现与一统江湖，终结了老蓝布跟不上时代的生产方式。而时兴的长衫不仅用的是阴丹士林合成染料，更在衣摆长度上以拖齐脚面为时尚形制。相形之下，八千岁的双重落伍，正在于一身的老蓝布二马裾，又老又旧又短又褪色又打补丁，土靛手染蓝布与洋靛机染蓝布在新/旧、城/乡、洋/土、现代/传统上的位阶，当下立判。[1]

而八千岁身上的老蓝布，指向的正是土靛土染土织的中国传统蓝布，其中又以靛青毛蓝布最为著名，其在中国的历史久远，创始于宋代，成熟于明清，分色布与花布，布身多粗松耐磨，色泽则蓝里透青，木机织布与手工染坊更为其最基本的产制模式：

> 清末民初，江浙农民进入上海，在南市陆家滨一带开设染坊，经营加工毛蓝布。其实，毛蓝布有阔、狭幅之分。阔幅为机织市布，狭幅仍叫土布。坯布由江苏南通，上海宝山、罗店、月浦一带农民用木机织成。其中有一种门幅仅为一尺一寸五分的布，称“尺一五”小布。染坊设备简陋，以陶土制的“七石缸”为染具，靛蓝作染料，用棉籽壳、木屑作燃料加热进行染色。染作深藏青色的布称“毛宝”，稍浅的称“靛月蓝”，也叫“毛蓝”。[2]

故不论是狭幅手织或阔幅机织的靛青毛蓝布，其所联结的手工劳力操

---

[1] 但此土/洋、传统/现代的二元编码，亦不时出现相互塌陷、相互贴挤的怪现象，例如阴丹士林蓝布曾被视为具有医疗作用，“小孩子不小心将额角头撞出个乌青疙瘩，马上用阴丹士林布去抹而揉之，不但有点止痛而且竟然消肿，有人说那颜料里含有医疗之化学成分，也是一种推测”（姚荣铨《阴丹士林布琐记》）。然如此既土（落后、迷信）又洋（先进合成染料）的相互塌陷，与其说是某伤科诊所曾用阴丹士林蓝布做膏药布，而被误以为阴丹士林蓝布本身具有止痛消肿之特效（姚荣铨的解释），不如说此既土又洋的相互塌陷，乃是建立在天然染料与合成染料的误识之上，毕竟在中国自李时珍的《本草纲目》（1603年）以降，早有记载蓝草的解毒药性，可熬汁或焙捣服用，而中药材青黛亦同。而经由西方科学加持的阴丹士林蓝布之所以能如此鲜亮，更容易被误识为药效更强。

[2] 《上海纺织工业志》编纂委员会编《上海纺织工业志》，第324—325页。毛蓝布亦可指布匹在染色前的特殊处理方式，一般坯布多在染色前需要经过烧毛处理，使布面平整光洁，而传统毛蓝布则在染色前无须经过烧毛处理，故染出来的布面表层，仍保有一层绒毛，故称毛蓝布。另有一种二蓝布亦是以天然靛青染料（土靛）染制而成，之所以称为“二蓝”，一以收成时节来界定（五月收割的蓝草为头蓝，七月收割的蓝草为二蓝），或以染色深浅来界定（头染第一遍为月白，第二遍为二蓝，第三遍为鸦青），可参见叶倾城《绵延千年的二蓝》，《青年时讯》2004年7月1日，网络，2012年8月2日。

作（农民）与生产模式（简陋染坊），如何能敌现代化学合成染料所挟带的科学进步性、工厂量产与跨国企业垄断？20世纪从德国青到阴丹士林（190号）蓝布，自是以舶来染料的现代性（化学）科技和机器大量织染的新式生产方式，以其日晒不褪，雨淋不褪，皂洗不褪的坚实耐用，攻城略地，彻底改写了由褪色、补丁老蓝布所代表的传统中国“蓝”。

蓝色的羡耻感

诚如张爱玲在《中国的日夜》中所言：“至于蓝布的蓝，那是中国的‘国色’。不过街上一般人穿的蓝布衫大都经过补缀，深深浅浅，都像雨洗出来的，青翠醒目。我们中国本来是补丁的国家，连天都是女娲补过的。”对比于阴丹士林蓝布所给出充满鲜亮情动力强度的蓝，张爱玲笔下深深浅浅、既褪色又带补丁的蓝，则已被编码进中国近现代身体—服饰触受历史的羡耻感（shamesation）。[1]

若鲜亮作为身体与世界触受关系中所直接给出的新感觉团块，那阴丹士林蓝布后续启动的羡耻感，则是将此无人称的鲜亮编码为中国国色的由旧到新、除旧布新，从个人情感到国族认同，成功形构出新蓝为羡/旧蓝为耻的二元对立（虽此二元对立乃是建立在羡耻作为情感结构的一体两面）。像张爱玲在《桂花蒸阿小悲秋》中的描绘：“刚才在三等电车上，她被挤得站立不牢，脸贴着一个高个子人的蓝布长衫，那深蓝布因为肮脏到极点，有一种奇异的柔软，简直没有布的劲道；从那蓝布的深处一蓬一蓬慢慢发出它内在的热气。这天气的气味也就像那袍子——而且绝对不是自己的衣服，自己的脏又还脏得好些。”此处女佣阿小在上海三等电车上所贴挤的深蓝布长衫，与《骆驼祥子》从军营仓皇逃生时身上的那件蓝布军裤一般，皆是肮脏沤臭至极，其在气味、热度到布料解体的联结上，自是与骆驼祥子原本身上“干净体面”的阴丹士林夹裤褂高下立判。虽此二例本

[1] 此处“羡耻感”作为新语词的概念化，乃是尝试先将英文的shame（耻辱）与sensation（感觉）做联结，再将英文shame与中文“羡”的类似发音做联结，企图创造出一种“翻译绉折”，以凸显“耻”与“羡”乃一体之两面，可相互翻转折叠。

有其在阶级（市民阶级与劳动阶级）、地域（上海与北京）与服装形制（一截穿衣与上下分截）之差异，然其却有共同的凸显点：脏臭的不仅只是经年未洗的深蓝布长衫或军裤，脏臭的更是深蓝布长衫或军裤所指向不耐洗、不耐晒的土蓝、旧蓝，即便是八千岁身上那件既不脏也不臭的老蓝布二马裾，依旧充满旧蓝的羡耻感。

而即使将性别由男性转换到女性，张爱玲笔下仍多是一群受困于经济条件而对深蓝布罩袍充满羡耻感的都会女子。《创世纪》中因物质匮乏而难掩自卑的女主角潆珠，“礼拜天，他又约她看电影。因为那天刚巧下雨，潆珠很高兴她有机会穿她的雨衣，便答应了。米色的斗篷，红蓝格子嵌线，连着风兜，遮盖了里面的深蓝布罩袍，泛了花白的”。或是像《半生缘》里的曼桢，“她在户内也围着一条红蓝格子的小围巾，衬着深蓝布罩袍，倒像个高小女生的打扮。蓝布罩袍已经洗得绒兜兜地泛了灰白”。显然这些起毛球又泛灰白的深蓝布罩袍，皆非“鲜亮”的阴丹士林蓝布所裁制而成，而其寒碜难堪的身体穿着经验，截然对比于林海音在《蓝布褂》中所述“穿一件阴丹士林大褂，令人觉得特别干净、平整”。张爱玲笔下褪色补丁的旧蓝，即便偶尔深深浅浅如雨后的青翠醒目，或成为极度黯淡世界中唯一的明亮耀眼，最终亦难逃寒碜难堪的羡耻感：“隆冬的下午，因为这世界太黯淡了，一点点颜色就显得赤裸裸的，分外鲜艳。来来往往的男女老少，有许多都穿了蓝布罩袍，明亮耀眼的，寒碜碜粉扑扑的蓝色。”（《创世纪》）

蓝作为中国的国色，至此彻底二分，一边是充满身体触受强度变化的鲜亮，一边是充满个人到国族情感挫败的寒碜，前者由阴丹士林蓝布表达，后者则由传统土织或土染、起毛泛花白的传统蓝布表达。而阴丹士林蓝作为动静快慢关系变化的色彩强度，亦在（德孚）洋行—商品营销的配置关系中，不断以广告术语与左右对照图示，重新编码鲜亮的色彩强度与寒碜的身体—服饰羡耻感：图画中的一男一女，路上淋雨后返家分别晾干湿衣，生之阴丹士林蓝布长衫焕然如新，而女之一般蓝布长衫暗淡若旧，一喜一悲，一体面一丢脸，再次以二元对比的方式，鲜活告知阴丹士林蓝布焕然如新的鲜亮，乃是现代中国新蓝的唯一象征与最佳选择。

三 阴丹士林爱国布的时尚吊诡

阴丹士林蓝的鲜亮作为染料—面料在身体触受关系上的强度变化，显然已依循中国近现代的历史创伤经验，由非人称的情动威力转为个人与国族的情感结构，更被进一步编码为身体—服饰的羡耻感，以西为新，以中为旧，以新为羡，以旧为耻。而此以西方殖民帝国与现代资本民族国家作为质量主体的编码行动，不仅将色彩强度（情动）编码为羡耻感（情感），更通过各种民族资本与政治权力的渗透，让羡耻感更进一步与反帝、抗日的爱国主义产生更形复杂幽微的排比联结方式，错乱原本以西为羡、以中为耻的单纯对应模式。故本章的第三部分，将分别以国货运动与新生活运动为例，看其如何以阴丹士林蓝布作为爱国表征，以启动更大规模的资本国族编码。此处有两种有关运动的描绘：一种运动指向资本主义与国族主义的意识形态操作，或是以经济力结合政治力的民族主义诉求（国货运动），或是以政治力主导的集体主义国家监控（新生活运动）；而另一种运动则指向动静快慢与强度变化，如何在触受关系中给出新的色彩强度与感觉团块，如何以其无形式、无人称的虚拟威力，不断逃逸也不断被前者作为质量体的社会政治运动所猎捕。此两种运动不仅给出历史作为“力史”在尺度（宏观与微观）与观看（一为可见之形式，一为不可见之行势）上的恒常掉转，也让本章在论述的政治性上能兼顾“质量化运动”的意识形态“批判”与“分子化运动”作为无限潜力的“创造”。

商品国籍暧昧的国货运动

首先，让我们一探采用德国阴丹士林染料的蓝布，如何有可能成为中国国货运动中所标榜的民族商品？清末与民国时期相继发动的数波国货运动（尤以 1905 至 1919 年、1923 至 1937 年为著），乃是以民族工业的存亡兴灭为由，提倡国货以抵抗帝国主义剥削并唤起民族意识，意图建立国货——

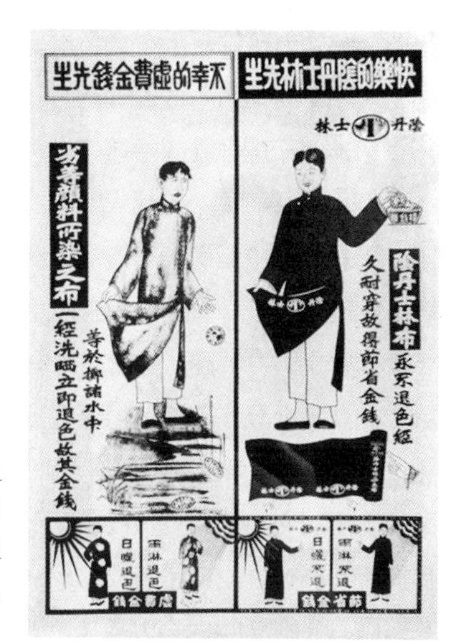

◆阴丹士林的二元对立系列广告之一：两位长衫男子分别购买蓝布，日晒雨淋后一如新一褪色、一欢喜一哭泣，前者乃“快乐的阴丹士林先生”，后者乃“不幸的虚费金钱先生”

爱国与洋货——卖国的爱国主义消费观，而阴丹士林蓝布便是在此爱国诉求中，以洋靛—土布的暧昧身份认证，登堂入室为民族商品。但在阴丹士林蓝布作为民族商品的编码运动中，我们却无法从先前所铺展的土靛/洋靛对立关系，推论到当前后殖民时尚研究最常处理土布/洋布的对立关系。其关键点便在民国以来相继推动的国货运动，其虽以救亡图存、保护民族工业的存续为号召，但在商品“国籍”的身份认同上，却给出了相当暧昧处理的转圜空间。这种现象系肇因于中国长期在关税自主权上的被打压，遂只能实行较为宽松的国货认定，因而不时出现“爱国伞”可以不爱国，因为采用日本伞骨，或“爱国布”可以不爱国，因为采用日本棉纱（而非德国染料）等控诉案例。故被国货运动捧为爱国主义消费的阴丹士林蓝布，指向的往往正是德国染料及日本棉纱在中国织染（包括民族工业或以外资为主的织染厂）的复杂矛盾性。证诸1959年之前，中国无成熟且具企业规模的合成还原染料生产体。[1]阴丹士林

[1] 根据《上海纺织工业志》的记载，直到1959年才采用“国产还原蓝RSN染料生产‘芷江图’190号士林蓝布”。

蓝布之所以为洋靛—土布，乃指采用德国染料，但在中国境内以机器织染而成，并非舶来进口布匹，即便其使用的线纱本身可能来自日本。[1]此处的"土"指向的乃是本土（中国境内），已非昔日旧蓝土布所指向的土染与手工小作坊。

于是"在中国织染"遂成为阴丹士林蓝布作为国货的主要判准，既服膺国货运动所凸显的国货/洋货、半殖民国/帝国列强、中/日对立关系的兵战，亦凸显中、日、德相互交织毗邻的商战——前者在战场上壁垒分明，后者在商品上敌我不分。虽说德国合成染料的雄霸全球，即使与其对峙的英、法军服上亦采用敌国（德国）染料[2]，但阴丹士林蓝布在中国所牵动从民族工业到文化想象、从战争动员到爱国实践的幅员广阔，显然远远超过目前所知任何合成染料与面料织品之联结，诚然是国族主义与资本主义相互编码、解码及再编码过程中，最具体而微也最剧烈变动的战场。

> 1937年抗日战争爆发，尤其是1941年太平洋战争后，美英货中断，日商以"军配组合"名义输入染料，不纳关税，大量倾销。后又在沪开设硫化元厂，独霸中国市场。日军进驻租界后，曾规定染料为统制物资，非正常商号一律不准堆存染料。然而在大战期间，日货和德货仍源源而来，于是不少囤户和跨业经营者纷纷新设商号，1942年沪地经营染料商号为80多家，至1945年前最多时达500多家。[3]

虽说20世纪30年代所谓的民族染料工业，乃是以抵制日货，抵抗列强联合垄断为出发点，但显然难敌德国染料、日本染料甚至美国染料的倾销垄断，遂只能退而求其次，以"在中国织染"（即使采用的是德国染料、日本纱线）作为底线。也只有在这样的经济—工业脉络中，阴丹士林蓝布

[1] 可参见《上海通志》第十七卷工业（上），第四章第三节。

[2] 刘立《插上科技的翅膀：德国化学工业的兴起》，第2页。

[3] 姚鹤年《解放前上海染（颜）料商业的兴衰》，《上海地方志》四。

才能一举成为“二战”期间风行全中国的“国货”。[1]

新生活布衣运动

而1934年启动的新生活运动，则是将阴丹士林蓝布作为“爱国布”的表征更往前大大推进。号称结合中国新儒家思想，德意法西斯独裁政权与日本士官学校军事规范的新生活运动[2]，将民族国家的救亡图存，直接扣连到个人的生活行为规范，而如何“纠正国民衣着”便成为运动的执行要项之一。新生活必须从扣扣子的生活小处细节做起，延伸到戴帽子、穿鞋子、系带子，以达国民穿衣的整齐划一[3]。而此整齐划一、集体主义服饰诉求的最终目的，不仅在于象征层次上，以利凸显国家的团结精进，更在于实际操作层次上，以利战争动员的迅速确实。而阴丹士林蓝布正是此整齐清洁、简单朴素的“国民衣着”诉求中作为实用时尚的最佳表征。

但为何是阴丹士林蓝布？20世纪30年代阴丹士林合成染料的广告诉求中，早已见实用与时尚的巧妙结合。各式美女月份牌，不论时装款式（洋装或旗袍），不论各种颜色，只要标榜阴丹士林色布者，必定一再强调其染色质量牢固，色泽鲜艳明亮，并且日晒雨淋绝不褪色，就如同其“晴雨”商标所示，烈日晒之，暴雨淋之，还是“永不褪色”。但阴丹士林色布的实用性，也同时是与洋行—美女月份牌配置所强调的摩登性相互呼应。月份牌上可以是陈霓裳等上海当红女明星的玉照，搭配“世有‘阴丹士林’色布，而后有漂亮经济

---

[1] 葛凯的《制造中国：消费文化与民族国家的创建》（黄振萍译，北京：北京大学出版社，2007）乃目前谈论国货运动最鞭辟入里的书，书的封面与第19页图文分析，以打高尔夫球的上海妇女图案为例，其高领长旗袍配高跟鞋的打扮，乃典型上海美女月份牌的时尚风格，而画面的右后方呈现中国亭阁园林，左后方则是希腊圆顶列柱，那究竟该如何去界定其所涉产品的民族性呢？“纯粹的‘中国产品’是用中国原材料，由中国工人，在中国人的管理下，在中国人拥有的工厂里制造的”，故月份牌中的高尔夫俱乐部“可以比丝质旗袍更轻易地具有‘更多中国性’，因为旗袍很像是用日本丝制造的”。换言之，重点不在衣服款式的中或西，而在于是否可通过“国货”检验的四大关键因素：原料、劳动力、经营和资金。

[2] Arif Dirlik, “The Ideological Foundation of the New Life Movement: A Study in Counterrevolution.” *Tournal of Asian Studies* 34.4 (1975): pp. 945-980.

[3] 吴昊《中国妇女服饰与身体革命（1911—1935）》，第291、294页。

之服装”(标点后加)的文字，也可以是捧花的短发女学生，搭配“闺阁名媛均爱穿190号颜色之阴丹士林蓝布，因为最漂亮最鲜艳”(标点后加)或“颜色最最鲜艳耐久坚牢无比”等文字。[1]于是实用与时尚、漂亮与经济、时髦与实惠相互贴挤，给出一种“实用时尚”的新表达方式与配置关系。[2]

而此实用时尚虽在视觉再现层次上，主以摩登女体(知名女明星或新式女学生)来凸显其“时尚感”，但其实用性却丝毫不局限于都会女子的时装。阴丹士林色布广告的诉求，更多的时候乃是与市井生活紧密相联结，标榜货真价实、价廉物美、老少皆宜、男女可穿，更耳提面命教导消费者如何辨别商标、如何指定选购布边印有金印“晴雨”，以确保买到色彩鲜艳真正不褪色的阴丹士林色布，才能“日日如新”“年年如新”“使君节省金钱”。而此摩登时髦、经济实惠、质量优异、体面大方的实用时尚，更标榜能展现共体时艰的消费行动：“处今节约时期，制衣首重耐久，故请用‘阴丹士林’色布，盖此布虽经炎日曝晒、长期皂洗，颜色不褪。”(标点后加)

然而新生活运动对阴丹士林蓝布作为实用时尚的挪用，显然是经济实惠大过漂亮鲜艳，更是标榜以布衣取代华服，身体力行新生活运动的整齐清洁简单朴素，而其中又以蒋宋美龄的阴丹士林蓝布旗袍，顺利成为整个运动在“衣”食住行上最高的政治象征符(服)码：“你们看到的，我们中华民国的第一夫人——蒋夫人，身穿阴丹士林布旗袍，足履布鞋，这在当今世界各国的元首夫人中，是绝无仅有的。”[3]诚如服饰史学者王宇清所言：

> 民国二十三年(1934)，政府提倡新生活运动，衣食住行，概求整

---

[1] 本章所引用之“广告文案”多直接抄录自网络可查阅到的各种“阴丹士林”色布历史图片文件，亦参考《阴丹士林老广告》。

[2] 以“二战”时期的英国为例，战争时期物资缺乏，故对服装面料的数量与种类加以管制，并推行强调节约布料，行动便捷的“实用服饰”(utility dress)，成为“二战”期间风行一时的“战争时尚”，并由此带动西方现代女装更进一步地去装饰、去夸示线条。

[3] 此乃郭沫若应蒋宋美龄之邀赴“妇指会”的演讲，他以蒋宋美龄的阴丹士林蓝布旗袍为例，具体说明新生活运动所诉求的简单朴素。参见刘瑜《中国旗袍文化史》，第87—88页。

> 齐、清洁简单、朴素。上行下效，群情恰洽，一时人人以华服美食为不宜，布衣最为普遍，妇女“阴丹士林”牌细布蓝色长衫最流行，秋冬之衣，亦布多于绸，甚至布面绸里，绸里在求光滑方便。[1]

在此棉布 / 丝绸作为简朴 / 奢华的对比之下，新生活运动标榜的正是阴丹士林蓝“布”的重要，即便秋冬之时亦以布为尊，即便以绸为里（以增加光滑舒适感）也必须以布为表。而阴丹士林蓝布之“蓝”，更直接完美呼应国民党党旗的象征颜色与民国服制条例所历来规范的“色蓝”。

摩登破坏团的性别暴力

更有甚者，阴丹士林蓝布做成的男子长衫与阴丹士林蓝布做成的女子旗袍，在此乃依性别—国族象征而彻底分道扬镳：长衫就只是日常生活简朴穿着的长衫，旗袍却成为爱国与叛国决战点的众矢之的。而其最具体的引爆高潮点，正是 1934 年集结国货运动与新生活运动的妇女国货年。就如彼时《国货月报》第一卷第一期（1934 年 5 月）上的《掌上时髦》漫画所示，烫发打扮入时的都会女性，身着斜条纹面料长旗袍，脚踩高跟鞋，旗袍外罩波浪袖短衫一件，上书有“中国”二字，而摩登女子立于一大手掌之上，由其掌握，而手的大拇指处则书有“外国经济势力”六字。[2] 这个沿用中国传统表达（逃不出如来佛的手掌心）的浅白漫画，显然是以最粗浅直捷的方式，将“阴性摩登”与“拜金卖国”相联结，再次强化国货运动中的两大原型：“叛国的女性消费者”与“爱国的男性生产者”[3]，亦即“阴性摩登”与“阳性现代”在消费 / 生产上的性别再编码。

然此以摩登华丽旗袍为主要视觉诉求的漫画，显然是建立在旗袍面料（而非旗袍形制）所隐含的双重差异：棉布与丝绸的区分，国货与洋货的区

---

[1] 王宇清《历代妇女袍服考实》，台北：中国旗袍研究会，1975 年，第 102 页。

[2] 葛凯《制造中国：消费文化与民族国家的创建》，第 302 页。

[3] 同上书，第 21 页。

分。而阴丹士林蓝布作为被民族主义与极权主义认可的旗袍面料，既是以布衣取代华服，亦是以国货（“在中国织染”）取代舶来品的表征。

因而国货运动与新生活运动，强化了新一波民国女子服饰面料的羡耻感，在其营造的民族主义消费语境中，“穿外国生产的衣服是缺乏羞耻的表现”或官方标语直接警示“以服用外货为华贵，为漂亮，那是一种最可耻的心理！”[1]原本阴丹士林蓝布的羡耻感集中在“新蓝”的鲜艳、整齐、干净、体面，对比于“旧蓝”的褪色、补丁、脏污、寒碜，其运作逻辑乃是以西为羡，以中为耻，以新为羡，以旧为耻。但国货运动与新生活运动则将阴丹士林蓝布的羡耻感重新编码，仍然以新（生活）为羡，以旧（习惯）为耻，但斩断新与西、旧与中的联结，而以国货为羡，以洋货为耻。[2]

因而在运动高潮期间，不时传出北京、上海、南京、天津、汉口等大城市中短暂出现所谓的摩登破坏团，聚众巡街且当街剪破太过现代或西式的女子服饰，即便其媒体传播的恫吓效果，显然远大于实际施行范围。如彼时报刊所载：“杭州曾有过所谓的摩登破坏团的无聊举动的出现，他们的手段和目的，是用镪水来毁损妇女的‘摩登衣服’，这种野蛮行为，旋遭禁止。”[3]

1935 年北京亦出现由军警直接执行禁令的摩登破坏行动：“下令凡薄如蝉翼，裸腿不穿袜之一般摩登妇女一律出园，不准听戏，俟换衣后再来。”[4]换言之，阴丹士林蓝布既为实用时尚，亦是反时尚，既是摩登新解，也是解构摩登。在要求女性共体时艰，不准烫发，不准涂指甲油，不准穿着摩登新款，连“衣长袖短”都成为国家监控的准战争时期，经济实惠、

[1] 葛凯《制造中国：消费文化与民族国家的创建》，第 295、297 页。

[2] 有关南京政府如何通过对旧生活习性的“丑怪”指认，以进行法西斯身体美学与规训的政治斗争，可参见黄金麟《丑怪的装扮：新生活运动的政略分析》与《历史、身体、国家：近代中国的身体形成（1895—1937）》的精彩分析。

[3] 引自吴昊《中国妇女服饰与身体革命（1911—1935）》，第 292—293 页。原文出处为曾迭《“摩登破坏”的重演》，《人言周刊》（上海）第 2 卷，第 23 期，1935 年 8 月 17 日，第 441 页。下则引文论及北京军警禁令的出处，亦出自该文。

[4] 同上。

简朴耐用的阴丹士林蓝布自是最佳表征，成为新生活运动上行（监控）下效（仿效）最具代表性的爱国面料。[1]

旗袍的“流变—阴丹士林蓝”

而真正让阴丹士林蓝布旗袍成为中国时尚现代性主要视觉符码的关键，则是中日战争正式开打后的八年抗战时期。如前所述，我们已铺陈了阴丹士林与蓝色的染料—颜色配置，铺陈了阴丹士林蓝与棉布的染料—面料配置，而本章的最后将回到“阴丹士林—蓝—布—旗袍”的“染料—颜色—面料—服装形制”配置，看如何有可能给出旗袍“服制形式”的“翻新行势”。故若从单一质量体的观点切入，“旗袍”自有其在服饰历史嬗替过程中的形制改变，但旗袍所可能联结与开出的微分子运动，则必须跳脱旗袍作为单一质量体的视觉形制与细节元素，在（邻）“域”（关系联结与强度变化）而非在（符）“码”（意义建构与价值积累）上去说明，端看其如何在“力史”的场域中不断被表达，而对日抗战所带动的，正在旗袍与长衫的再次不分、旗袍与制服的再次不分，让原本已趋稳定女旗袍 / 男长衫、都会旗袍 / 高校长衫的类型区别，出现性别、年龄、社会身份的暧昧贴挤。

那究竟何谓旗袍的“流变—阴丹士林蓝”？ 30 年代以降旗袍形制的颜色选择五彩缤纷，一如旗袍形制的面料选择五花八门，从未定于一色一款。虽然上海美女月份牌所再现的阴丹士林蓝布旗袍，亦曾出现在手持书本或捧花的清纯女学生身上，但主要的时尚焦点绝对落在时髦摩登、搭配红色高跟鞋、由女明星化身的“快乐小姐”身上。然在国货运动与新生活运动的推波助澜之下，阴丹士林蓝布旗袍逐渐单一化为民族认同与爱国消费的表征，而战争的绉折之力，则更进一步让“阴丹士林—蓝—布—旗袍”

---

[1] 新生活运动期间，乃有各种取缔妇女奇装异服的办法，严格规范衣长、袖长、裙摆及领高。“1934 年 6 月，江西省政府根据蒋介石的手令率先出台了《取缔妇女奇装异服办法》的条例，其中包括：旗袍最长须离脚背一寸；衣领最高须离颚骨一寸半；袖长最短须齐肘关节；旗袍左右开衩不得过膝盖以上三寸；腰身不得绷紧贴体，须稍宽松，其规定之‘细致缜密’令人侧目。”参见陈惠芬《骇怪：从“假洋鬼子”到“摩登女郎”》，《中国图书评论》，2013 年第 3 期。

◆阴丹士林与旗袍的结合，成为民族认同与爱国消费的象征

的配置，翻新为以素朴取代华丽、以校园置换都会的“制服长衫”。诚如齐邦媛教授在《巨流河》一书中的追忆，1940年由南开初中直升高中，在母亲的陪伴下到镇上定做了几件浅蓝与“洗一辈子也不褪色”的阴丹士林布“制服长衫”：

> 升上高中后，脱下童子军制服，换上长旗袍；春夏浅蓝，秋冬则是阴丹士林布。心理上似乎也颇受影响，连走路都不一样，自知是个女子，十六岁了。

此处的阴丹士林蓝布旗袍，回归到最素朴、最整齐划一的高校女生制服，象征着从女孩到女子的性别身份转换仪式。

阴丹士林蓝的“流变—制服”

而若回到民国制服史，阴丹士林色布本就与学校制服相关联，虽并非其市场的主力诉求。早年的阴丹士林广告，不少强调其用于制作学校制服的实用合宜，不仅直接在年历广告上做文字推销（“如以举世无双之阴丹士林蓝色布作为一校全体学生之制服，观瞻最壮”），更以免费赠送中小学生印有“晴雨”商标的精美书皮纸，或通过老师训话的各种管道，教导学生要求父母采购制服面料时，必须指明选购阴丹士林色布（《阴丹士林老广告》）。广告强调以阴丹士林色布裁制制服，不仅经济实惠耐洗耐用，更直接被视为节俭爱国的行为。而阴丹士林蓝布所裁制的长衫，更是与高校女生制服（齐邦媛教授笔下的“制服长衫”）有着深厚的历史联结。民国以来逐渐出现以蓝布旗袍作为女校校服的趋势[1]，取代了早先以月白布衫搭配黑色绸裙的装扮，而其采用的面料主要便是以蓝色为基调的阴丹士林布。而对日抗战前的统一校服运动，更是朝爱国主义与集体主义的备战意识前进：“1934 年，国民政府开始在全国轰轰烈烈地推动‘新生活运动’，这场运动以学校成为中心和基地，统一校服成了一个能迅速改变学生面貌的举措，既兼思想教育又兼国货宣传，遂被重视起来”（赵玉成）。以当时江苏省立上海中学为例，“学生的制服都崭齐一律，高中生全体是草黄色学生军制服，女生全体是‘青一色’的旗袍；初中则全体童子军制服”。[2] 此处的“青一色”旗袍，自然便是已然成为高校女生象征的蓝布旗袍。

但正如前所述，虽然阴丹士林色布有各种颜色，能裁制各种服装形制，而阴丹士林蓝布长衫或长袍乃是男女高等学校师生最具代表性的共同服装，但在爱国主义与集体主义高涨的准战争与战争时期，爱国时尚的表征终将缩限聚焦于高校女生的阴丹士林蓝布旗袍，不仅既爱国又时尚、既实用又实惠，更以其纯净整洁（从女学生纯洁的身体意象联结到染料的纯净、面料的朴实），象征着全国军民的一心一德。

---

[1] 刘瑜《中国旗袍文化史》，第 162 页。

[2] 引自赵玉成《寓道衣冠：1934 年上海统一校服运动》，原文出处为 1936 年第三卷第三期《青年月刊》上刊登的《“教”“训”“军”合一的江苏省立上海中学》，作者张根法。

> 其时，女袍的身长稍短，袖长因季节的需要或长或短，但腰身仍较宽舒，同于北伐前后。袖口市尺四五寸左右，最短的袖仍在肩下十公分以上。此一时期，盛行“阴丹士林”牌不褪色细蓝布（色有深浅），作为“祺袍”的制材。无分贵贱老幼，几乎人各有之。中上女校师生，并多以此为制服。其盛兴之状，不难想见。[1]

历经国货运动、新生活运动直到抗战军兴，阴丹士林蓝布旗袍以其实惠耐用、质朴可风的“染料—面料—形制”的配置成为大后方最具象征性的爱国时尚与全民抗日、抵御外侮的抗战象征。然爱国时尚一如实用时尚，不可避免地都隐含着一种潜在的对立与张力关系：爱国 vs. 时尚，实用 vs. 时尚。阴丹士林蓝布旗袍显然正是踩在此双重的时尚吊诡之上，同时被编码为“爱国时尚”与“实用时尚”，正如汪曾祺在《钓人的孩子》中的描绘：

> 系里有个女同学名叫柳曦，长得很漂亮。然而天然不俗，落落大方，不像那些漂亮的或自以为漂亮的女同学整天浓妆艳抹，有明星气、少奶奶气或教会气。她并不怎样着意打扮，总是一件蓝阴丹士林旗袍，——天凉了则加一件玫瑰红的毛衣。她走起路来微微偏着一点脑袋，两只脚几乎走在一条直线，有一种说不出来的风致，真是一株风前柳。

此处表面上“不怎么着意打扮”的女学生，正是走在爱国时尚与实用时尚的风口浪尖，以一袭阴丹士林蓝布旗袍，搭配玫瑰红毛衣，而得到众人的瞩目与赞赏，既表征抗日战争的神圣，又带动服饰色彩与款式的绝妙搭配。阴丹士林蓝最初所启动的身体情动力（鲜亮的色彩强度），至此已完全重新编码为阴丹士林蓝布旗袍的爱国时尚，而此爱国时尚更是与民族资本主义紧密联结，聚焦于女性“性别—身体服饰”的国族象征化，既抗

[1] 王宇清《历代妇女袍服考实》，第 26 页。

日爱国，又时髦流行，更实用实惠，即使彼时多数男大学生身上穿的亦是（阴丹士林）蓝布长衫。战争的绉折之力贴挤出制服长衫的不分，但民族资本主义与父权权力结构的“编码”，却重新再次划定性别、年龄与社会身份的界限，让20世纪30年代象征都会摩登的阴丹士林蓝布旗袍，顺利转型为40年代兼具爱国时尚与实用时尚的阴丹士林蓝布旗袍，给出大历史、大叙事空洞同质线性时间的同一连续感，而看不见也不准看见“力史”持续发生的折曲、流变与“解畛域化”可能。

发明于20世纪初的阴丹士林合成染料，给出了“实验室—工业废弃物—染料—面料”的微分子运动，但也同时启动了资本民族国家作为质量体的商战与兵战。而进入中国的阴丹士林合成染料，则更进一步与中国蓝相联结，给出了鲜亮的新情动力感受，一种非形式、无人称的强度变化，但也同时不断被民族资本主义的权力竞逐与战争的惘惘威胁，重新编码成从个人到国族的羡耻感、爱国消费与抗日象征。进入中国的阴丹士林合成染料，展现了两种运动的可能。一种指向资本民族国家的质量化运动（如国货运动之为民族资本扩张，新生活运动之为政治动员），其所启动的“形变”乃是特定形式或模式的转变（国货运动对国民消费模式的再教育，新生活运动对国民生活习惯的再教育）。另一种指向身体情动触受关系中动静快慢与强度变化的分子化运动（如艳亮、鲜亮、光彩的色彩强度），时时逃逸形式与组织的框限（民族国家或民族企业体），逃逸意识形态的主动操作（抵制日货、爱用国货、整齐清洁、简单朴素），逃逸点到点的移动或单一形式的“形变”，而能最终指向事件的偶然与随机，让我们得以视见“翻新行势”所给出的强度变化，如何在流变之中体现历史的绉折之力，如何不断进行“合折，开折，再合折”的“力史”运动，如何翻新出阴丹士林—蓝布—旗袍的时尚形式，并以分子化运动的“虚拟威力”持续逃逸。而阴丹士林染料进入中国的“力史”显然明白告诉我们，质量化运动与分子化运动的交缠转化，战况激烈亦从不曾止歇。

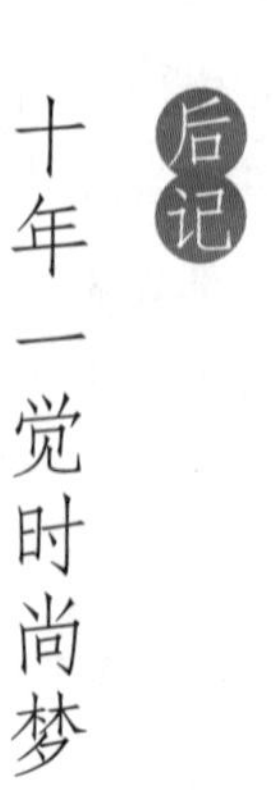

常常挂在嘴边说，时尚研究不是研究衣服，时尚研究是在研究时间与变化，其之所以和哲学或思想史的研究有所不同，就在于时尚研究的时间与变化，有具体而微的物质材料，而许多启动时间强度的变化，正是来自物质材料的“解畛域化”。

相较于过往，这是一本写了最久的书，十年织就的学术百衲衣一件。有人说，不要把你最喜欢的东西当成学术研究的课题，否则你就会开始讨厌它、逃避它、排斥它。或者还是应该反过来说，就是因为欢喜，而流连忘返于文字的穿凿附会，眼花缭乱于史料的缤纷样貌，还有那一发不可收拾的理论重度迷恋。终究还是搞不懂，这本写了超过十年的书，究竟是写不完，还是舍不得写完。

以前写时尚，总有个左缠右绕的女人，不用说，当然是张爱玲。这回写时尚，也有个左缠右绕的男人，不用说，当然是鲁迅。做文化研究 20 多年，心里最心仪的典范不是那些欧美大师，而是张爱玲与鲁迅。张爱玲的一篇《更衣记》或鲁迅的一篇《由中国女人的脚，推定中国人之非中庸，又由此推定孔夫子有胃病》，都抵得过好几本大部头的文化研究专书，不是因为他们知识渊博、上下古今，而是因为他们有身体，能站在时代变动的第一线，细腻地表现身体与世界触受关系强度的变化，那种“郑重而轻微的骚动，认真而未有名目的斗争”。

以前写了太多的张爱玲，这回把张爱玲偷偷藏了起来，反倒是让鲁迅抛头露面打头阵，从头上的辫子，写到脸上的胡子，还一路写到脚背上性别越界的幻象。别人的鲁迅是神圣不可侵犯的大师，我的鲁迅则是中国时尚 shame—羡—线代性“三‘现’一体”的头号代表人物，身体与思想打了结，剪不断理还乱，遂彻底带出身体发肤的物质性与日常性。面对鲁迅，不是中文系、历史系科班出身的我，便多了些放肆，但品头论足处既非造神亦非毁神，只是老老实实把鲁迅也有身体、也是要穿衣打扮这件事，从头到脚搬弄了一番。

《时尚现代性》是从事写作以来的第十五本书，也是进入学院后的第七本学术专书。谢谢女性主义教会我如何“以小搏大”“以庸俗反当代”，能将学术论述的焦点从经世救国的大论述转到日常生活的衣食住行，从国家大事转到发型衣饰，让惯常被视为不登大雅之堂的“时尚”，也有可能成为中国现代性论述的另类“方法论”。心中另有窃喜，看见自己行文之间越来越幽默，越来越会自我调侃，每每回头去校订写好的文字，总是边看边笑，笑自己如何傻乎乎在推论过程中自问自答。以前的论述批判性强，火药味重，解构父权机制使命必达，现在则是边写边放纵更多的文字翻译趣味，“同字异译”与“同音译字”的变本加厉，更多的理论，更多想象力的天马行空，想是要将女性主义的双 C ，从 critique 这一端往复推向 creation 那一端，既要通过“时尚形式”去进行“意识形态”的批判，亦要通过“翻新行势”去揭露“流变生成”的创造，并视创造作为更具威力的最终批判之所在。

而理论所能激发的创造想象力，显然最是让我着迷。山重水复疑无路，柳暗花明又一村。辫发还能怎么谈？缠足还能怎么谈？史料掉下去总有踏不到底、探不出头的恐惧，而理论则是提供了新的开场白，新的起手势，给出了一种新的“蓄势—叙事”可能，让我们可以讲出一个不一样的辫子故事，不一样的小脚故事，不一样的旗袍故事，不一样的蓝布故事。而这样的“蓄势—叙事”策略与理论路数本身，就“已然”是一种“美学—政治—伦理”的抉择，一种如何看待历史、看待生命、看待世界作为转变可能的抉择。

2014 年夏天避居纽约朋友家汇整书稿，同时负责代为看家看猫。皇后区 Forest Hills Garden 的独栋房子，每天清晨坐定桌前看稿写稿，只见小花园里群雀弹跳，吱喳喧闹，阳光一寸寸移入屋内，我一寸寸闪躲挪移，从玻璃暖房般的书房，躲到了饭厅，再从饭厅躲进了二楼的卧房，一天也就这样安安静静地过去。只有在傍晚时分才出门散步，天涯海角一路走去，逐日头落山。

那段时间最怕的是宕机，怕计算机宕机，也怕人脑宕机。每天兴冲冲也危颤颤，一觉醒来总是庆幸计算机与人脑无恙，还可以开心安心写作，也就顾不得 the Antiques、Garage Flea Market 关门大吉所带来的失望哀伤。现在想来，去年夏天的纽约之行还真寒碜，连一次中央公园都没去过，倒是关在 Forest Hill Garden 的房子里，在繁华锦绣的时尚大千世界里，上下百年。

引用书目

一、中文

阿英：《阿英全集》，合肥：安徽教育出版社，2003年。
阿英：《晚清文艺报刊述略》，上海：古典文学出版社，1958年。
安毓英、金庚荣：《中国现代服装史》，北京：中国轻工业出版社，1999年。
包铭新、马黎等：《中国旗袍》，上海：上海文化出版社，1998年。
边靖编著：《中国近代期刊装帧艺术概览》，北京：北京图书馆出版社，2007年。
曹振宇：《二战前日本染料工业的发展对其侵略战争的影响》，《郑州大学学报（哲学社会科学版）》，2008年，网络2012年8月2日。
曾迭：《"摩登破坏"的重演》，《人言周刊》（上海），1935年8月17日。
柴小梵：《梵天卢丛录》，太原：山西古籍出版社，1999年。
常人春：《老北京的穿戴》，北京：燕山出版社，1999年。
陈伯海编：《上海文化通史》，上海：上海文艺出版社，2001年。
陈东原：《中国妇女生活史》，上海：商务印书馆，1937年。
陈独秀：《美术革命——答吕澄》，原载于《新青年》第6卷第1期，1918年1月，《百年中国美术经典文库·中国传统美术：1896—1949》，顾森、李树声编，深圳：海天出版社，1998年。
陈芳明：《殖民地摩登：现代性与台湾史观》，台北：麦田出版社，2004年。
陈惠芬：《骇怪：从"假洋鬼子"到"摩登女郎"》，《中国图书评论》2013年，第3期，（网络）2012年8月2日。
陈建华：《演讲实录一：民国初期消闲杂志与女性话语的转型》，《中正汉学研究》22辑，2013年12月。
陈平原：《以图像为中心：关于〈点石斋画报〉》，《二十一世纪》59期，2000年6月。
陈柔缙：《台湾西方文明初体验》，台北：麦田出版社，2005年。
川岛（章廷谦）：《当鲁迅先生写〈阿Q正传〉的时候》，卢今编《阿Q正传》，台北：海风出版社，1999年。
丁悚：《上海时装图咏》，台北：广文书局，1968年。
范伯群：《礼拜六的蝴蝶梦》，北京：人民文学出版社，1989年。
高洪兴：《缠足史》，上海：上海文艺出版社，1995年。
高彦颐：《缠足："金莲崇拜"盛极而衰的演变》，苗延威译，台北：左岸文化，2007年。
葛凯：《制造中国：消费文化与民族国家的创建》，黄振萍译，北京：北京大学出版社，2007年。
谷夫：《咏沪上女界新装四记》，《申报》（上海）1912年3月30日。
顾炳权编著：《上海洋场竹枝词》，上海：上海书店，1996年。

洪郁如:《旗袍·洋装·モンペ(灯笼裤):战争时期台湾女性的服装》,《近代中国妇女史研究》17(2009年12月)。
华梅:《中国服装史》,天津:天津人民美术出版社,1989年。
华梅:《中国近现代服装史》,北京:中国纺织出版社,2008年。
黄金麟:《丑怪的装扮:新生活运动的政略分析》,《台湾社会研究季刊》30,1998年。
黄金麟:《历史、身体、国家:近代中国的身体形成(1895—1937)》,台北:联经出版社,2001年。
黄锦珠:《女性主体的掩映:〈眉语〉女作家小说的情爱书写》,《中国文学学报》,2012年12月。
黄锦珠:《晚清小说中的新女性研究》,台北:文津出版社,2005年。
黄美娥:《重层现代性镜像》,台北:麦田出版社,2004年。
黄强:《中国服饰画史》,天津:百花文艺出版社,2007年。
黄忠廉:《翻译的本质论》,武汉:华中师范大学出版社,2000年。
吉登斯:《亲密关系的转变:现代社会的性、爱、欲》,周素凤译,台北:巨流出版社,2001年。
蒋英:《月份牌广告画中女性形象演变之分析》,《南京艺术学院学报(美术与设计)》2003年第1期。
焦静宜:《遗老与遗少》,北京:国际文化出版社,1994年。
景梅九:《罪案》,《辛亥革命资料类编》,北京:中国社会科学出版社,1981年。
鞠式中:《女子服装的改良(六)》,《妇女杂志》第7卷第9期,1921年9月。
康有为:《请断发易服改元折》,《戊戌变法》第二册,中国史学会编,上海:上海人民出版社,1957年。
老舍:《骆驼祥子》,台北:里仁书局,1998年。
老舍:《文博士》,《老舍文集》第三卷。北京:人民文学出版社,1982年。
黎志刚:《想象与营造国族:近代中国的发型问题》,《思与言》第36卷第1期,1998年3月。
李大钊:《〈晨钟〉之使命》,《晨钟报》创刊号,1916年8月15日。
李楠:《文明新装的衣裳制度与设计思考》,《服饰导刊》一(2013年3月)。
李楠:《现代女装之源:20世纪20年代中西女装比较》,北京:中国纺织出版社,2012年。
李欧梵:《上海摩登——一种新都市文化在中国,1930—1945》(*Shanghai Modern: The Flowering of a New Urban Culture in China, 1930-1945*),毛尖译,香港:牛津大学出版社,2000年。
李榷:《试谈美育》,《上海师范大学学报哲学社会科学版》,网络,2014年6月30日。
李一栗:《从金莲说到高跟鞋》,《妇女杂志》,1931年。
李长莉:《近代中国社会文化变迁录:第一卷》,杭州:浙江人民出版社,1998年。
李志铭:《30年代中国"漂亮的书"来自上海》,《五四光影:近代文学期刊展》,台北:旧香居,2009年。
廖朝阳:《可译性与精英翻译:谈〈译家的职责〉》,《中外文学》2002年11月。
林海音:《蓝布褂》,1961年,网络,2012年8月2日。
林维红:《清季的妇女不缠足运动》,鲍家麟编:《中国妇女史论集:三集》,台北:稻香出版社,1993年。
林怡伶:《图像智识传播:以新智识杂货店为考察》,《中极学刊》四(2004年12月)。
林语堂:《〈有不为斋丛书〉序》,原发表于《论语》1934年第48期,(网络)2012年8月2日。
林语堂:《裁缝的道德》,《金圣叹之生理学》,台北:德华出版社,1980年。
刘半农:《我之文学改良观》,原载于《新青年》第3卷第3期,1917年5月。收入王运熙编:《中国文论选》现代卷(上),南京:江苏文艺出版社,1996年。

刘立：《插上科技的翅膀：德国化学工业的兴起》，太原市：山西教育出版社，1999年。
刘人鹏：《近代中国女权论述：国族、翻译与性别政治》，台北：学生书局，2000年。
刘铁群：《现代都市未成型时期的市民文学：〈礼拜六〉杂志研究》，北京：中国社会科学出版社，2008年。
刘瑜：《中国旗袍文化史》，上海：上海人民美术出版社，2011年。
鲁迅：《鲁迅全集》，北京：人民文学出版社，1981年。
鲁迅著、卢今编：《阿Q正传》，台北：海风出版社，1999年。
马光仁编：《上海新闻史》，上海：复旦大学出版社，1996年。
马蹄疾：《鲁迅生活中的女性》，北京：知识出版社，1996年。
玛莉莲·亚隆：《乳房的历史》，何颖怡译，台北：先觉出版社，2000年。
苗延威：《从视觉科技看清末缠足》，《"中央研究院"近代史研究所集刊》55，2007年3月。
潘吉星：《天工开物校注及研究》，成都：巴蜀书社，1989年。
潘妮·拉古德、杰·布勒森：《拿破仑的纽扣：十七个改变历史的化学故事》，洪乃容译，台北：商周出版社，2005年。
罴士：《女子服装的改良（二）》，《妇女杂志》第7卷第9期，1921年9月。
齐邦媛：《巨流河》，台北：天下文化，2009年。
邱汉平：《单子、褶曲与全球化》，《中外文学》（2013年12月）。
纫茝女士：《女子服装的改良（三）》，《妇女杂志》1921年9月。
山内智惠美：《20世纪汉族服饰文化研究》，西安：西北大学出版社，2001年。
上海市地方志办公室：《上海通志》第十七卷《工业（上）》，2012年8月2日。
沈松侨：《我以我血荐轩辕：黄帝神话与晚清的国族建构》，《台湾社会研究季刊》28（1997年12月）。
沈燕：《世纪初女性小说杂志〈眉语〉及其女性小说作者》，原载《德州学院学报》（2004年6月），网络，2014年7月1日。
苏旭珺：《台湾早期汉人传统服饰》，台北：商周出版社，2000年。
素素：《前世今生》，海口：南海出版公司，2003年。
孙丽莹：《1920年代上海的画家、知识分子与裸体视觉文化：以张竞生〈裸体研究〉为中心》，《清华中文学报》2013年12月。
孙郁：《鲁迅与周作人》，河北：河北人民出版社，1997年。
孙中山：《命内务部晓示人民一律剪辫文》，《孙中山全集》第二卷，北京：中华书局，1982年。
谭嗣同：《谭嗣同全集》，蔡尚斯、方行编，北京：中华书局，1981年。
丸尾常喜：《"人"与"鬼"的纠葛：鲁迅小说论析》，秦弓译，北京：人民文学出版社，1995年。
汪曾祺：《汪曾祺作品自选集》，桂林：漓江出版社，1996年。
汪晖：《死火重温》，北京：人民文学出版社，2000年。
王德威：《如何现代，怎样文学——19、20世纪中文小说新论》，台北：麦田出版社，1998年。
王德威：《被压抑的现代性：晚清小说新论》（*Fin-de-Siecle Splendor: Repressed Modernities of Late Qing Fiction*，*1848—1911*），宋伟杰译，台北：麦田出版社，2003年。
王东霞编著：《从长袍马褂到西装革履》，成都：四川人民出版社，2002年。
王韬：《漫游随录图记》，王稼句点校，济南：山东画报出版社，2004年。
王晓明：《无法直面的人生：鲁迅传》，上海：上海文艺出版社，1993年。
王宇清：《国服史学钩沉》两册，台北：辅仁大学出版社，2000年。

王宇清：《历代妇女袍服考实》，台北：中国旗袍研究会，1975 年。
魏绍昌：《我看鸳鸯蝴蝶派》，台北：商务印书馆，1992 年。
吴方正：《晚清四十年上海视觉文化的几个面向：以申报数据为主看图像的机械复制》，“中央”大学《人文学报》26（2002 年 12 月）。
吴昊：《中国妇女服饰与身体革命（1911—1935）》，香港：三联书店，2006 年。
吴友如：《吴友如画宝》，上海：上海古籍出版社，1983 年。
吴哲良：《翻译的皱褶》，《文化研究月报：三角公园》45（2005 年 4 月）。网络，2014 年 7 月 20 日。
谢其章：《“五四”文化运动战斗的一翼：新文化期刊》，《“五四”光影：近代文学期刊展》，台北：旧香居，2009 年。
谢其章：《蠹鱼篇》，台北：秀威资讯，2009 年。
徐博东、黄志平：《丘逢甲传》增订本，台北：秀威资讯，2011 年。
徐海燕：《悠悠千载一金莲：中国的缠足文化》，沈阳：辽宁人民出版社，2000 年。
徐鹿坡：《女子服装的改良（五）》，《妇女杂志》1921 年 9 月。
徐明瀚：《摩登生活的漫画及其“无一意义”：郭建英与上海新感觉派（1927—1935）》，硕士论文，国立交通大学，2009 年。
许地山：《女子的服饰》，《新社会》（北京），1920 年。
许广平：《许广平文集》，江苏：江苏文艺出版社，1998 年。
许慎：《说文解字》，网络 2012 年 8 月 2 日。
杨义、张中良、中井政喜：《20 世纪中国文学图志》上下册，台北：明田出版社，1995 年。
姚鹤年：《解放前上海染（颜）料商业的兴衰》，《上海地方志》四，1999 年。网络，2012 年 8 月 2 日。
姚灵犀编：《采菲录》，上海：上海书店，1997 年。
姚荣铨：《阴丹士林布琐记》，《大公报》2012 年 5 月 28 日，网络，2012 年 8 月 2 日。
叶大兵、叶丽娅：《头发与发饰民俗：中国的发文化》，沈阳：辽宁人民出版社，2000 年。
叶立诚：《台湾服装史》，台北：商鼎文化出版社，2001 年。
叶倾城：《绵延千年的二蓝》，《青年时讯》2004 年 7 月 1 日，网络，2012 年 8 月 2 日。
叶再生：《中国近代现代出版通史》，北京：华文出版社，2002 年。
伊芙·赛菊寇：《情感与酷儿操演》，金宜蓁、涂懿美译，何春蕤校订，《性别研究》第 3、4 期合刊，1998 年 9 月。
寓一：《一个妇女服装的适切问题》，《妇女杂志》第 16 卷第 5 期，1930 年 5 月。
袁杰英：《中国旗袍》，北京：中国纺织出版社，2000 年 。
臧迎春编著：《中西方女装造型比较》，北京：中国轻工业出版社，2001 年。
张爱玲：《第一炉香》，台北：皇冠出版社，1968 年。
张爱玲：《对照记：看老照相簿》，台北：皇冠出版社，1994 年。
张爱玲：《流言》，台北：皇冠出版社，1968 年。
张爱玲：《张爱玲典藏全集》，台北：皇冠出版社，2001 年。
张竞琼、蔡毅编著：《中外服装史对览》，上海：中国纺织大学出版社，2000 年。
张竞琼：《西“服”东渐：20 世纪中外服饰交流史》，合肥：安徽美术出版社，2001 年。
张静如：《国民党统治时期中国社会之变迁》，北京：中国人民大学出版社，1993 年。
张世瑛：《清末民初的变局与身体》，博士论文，台北：政治大学，2005 年。

张小虹：《欲望新地图》，台北：联合文学出版社，1996年。
张燕风：《布牌子》，台北：汉声出版社，2005年。
张勇：《摩登主义：上海文化与文学研究》，台北：人间出版社，2010年。
赵孝萱：《“鸳鸯蝴蝶派”新论》，兰州：兰州大学出版社，2003年。
赵玉成：《寓道衣冠：1934年上海统一校服运动》，《东方早报》网络，2012年6月30日。
郑巨欣：《世界服装史》，杭州：浙江摄影出版社，2001年。
郑嵘、张浩：《旗袍传统工艺与现代设计》，北京：中国纺织出版社，2000年。
郑振铎（西谛）：《新旧文学果可调和么？》，《文学旬刊》第6辑，1921年6月30日。
中山大学历史系、中国近现代史教研组、研究室编：《林则徐集》，北京：中华书局，1984年。
周蕾：《妇女与中国现代性：东西之间阅读记》，台北：麦田出版社，1992年。
周锡保：《中国古代服饰》，台北：南天书局，1989年。
周汛、高春明编著：《中国衣冠服饰大辞典》，上海：上海辞书出版社，1996年。
周作人：《知堂回忆录》，石家庄：河北教育出版社，2002年。
周作人：《周作人代表作》，张菊香编，郑州：黄河文艺出版社，1987年。
周作人：《周作人文类编第十卷：八十心情》，长沙：湖南文艺出版社，1998年。
周作人：《周作人早期散文选》，许志英编，上海：上海文艺出版社，1984年。
朱睿根：《穿戴风华：古代服饰》，台北：万卷楼图书，2000年。
朱元鸿：《微偏：笔记的一个秘密联结》，《文化研究月报：三角公园》35（2004年2月），网络，2014年7月20日。
朱正：《辫子、小脚及其他》，广州：花城出版社，1999年。
庄开伯：《女子服装的改良（一）》，《妇女杂志》1921年9月。
邹容：《邹容、陈天华集》，沈阳：辽宁人民出版社，1996年。
《大公报》，天津，1905—1912。
“国民精神总动员台北州支部”编：《本島婦人服の改善》，台北：“国民精神总动员台北州支部”，1940年。
《回顾之三：中国人的大国情结》，FT中文网评论（网络），2010年8月10日。
《民立报》，1911—1912年，台北：中国国民党中央委员会党史史料编纂委员会印行，1969年影印。
《人镜画报》，1907年。台北：中国研究数据中心重印，1967年。
《上海纺织工业志》编纂委员会编：《上海纺织工业志》，上海：上海社会科学院，1998年。
《申报》，上海，1873—1915年。
《神州日报》（上海），1910年。
《时报》（上海），1910—1911年。
《图画日报》，上海：上海古籍出版社，1999年。辅仁大学织品服装学系“图解服饰辞典”编委会编绘：《图解服饰辞典》，台北：辅仁大学织品服装学系，1985年。
《阴丹士林老广告》，百度旗袍吧（网络），2012年8月2日。

二、英文

Baudelaire, Charles. "The Painter of Modern Life." *The Painter of Modern Life and Other Essays*. Trans. and Ed. Jonathan Mayne. New York: Da Capo Press, 1964. pp. 1-40.

Beer, thomas. *The Mauve Decade: American Life at the End of the Nineteenth Century*. New York: Carroll & Graf, 1997.

Benjamin, Walter. "The Task of the Translator." *Iluminations*. Ed. and Intro. Hannah Arendt. Trans. Harry Zohn. New York: Schocken Books, 1969. 69-82.

Benjamin, Walter. "Theses on the Philosophy of History." *Illuminations*. Ed. and Intro. Hannah Arendt. Trans. Harry Zohn. New York: Schocken Books, 1969. pp. 253-264.

Benjamin, Walter. *Charles Baudelaire: A Lyric Poet in the Era of High Capitalism*. Trans. Harry Zohn. London: NLB, 1973.

Benjamin, Walter. *The Arcade Project*. Trans.by Howard Eilandand Kevin McLaughlin. Cambridge: Harvard University Press, 1999.

Berman, Marshall. *All that Is Solid Melt into air: experience of Modernity*. London: Verso, 1982.

Bhabha, Homi K. "Dissemi Nation, Time, Narrative, and Margins of the Modern Nation." *Nation and Naration*. Ed. Homi K. Bhabha. London: Routledge, 1990. pp. 291-322.

Bhabha, Homi K. "Signs Taken for Wonders: Questions of Ambivalence and Authority under a Tree Outside Delhi, May 1817." *The Location of Culture*. London: Routledge, 1994. pp. 102-122.

Butler, Judith. *Gender Trouble*. New York: Routledge, 2000.

Butler, Judith. *The Psychic Life of Power*. Stanford: Stanford University Press, 1997.

Calinescu, Matei. *Five Faces of Modernity*. Durham: Duke University Press, 1987.

Caruth, Cathy. *Unclaimed Experience: Trauma, Narative, and History*. Baltimore: The Johns Hopkins University Press, 1996.

de Certeau, Michel. *The Practice of Everyday Life*. Berkeley: University of California Press, 1984.

DeLanda, Manuel. *Intensive Science and Virtual Philosophy*. London: Continuum, 2002.

Deleuze, Gilles and Felix Guattari. *A thousand Plateaus: Capitalism and Schizophrenia. 1980*. Trans. Brian Massumi. Minneapolis: University of Minnesota Press, 1987.

Deleuze, Gilles. "The shame and the Glory : T. E. Lawrence." *Essays Critical and Clinical*. Trans. Daniel W. Smith and Michael A. Greco. Minneapolis: University of Minnesota Press, 1997. pp. 115-125.

Deleuze, Gilles. *Difference and Repetition*. Trans. Paul Ptton. New York: Columbia University Press, 1989.

Deleuze, Gilles. *Foucault*. Trans. and Ed. Sean Hand. Minneapolis: University of Minnesota Press, 1988.

Deleuze, Gilles. *The Fold: Leibniz and the Baroque*. Trans. Tom Conley. Minneapolis: University of Minnesota Press, 1993.

Dirlik, Arif. "The Ideological Foundations of the New Life Movement: A Study in Counterrevolution." *Journal of Asian Studies* 34.4 (1975): pp. 945-980.

Freud, Sigmund. "The Uncanny" (1919). *The Standard Edition of the Complete Psychological Works of Sigmud freud*. Ed. and Trans. James Strachey. Vol. 17. London: Hogarth Press, 1955. pp. 219-256.

Gordon, Paul Francis, and Peter Gregory. *Organic Chemistry in Color*. Manchester: Springer-Verlag, 2012.

Green field, Amy Butler. *A Perfect Red: Empire, Espionage, and the Quest for the Color of Desire*. New

York: Harper Perennial, 2006.

Hay, John. "The Body Invisible in Chinese Art." *Body, Subject, and Power in China.* Eds. Angela Zito and Tani E. Barlow. Ithaca: Cornell University Press, 1994. pp. 42-77.

Hershatter, Gail. *Dangerous Pleasures: Prostitution and Modernity in Twentieth-Century Shanghai.* Berkeley: University of California Press, 1997.

Hollander, Anne. *Seeing Through Clothes.* Berkeley: University of California Press, 1993.

"Indanthrene Blue RS." *Chem Spider: Search and Share Chemistry.* Web. 7 July 2015.

Jackson, Beverley. *Splendid Slipp: A thousand Years of An Erotic Tradition.* Berkeley: The Speed Press, 1997.

Jay, Martin. *Down cast Eyes: The Denigration of Vision in Twentieth-Century French thought.* Berkeley:(ers) U of California P, 1993.

Jullien, Francois. *The Imposible Nude: Chinese Art and Western Aesthetics.* Chicago: University of Chicago Press, 2007.

Kim, H. J., and M. R. DeLong. "Sino-Japanism in Western Women's Fashionable Dress in Harper's Bazar, 1890-1927." *Clothing and Textiles Research Journal* 11.1 (1992): 24-30.

Ko, Dorothy. "Bondage in Time: Footbinding and Fashion Theory." *Modern Chinese Literary and Cultural Studies in the Age of Theory.* Ed. Rey Chow. Durham: Duke University Press, 2000. pp. 199-226.

Ko, Dorothy. "Jazzing into Modernity: High Heels, Platforms, and Lotus Shoes." *China Chic: East Meets West.* Eds. Valerie Steele and John S. Major. New Haven: Yale University Press, 1999. pp. 141-153.

Landes, David. S. *The Unbound Prometheus: Technological Change and Industrial Development in Western Europe from 1750 to the Present.* Cambridge: Cambridge University Press, 1969.

Latour, Bruno. *We Have Never Been Modern.* Cambridge: Harvard University Press, 1993.

Lee, Leo Ou-fan. *Shanghai Modern.* Cambridge: Harvard University Press, 1999.

Lehmann, Ulrich. *Tigers prung: Fashion in Modernity.* Cambridge, MA: MIT Press, 2000.

Liu, Lydia H. *Translingual Practice: Literature, National Culture, and Translated Modernity — China, 1900-1937.* Stanford: Stanford University Press, 1995.

Marx, Karl and Friedrich Engels. *The Communist Manifesto.* Ed. Jerey C. Isaac. New Haven: Yale University Press, 2012.

Marx, Karl. *The Eighteenth Brumaire of Louis Bonaparte.* Trans. Daniel DeLeon. Chicago: C.H.Kerr, 1919.

McKinley, Catherine E. *Indigo: In Search of the Color that Seduced the World.* New York: Bloomsbury, 2011.

Mewburn, J. C., and G. B. Ellis. "Articial Indigo: To the Editor of the Times." *The Times7 Oct.* 1899: 4.

Nagendrappa, G. "Sir William Henry Perkin: The Man and His ' Mauve'." Web. 30 June 2014.

Ohmann, R. M. *Selling Culture: Magazines, Markets, and the Class at the Turn of the Century.* New York: Verso, 1998.

Serres. Michel. *Conversations on Science, Culture, and Time.* Ann Arbor: The University of Michigan Press, 1995.

Shi, Shumei. *The Lure of the Modern.* Berkeley: The University of California Press, 2001.

Simmel, Georg. "Fashion." *On Individuality and Social Forms.* Ed. Donald N. Levine. Chicago:

University of Chicago Press, 1971. pp. 294-323.

Simmel, Georg. "The Metropolis and Mental Life." *On Individuality and Social Forms*. Ed. Donald N. Levine. Chicago: University of Chicago Press, 1971. pp. 324-339.

"Substance: Indanthrene Blue RS." *Royal Society of Chemistry*. Web. 7 July 2015.

Warwick, Alexandra and Dani Cavallaro. *Fashioning the Frame: Boundaries, Dres and the Body*. Oxford: Berg, 1998.

Weinbaum, Alys Eve, Lynn M. thomas, Priti Ramamurthy, Uta G. Poiger, Madeleine Yue Dong, and Tani E. Barlow, eds. *The Modern Girl around the World: Consumption, Modernity, and Globalization*. Durham: Duke University Press, 2008.

Wilson, Elizabeth and Lou Taylor. *Through the Looking Glass*. London: BBC Books, 1989.

Wilson, Elizabeth. "Fashion and Modernity." *Fashion and Modernity*. Ed. C. Breward and C. Evans. New York: Berg, 2005. pp. 9-14.

Wilson, Elizabeth. *Adorned in Dreams: Fashion and Modernity*. London: Virago, 1985.

Yeh, Catherine Vance. *Shanghai Love: Courtesans, Intelectuals, and Entertainment Culture, 1850-1910*. Seattle: University of Washington Press, 2006.